2026 위험물기능사 실기

무료강의 제공되는
유튜브 바로가기

파이팅혼공TV
위험물기능사·산업기사 컨텐츠
합계 조회수 90만회 돌파!
(2025년 9월 기준)

파이팅혼공TV 컨텐츠 개발팀 편저

▶ 파이팅혼공TV 유튜브 무료 강의 **초단기 합격의 지름길!**

요약이론 & 13개년 기출문제집

PREFACE_머리말

위험물기능사 실기 합격전략

위험물기능사 실기 무엇을 어떻게 공부해야 할까?

　　위험물기능사 실기 시험은 필기 시험과 동떨어진 새로운 시험이 아니라, 필기 시험을 바탕으로 문제를 보기 없이 서술하는 시험입니다.

　　따라서 필기 시험을 치르기 위해 공부했던 기초적인 지식은 실기시험에서도 당연히 활용됩니다. 다만, 필기 시험에서와 같이 아주 방대한 내용을 공부하기보다는 필기 시험에서 공부한 내용을 토대로 좀 더 정확하고 세밀하게 공부할 필요가 있습니다. 그 예로 필기시험에서는 눈으로 파악하면 되었던 각 물질들의 화학식과 반응식은 실기에서는 100% 반드시 암기해야 하는 부분입니다.

　　본 교재는 실기 시험에 필요한 부분을 부족함이 없도록 구성하였으며, 필기 시험에서 공부한 내용을 실기 시험에 맞게 재구성하였습니다.

　　따라서 필기 시험에서 공부한 내용 암기 방법 등은 그대로 쓰여 질 수 있습니다. 다만, 실기 시험에 맞게 새롭게 암기해야 할 부분은 추가로 기술하였고, 추가된 부분을 잘 구분할 수 있도록 하였습니다.

　　필기 교재를 구매하지 않으신 분도, 실기 교재만으로 실기시험을 준비할 수 있도록 구성하였으므로 실기 교재만 성실히 공부하여도 모자람이 없을 것입니다.

　　이 교재에서는 기출문제를 철저히 분석하여 문제의 출제 빈도에 따라 중요도를 다르게 표시하고 있습니다. 중요도에 따라 <u>**보라색 강조 밑줄 부분**</u>과, **강조 밑줄 부분**, **강조 부분**, 그 외의 부분으로 구분되어 있습니다.

　　실기시험에는 매우 자주 등장하는 문제의 유형이 있는데, 그러한 문제 유형을 잘 분석하여 이해할 수 있도록 정리하였습니다. 자주 등장하는 유형을 완벽히 암기하고, 기출문제 풀이를 통해 출제 빈도가 조금 떨어지는 문제도 대비한다면 충분한 준비가 될 것이라 생각합니다. 또한 기출문제 중에도 출제 가능성이 높은 2019년부터 2022년까지의 기출문제의 비중을 높여 공부하실 수 있도록 하였습니다.

　　마지막으로, 유튜브 무료 강의로 반복해서 학습하시면 학습의 효과와 능률을 배가시킬 수 있습니다. 이는 합격을 경험한 많은 분들이 공통으로 언급하는 부분으로, 시각, 청각을 모두 합해 기억하는데 최대한의 도움을 주려는 목적입니다. 따라서 유튜브 강의를 여러 번 반복 시청하면서 교재의 내용을 공부하는 것을 강력히 추천드립니다. 그렇게 한다면 합격하는데 어려움이 없을 것으로 확신합니다.

파이팅화공TV 컨텐츠 개발팀

GIUDE_가이드

위험물기능사 실기 문제 학습전략

실제 문제 풀이요령

문제 하나를 실제로 풀어보면서, 실기시험의 요령에 대해 살펴보겠습니다.

> **예시문제**
>
> 탄화수소칼륨 100kg이 열분해하는 경우, 반응식과 발생되는 CO_2의 부피는(m^3)? (1기압, 100℃)

이러한 문제가 실기 문제의 대표적 유형입니다.

실기시험은 위와 같은 반응에 있어서 **반응식을 도출해 낼 수 있어야 합니다.** (이를 위해서는 당연히 물질의 **화학식을 쓸 수 있어야 할 것입니다.** 이 교재에서는 필요한 화학식을 정리해 두었고, 혹, 암기하지 못한 화학식이라도 식을 도출할 수 있는 방법도 설명해 놓았습니다.)

대부분의 반응식은 어떤 물질이 반응하면 어떤 물질이 생성된다는 것에서 출발합니다.
즉, A, B 두물질이 반응하면 C, D 물질이 나온다는 것은 기본적으로 알아야 합니다. 그것을 안다면 $aA + bB \rightarrow cC + dD$의 식을 세울 수 있고 필기에서 배운 미정계수방정식에 의해 풀면 됩니다.

사실 늘 나오는 반응식이 있으므로 반응식 자체를 외우는 것도 매우 좋은 방법입니다.
교재에서는 그러한 반응식을 잘 정리해 두었으니 암기하기를 권해드립니다.

문제에서 반응식은 $2KHCO_3 \rightarrow K_2CO_3 + CO_2 + H_2O$ 입니다. 이런 유형의 반응식은 암기해 두시는 것이 좋습니다.

도출된 반응식을 바탕으로 생성되는 기체가 이산화탄소임을 알 수 있고, 그 대응비가 2몰 : 1몰임을 알 수 있습니다.

탄산수소칼륨 100kg의 몰수를 구해야 하는데 이를 위해서는 탄산수소칼륨의 분자량을 알아야 합니다(주기율표에서 원소번호와 분자량을 알고 있어야 합니다.).

탄산수소칼륨 분자량은 100kg/kmol이므로 100kg은 1kmol에 해당하고, 반응비에 따라 이산화탄소는 0.5kmol이 생성됨을 알 수 있습니다(문제에서 묻는 부피의 단위가 m^3이므로 질량도 kg으로 맞추어서 푸는 것이 좋습니다. 이와 같이 실기문제에서는 단위를 유의해야 합니다.).

표준상태에서 기체 1kmol의 부피는 $22.4m^3$이나 문제는 표준상태가 아니므로 이상기체 방정식에 따라 문제를 풀어야 합니다.

$PV = nRT$ 이므로 (P는 압력, V는 부피 n은 몰수, R은 기체상수, T는 절대온도)

$V = 0.5 \times 0.082 \times 373 / 1$ 이므로 V는 약 $15.293m^3$가 됩니다.

그러면 답을 적어 보겠습니다.

답 $2KHCO_3 \rightarrow K_2CO_3 + CO_2 + H_2O$, $15.29m^3$

(실기 문제에서는 답안에 답 외에 다른 것을 적으면 안됩니다. 오직 답만 적으시고, 단위가 있는 경우 반드시 **단위를 붙여야 합니다**. 또한 숫자의 경우 **소수점 3번째 자리에서 반올림하여 2번째 자리까지 표시**해야 합니다. 또한 문제에서 여러 개를 묻는 경우 아는 것은 다 적으셔야 합니다. **부분점수**라도 받아야 하기 때문입니다.)

그럼 중요한 것을 요약해 보겠습니다.

1. **화학반응식을 도출**할 수 있어야 합니다.

2. **물질의 화학식**을 쓸 수 있어야 합니다.

3. 당연히 **원소번호와 원자량**을 알고 있어야 합니다.

4. 실기문제는 부분점수를 위해 아는 부분은 최선을 다해서 답안에 기입해야 합니다. 단, 오답이나 답 외의 것을 적으시면 안 되고, 계산과정도 묻는 문제가 아니라면 계산과정도 적으시면 안 됩니다. **답만 기입**해야 합니다. 오답 처리될 수 있기 때문입니다.

5. 단위가 있는 경우, 문제에서 **단위 변환**을 잘하셔야 하고, 답안에서 **단위를 반드시** 적으셔야 합니다. 단, 요구사항에 단위가 있으면 생략 가능합니다. (기출문제를 보시면 어떤 경우에 단위 생략이 가능한지 알 수 있을 것입니다)

6. 답이 소수점이 있다면 3번째 자리에서 **반올림해서 소수점 2번째 자리까지** 써야 합니다.

그 외에도 자주 출제되는 유형, 꼭 필요한 내용은 이론 부분에서 정리해 주었으니 동영상 강의와 함께 공부하시면 합격에 필요한 요령과 암기는 충분히 습득 하실 수 있을 것입니다.

 파이팅혼공TV 유튜브 바로가기

CONTENTS_목차

기본 이론 정리

▷ Ⅰ. 위험물

- 이온결합·· 12
- 제1류 위험물··· 15
- 제2류 위험물··· 16
- 제3류 위험물··· 17
- 제4류 위험물··· 18
- 제5류 위험물··· 22
- 제6류 위험물··· 23
- 구조식·· 24

▷ Ⅱ. 각종의 반응식

- 연소반응식·· 27
- 물과의 반응식·· 29
- 분해반응식·· 32
- 기타물질반응··· 33

▷ Ⅲ. 필수 암기 개념

- 기초 개념·· 35
- 화재와 소화··· 36
- 위험물의 저장/운반/취급 등의 관리·· 38
- 위험물안전관리법령 사항··· 44

기출 문제 풀이

- 2012년 · 46
- 2013년 · 61
- 2014년 · 75
- 2015년 · 91
- 2016년 · 106
- 2017년 · 124
- 2018년 · 139
- 2019년 · 154
- 2020년 · 168
- 2021년 · 190
- 2022년 · 214
- 2023년 · 241
- 2024년 · 268

2024 개정 부록 · 298

위험물기능사
기본이론

△ 위험물
△ 각종의 반응식
△ 필수 암기 개념

I 위험물

위험물기능사 필기 시험 준비 시 암기했던 내용에 실기 시험 대비를 위해 추가된 내용을 실기 플러스 또는 형광펜 으로 표시해 놓았다.
기존에 암기 공식에 추가로 암기할 부분을 유의해서 암기하면 된다.

1. 이온결합

실기 시험은 위험물의 화학식을 알고 있어야 하며 모두 암기하는 것이 좋다.

다만, 화학식 암기를 위해 **이온결합을 이해**하면 많은 도움이 된다.

1족	2족										13족	14족	15족	16족	17족	18족
H																He
Li	Be										B	C	N	O	F	Ne
Na	Mg										Al	Si	P	S	Cl	Ar
K	Ca					Fe		Ni	Cu	Zn						

필기 준비할 때 외웠던 주기율표를 보면, 1족, 2족 13족부터 18족까지를 주로 보았다.

각 원자는 족에 따라 **원자가를 가지는데, 화학결합이 가능한 숫자를 의미하며, 그냥 쉽게 원자 가장 바깥부분의 전자의 숫자**라고 생각하면 된다. 바깥 부분의 전자가 **8개인 경우 안정이 되는데, 18족이 이에 해당한다.** 8이 가장 안정하다는 것 기억하자. 가장 바깥 부분이 8개에서 **하나가 작은 경우 -1로 표현할 수 있고, 반대로 하나가 남는 경우 +1 표현 가능**하다.

아래는 족에 따른 +, -의 수이다.

+1																0
+1	+2										+3	+4	-3	-2	-1	0
+1	+2										+3	+4	-3	-2	-1	0
+1	+2					Fe		Ni	Cu	Zn						

다만, **이 숫자는 8이 되어 안정화되지 못하고 8에 비해 바깥 부분이 몇 개가 남거나 몇 개가 부족**하다는 뜻인데, 몇 개가 남는 다는 것은 8을 기준으로 몇 개가 부족하다는 뜻이기도 하다. 예를 들어 15족의 바깥 부분의 전자가 5개있는 경우인데 이는 8을 기준으로 3개가 부족하여 -3으로 표현(즉 3개 더해 8을 만들 수 있다는 의미이다.) 할 수도 있지만, 8을 기준으로 5개가 남는 것일 수도 있어 +5로 표현(즉 5개를 빼주어서 바깥 부분의 숫자를 8로 만들 수도 있다는 의미이다.)할 수도 있을 것이다.

(원자가는 원래 최외곽 전자의 숫자로 모두 +값일 것이나 이해를 위해 15족 이상은 8에서 해당 원자가를 뺀 '-' 값으로 기억하자. 이는 1, 2족인 경우 전자를 뺏겨서 최외곽을 8로 맞추려고, 6, 7족의 경우 전자를 1, 2개 얻어서 8을 맞추려 하기 때문이다. 전자는 '-'이므로 1, 2족인 경우 뺏겨서 '+'가 되고, 6, 7족의 경우 '-'를 얻어서 '-'가 된다.)

결합에 있어 **이러한 +와 -의 합은 0이 되게 결합**한다. 이러한 결합은 **1, 2족**, 즉 알칼리 **알칼리토금속과 15~17족 금속 사이에 쉽게** 발생하는 데 이를 이온결합이라고 이해하면 된다.

예를 들어,

Na와 Cl은 각 +1과 -1이므로 합하면 0이 되므로 1 : 1로 결합하여 NaCl이 된다(Na는 하나를 뺏겨 안정화되고, Cl은 하나를 뺏어 와서 안정화되어 결합한다.).

Ca와 P는 각 +2, -3이므로 Ca 3개면 +6이고, P 2개면 -6이므로 3개 2개로 결합하여 Ca_3P_2로 결합한다(주기율표에서 왼쪽의 것의 +값과 오른쪽의 -값을 합해서 0이 되어야 하는데, 그냥 서로의 숫자를 바꾸어서 쓰면 된다.).

염화마그네슘의 경우 Mg과 Cl의 결합인데, 각 +2 -1이므로 바꾸어서 $MgCl_2$로 결합한다.

다원자 이온의 경우를 살펴보면,

양이온의 경우 NH_4는 +1인 암모늄 이온이 있다.

음이온의 경우 훨씬 많은데, 아래 표를 살펴보면 된다.

이온	이름	-가	이온	이름	-가
ClO_2^-	아염소산 이온	-1	MnO_4^-	과망간산 이온	-1
ClO_3^-	염소산 이온	-1	HCO_3^-	탄산수소 이온	-1
ClO_4^-	과염소산 이온	-1	CH_3COO^-	아세트산 이온	-1
IO_3^-	요오드산 이온	-1	SO_4^{2-}	황산 이온	-2
BrO_3^-	브롬산 이온	-1	CO_3^{2-}	탄산 이온	-2
NO_3^-	질산 이온	-1	CrO_4^{2-}	크롬산 이온	-2
NO_2^-	아질산 이온	-1	$Cr_2O_7^{2-}$	중크롬산 이온	-2
OH^-	수산화 이온	-1	PO_4^{3-}	인산 이온	-3
CN^-	시안화 이온	-1			

예를 들어 살펴보면, 인산칼슘의 경우 칼슘은 +2, 인산은 -3이므로 칼슘 3개와 인산 2개가 되면 합산 0이 된다. 따라서 $Ca_3(PO_4)_2$로 결합하게 된다.

모든 결합이 이것으로 설명할 수 없으나 아래의 위험물의 결합 형태를 이해하는데 도움이 되므로 이해해 두면 된다(*물질의 분자식을 모두 암기하면 좋지만, 많은 물질은 암기하지 않아도 주기율표상의 위치, 위의 다원자 이온의 +가 -가를 알면 결합하는 원자의 숫자를 구할 수 있다.*).

산화수 구하는 문제 : 과망간산칼륨은 $KMnO_4$이고, K는 +1, O는 -2이다. 모두 합해 0이 되어야 한다.

따라서 Mn의 산화수는 +7이다(*잘 나오지 않으니 이해만 해둔다.*).

산화수 구하는 문제는 각 원소들의 산화수를 구해야 하는데 위 주기율표에서 쉽게 알 수 있는 것을 쓰고 나머지를 구하면 된다(*더 어렵게 나오지 않으니 그 정도면 충분하다.*).

2. 제1류 위험물

구분	품명	해당대표위험물	분자식	지정수량	위험등급
산화성고체	**아**염소산염류	아염소산나트륨	$NaClO_2$	50Kg	I등급
	염소산염류	염소산칼륨	$KClO_3$		
		염소산나트륨	$NaClO_3$		
	과염소산염류	과염소산칼륨	$KClO_4$		
		과염소산나트륨	$NaClO_4$		
	무기과산화물	과산화칼륨	K_2O_2		
		과산화나트륨	Na_2O_2		
		과산화칼슘	CaO_2		
		과산화마그네슘	MgO_2		
	요오드산염류(아이오딘산염류)	요도드산칼륨	KIO_3	300kg	II등급
	브롬산염류(브로민산염류)	브롬산암모늄	NH_4BrO_3		
	질산염류	질산칼륨	KNO_3		
		질산나트륨	$NaNO_3$		
		질산암모늄	NH_4NO_3		
	과망간산염류(과망가니즈산염류)	과망간산칼륨	$KMnO_4$	1000kg	III등급
	중크롬산염류(다이크로뮴산염류)	중크롬산칼륨	$K_2Cr_2O_7$		
	그밖에 행안부령으로 정하는 것	치아염소산염류		50kg	I등급
		과요오드산염류 (과아이오딘산염류)		300kg	II등급
		과요오드산(과아이오딘산)			
		크롬, 납, 요오드산화물 (아이오딘산화물)	**무수크롬산**		
		아질산염류			
		염소화이소시아눌산			
		퍼옥소붕산염류			
		퍼옥소이황산염류			

암기 방법

- **오(50)염과 무아 / 삼(300)질 요브 / 천(1000)과 중** (스님이 오염됨과 무아에 이르렀다가 / 삼질하는 요부를 만났다가 / 결국 하늘과 중(스님) 만 남았다는 스토리로 암기)
- **질산칼륨 하면 흑색화약 떠올려야 한다.**

(위의 무기과산화물에서 과산화 이온, 즉 (O_2)는 -2 이온으로 생각하면 그 결합이 위의 법칙을 따른다. 칼륨은 $+1$이고, O_2는 -2이므로 칼륨 2개 O_2 1개가 결합한다(K_2O_2). 과산화 이온은 산소와 구분해서 기억한다.)

3. 제2류 위험물

구분	품명	해당대표위험물	분자식	지정수량	위험등급
가연성고체	**황**화인	삼황화린	P_4S_3	100kg	II
		오황화린	P_2S_5		
		칠황화린	P_4S_7		
	적린	적린	P		
	유황(황)	유황(황)	S		
	철분	철분	Fe	500kg	III
	마그네슘	마그네슘	Mg		
	금속분	알루미늄분	Al		
		아연분	Zn		
	인화성고체	고형알코올		1000kg	

암기 방법

제1류 위험물 표와 마찬가지로 잘 암기해야 한다. 암기 요령은 동일하다.

백유황적 / 오철금마 천인 (백유황 장군이 적을 물리치기 위해 5섯 마리의 철금말(마)과 천명의 사람(인)을 준비하는 이야기로 기억한다.)

실기 플러스

인화성 고체란 고형알코올 그밖에 1기압에서 인화점이 섭씨 40도 미만인 고체를 말한다.
- 가연성 고체란 고체로서 화염에 의한 발화의 위험성 또는 인화의 위험성을 판단하기 위해 고시로 정하는 시험에서 고시로 정하는 성질과 상태를 나타내는 것을 말한다.
- 유황(황)은 순도가 60중량퍼센트 이상인 것을 말한다.

4. 제3류 위험물

구분	품명	해당대표위험물	분자식	지정수량	위험등급
자연발화성물질 및 금수성물질	**알**킬알루미늄	트리에틸알루미늄	$(C_2H_5)_3Al$	10kg	I
		트리메틸알루미늄	$(CH_3)_3Al$		
	알킬리튬	메틸리튬	CH_3Li		
	칼륨	칼륨	K		
	나트륨	나트륨	Na		
	황린	황린	P_4	20kg	
	알칼리금속 (칼륨 및 나트륨을 제외함)	리튬	Li	50kg	II
		루비듐	Rb		
		세슘	Cs		
	알칼리토금속	베릴륨	Be		
		칼슘	Ca		
		바륨	Ba		
	유기금속화합물 (알킬알루미늄, 알킬리튬 제외)	디에틸아연			
	금속의 수소화합물	수소화리튬	LiH	300kg	III
		수소화나트륨	NaH		
		수소화칼슘	CaH_2		
	금속의 인화물	인화 칼슘	Ca_3P_2		
	칼슘 또는 알루미늄의 **탄**화물	탄화칼슘	CaC_2		
		탄화알루미늄	Al_4C_3		
	그 밖의 물질	염소화**규**소화합물			

암기 방법

십알 칼알나 이황 / 오알알유 / 삼금금탄규 (나쁜 칼알나가 이황 선생을 **오** 알알유, **삼** 금금탄규 하며 놀린다.)

5. 제4류 위험물

구분	품명	해당대표위험물	분자식	지정수량	위험등급	수용성
인화성 액체	특수인화물	이황화탄소	CS_2	50L	I등급	X
		디에틸에테르	**$C_2H_5OC_2H_5$**			
		아세트알데히드	CH_3CHO			O
		산화프로필렌	OCH_2CHCH_3			
	제1석유류 벤젠 톨루엔 메틸에틸케톤 에틸벤젠 시안화수소 피리딘 아세톤	휘발유		200L	II등급	X
		벤젠	C_6H_6			
		톨루엔	$C_6H_5CH_3$			
		메틸에틸케톤	$CH_3COC_2H_5$			
		에틸벤젠				
		시안화수소	HCN	400L		O
		피리딘	C_5H_5N			
		아세톤	CH_3COCH_3			
	알코올류	메틸알코올	**CH_3OH**	400L		O
		에틸알코올	**C_2H_5OH**			
	제2석유류	등유		1000L	III등급	X
		경유				
		스티렌	$C_6H_5CHCH_2$			
		클로로벤젠	C_6H_5Cl			
		크실렌	$C_6H_4(CH_3)_2$			
		의산(포름산)	$HCOOH$	2000L		O
		초산(아세트산)	CH_3COOH			
		히드라진	N_2H_4			
	제3석유류	중유		2000L		X
		클레오소트유				
		아닐린	$C_6H_5NH_2$			
		니트로벤젠	$C_6H_5NO_2$			
		에틸렌글리콜	$C_2H_4(OH)_2$	4000L		O
		글리세린	**$C_3H_5(OH)_3$**			
	제4석유류	윤활유(기계유, 기어유, 실린더유)		6000L		

구분		품명	해당대표위험물	분자식	지정수량	위험등급	수용성
인화성 액체	동식물유	건성유 (요오드값 130이상)	해바라기기름		10000L	III등급	
			동유				
			아마인유				
			들기름				
			정어리기름				
			대구유				
			상어유				
		반건성유 (요오드값 100~130)	채종유				
			참기름				
			콩기름				
			옥수수기름				
			쌀겨기름				
			면실유				
			청어유				
		불건성유 (요오드값 100 이하)	소기름				
			돼지기름				
			고래기름				
			올리브유				
			야자유				
			피마자유				
			땅콩기름(낙화생유)				

암기 방법

표가 크고 복잡하니 나누어서 암기해야 한다.

- 먼저 위험 등급은 **특 / 1,알 / 2,3,4,동** 순서대로 123등급이다.
- 특수인화물은 특 **오(50L) 이디 / 아산**으로 기억한다. "/"을 기준으로 비수용성/수용성 구분된다.
- 1석유류는 일 **이(200L)휘벤에메톨 초(초산에틸, 아세트산에틸, $CH_3COOC_2H_5$) / 사(400L)시아피, 포(포름산메틸, $HCOOCH_3$)**
- 알코올류는 **사(400L)알에메** 로 기억한다.
- 2석유류는 이 **일(1000L)등경 크스클 벤(벤즈알데히드, C_6H_5CHO) / 이(2000L)아히포 아(아크릴산: $CH_2CHCOOH$**
- 3석유류는 삼 **이(2000L)중아니니(니트로톨루엔)클 / 사(4000L)글글**

4석유류는 사 **육(6000L)윤기실**

동식물유는 모두 지정수량이 10000L이다.

암기는 정상 동해 대아들, 참쌀면 청옥 채콩, 소돼재고래 피 올야땅(동해바다에 사는 정상적인 큰(대)아들이 청옥수수, 채콩으로 참쌀면을 만들고, 소돼지고래 피를 올야땅에 뿌린다로 연상한다.)

① 제4류 위험물의 분류 기준을 알아야 한다(1기압에서).

ㄱ. 특수인화물 : 이황화탄소, 디에틸에테르 그밖에 **발화점 100℃ 이하 또는(or) 인화점이 -20℃ 이하이고(and) 비점 40℃ 이하**인 것

ㄴ. 제1석유류 : 아세톤, 휘발유, 그밖에 **인화점이 21℃ 미만인 것**

ㄷ. 제2석유류 : 등유, 경유, 그밖에 **인화점이 21℃ 이상 70℃ 미만인 것**
(도료류 그 밖의 물품에 있어 가연성 액체량이 40중량퍼센트 이하이고, 인화점이 섭씨 40도 이상인 동시에 연소점이 섭씨 60도 이상인 것은 제외)

ㄹ. 제3석유류 : 중유, 클레오소트유 그밖에 **인화점이 70℃ 이상 200℃ 미만인 것**
(도료류 그 밖의 물품에 있어 가연성 액체량이 40중량퍼센트 이하인 것은 제외)

ㅁ. 제4석유류 : 기어유, 실린더유 그밖에 **인화점이 200℃ 이상 250℃ 미만인 것**
(도료류 그 밖의 물품에 있어 가연성 액체량이 40중량퍼센트 이하인 것은 제외)

> **실기플러스**
>
> 알코올류 : 알코올류 하나의 분자를 이루는 탄소 원자수가 1에서 3개까지인 포화1가 알코올류가 위험물에 해당함. 다만 다음의 경우 제외
> - 1분자를 구성하는 탄소원자의 수가 1개 내지 3개의 포화1가 알코올의 함유량이 60중량퍼센트 미만인 수용액
> - 가연성 액체량이 60중량퍼센트 미만이고 인화점 및 연소점이 에틸알코올 60중량퍼센트 수용액의 인화점 및 연소점을 초과하는 것

ㅂ. 동식물류 : 동물, 식물에서 추출한 것으로 인화점이 **250℃ 미만인 것**

② 에탄올이 산화하면 아세트알데히드, 아세트알데히드가 산화하면 아세톤, 그 반대로 환원하면 그 반대가 된다.

③ 벤젠, 염화수소, 산소가 반응하여 클로로벤젠을 만든다.

$2C_6H_6 + 2HCl + O_2 \rightarrow 2C_6H_5Cl + 2H_2O$

④ 고인화점 인화물의 정의 : 인화점이 100℃ 이상인 제4류 위험물

6. 제5류 위험물

구분	품명	해당대표위험물	분자식	지정수량	위험등급
자기 반응성 물질	**유**기과산화물	과산화벤조일 (벤조일퍼옥사이드)	$(C_6H_5CO)_2O_2$	제1종 10kg 제2종 100kg	지정수량 10kg: I 등급 나머지: II 등급
		메틸에틸케톤퍼옥사이드			
	질산에스테르류	질산메틸	CH_3ONO_2		
		질산에틸	$C_2H_5ONO_2$		
		니트로글리콜	$C_2H_4(ONO_2)_2$		
		니트로글리세린	$C_3H_5(ONO_2)_3$		
		니트로셀룰로오스 (질산섬유소)			
		셀룰로이드			
	히드록실아민 (하이드록실아민)				
	히드록실아민염류 (하이드록실아민염류)				
	니트로화합물 (나이트로화합물)	트리니트로톨루엔(TNT)	$C_6H_2(NO_2)_3CH_3$		
		트리니트로페놀 (피크린산, TNP)	$C_6H_2(NO_2)_3OH$		
		테트릴			
		디니트로벤젠			
	니트로소화합물 (나이트로소화합물)				
	디아조화합물 (다이아조화합물)				
	히드라진유도체 (하이드라진유도체)				
	아조화합물				
	그 외(**질**산구아니딘)				

> 암기 방법
>
> 암기는 **유질 히히 니니 아히디질**

실기 플러스

- 5류 위험물 중 제조 방법에 대해 알아 둘 필요가 있는 것이 있다.

  니트로화 하여 생성하는 물질을 기억하자.

  톨루엔을 니트로화 해서 트리니트로톨루엔을 생성

  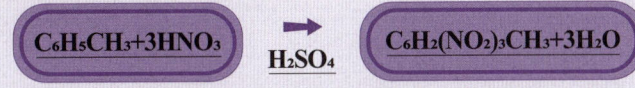

  $C_6H_5CH_3 + 3HNO_3 \xrightarrow{H_2SO_4} C_6H_2(NO_2)_3CH_3 + 3H_2O$

  페놀을 니트로화 해서 트리니트로페놀을 생성

  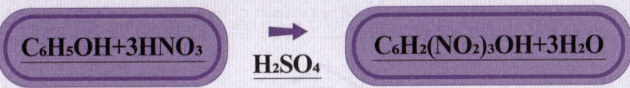

  $C_6H_5OH + 3HNO_3 \xrightarrow{H_2SO_4} C_6H_2(NO_2)_3OH + 3H_2O$

  그 외에도 앞에 톨루엔, 페놀 외 다른 물질을 넣고 질산 황산으로 니트로화 하면 니트로화 한 물질과 물이 발생한다.
  (예 글리세린을 위와 같이 반응시키면 니트로글리세린과 물이 생성된다.)

7. 제6류 위험물

구분	품명	해당대표위험물	분자식	지정수량	위험등급
산화성액체	과염소산	과염소산	$HClO_4$	300kg	I
	과산화수소	과산화수소	H_2O_2		
	질산	질산	HNO_3		
	그 밖(할로젠간화합물)				

암기 방법

암기는 **삼 질할과염산**

질산이 피부에 닿으면 노란색으로 변하는 이 화학반응을 **크산토프로테인** 반응이라 한다.

8. 구조식

- 실기 시험에서 **자주나오는 구조식은 암기**할 필요가 있다.
- 주로 제4류 위험물이고, 제5류 위험물 중에 니트로화합물(나이트로화합물)을 기억할 필요가 있다.

(1) 제4류 위험물

1) 1석유류

⑤ **벤젠(C_6H_6)**, 또한 BTX는 벤젠, **톨루엔**, 크실렌(자일렌)을 가리키는 것을 기억해야 한다.

⑥ 톨루엔(메틸벤젠, $C_6H_5CH_3$)

⑦ 초산에틸(아세트산에틸, 제4류 1석유류 비수용성, $CH_3COOC_2H_5$)

$$\begin{array}{c} \text{H} \quad \text{O} \quad \quad \text{H} \quad \text{H} \\ | \quad\; \| \quad\quad\; | \quad\; | \\ \text{H}-\text{C}-\text{C}-\text{O}-\text{C}-\text{C}-\text{H} \\ | \quad\quad\quad\quad\; | \quad\; | \\ \text{H} \quad\quad\quad\quad \text{H} \quad \text{H} \end{array}$$

⑧ 피리딘(C_5H_5N)

2) 알코올류

① 메탄올

$$H-\underset{\underset{H}{|}}{\overset{\overset{H}{|}}{C}}-O-H$$

3) 제2석유류

① 크실렌 (자일렌, $C_6H_4(CH_3)_2$)

3가지 O-크실렌, m-크실렌, p-크실렌

Ortho-크실렌   Meta-크실렌   Para-크실렌

② 포름산(개미산, 의산, HCOOH)

4) 제3석유류

① 아닐린($C_6H_5NH_2$)

② 글리세린($C_3H_5(OH)_3$)

$$H-\underset{\underset{OH}{|}}{\overset{\overset{H}{|}}{C}}-\underset{\underset{OH}{|}}{\overset{\overset{H}{|}}{C}}-\underset{\underset{OH}{|}}{\overset{\overset{H}{|}}{C}}-H$$

③ 에틸렌글리콜(4류 3석유류, $C_2H_4(OH)_2$)

$$\begin{array}{cc} H & H \\ | & | \\ H-C-C-H \\ | & | \\ OH & OH \end{array}$$

(2) 제5류 위험물

1) 유기과산화물

① 과산화벤조일($(C_6H_5CO)_2O_2$)

2) 니트로화합물(나이트로화합물)

① <u>트리니트로톨루엔(TNT, $C_6H_2(NO_2)_3CH_3$)</u>

② <u>트리니트로페놀(피크린산, TNP, $C_6H_2(NO_2)_3OH$)</u>

II. 각종의 반응식

1. 연소반응식

실기 시험에서는 연소반응식(즉 **산소와의 결합**)이 많이 출제되므로 **자주 출제되는 연소반응식을 암기할 필요가 있다.**

(1) 제2류 위험물

1) 황, 적린, 황화인

① 암기방법

ㄱ. **황은 산소와 만나면 이산화황**을 만든다.

ㄴ. **인은 산소와 만나면 오산화인**을 만든다.

ㄷ. 인과 황이 함께 있는 황화인은 산소와 만나면 당연히 이산화황과 오산화인을 둘다 만든다.

② 반응식

ㄱ. 삼황화린 : $P_4S_3 + 8O_2 \rightarrow 2P_2O_5 + 3SO_2$

ㄴ. 오황화린 : $2P_2S_5 + 15O_2 \rightarrow 2P_2O_5 + 10SO_2$

ㄷ. 칠황화린 : $P_4S_7 + 12O_2 \rightarrow 2P_2O_5 + 7SO_2$

ㄹ. 유황(황) : $S + O_2 \rightarrow SO_2$

ㅁ. 적린 : $4P + 5O_2 \rightarrow 2P_2O_5$ (오산화인, 흰색의 연기)

2) 마그네슘, 알루미늄

① 암기방법 : 위의 이온화결합의 법칙을 그대로 따른다.

② 반응식

ㄱ. 마그네슘 : $2Mg + O_2 \rightarrow 2MgO$

ㄴ. 알루미늄 : $4Al + 3O_2 \rightarrow 2Al_2O_3$

(2) 제3류 위험물

- 위의 예와 동일하게 인이 있으면 오산화인을 만들고, 칼륨은 이온화결합의 법칙을 그대로 따른다. (산소는 반응 시 'O'가 아니라 'O_2'가 반응한다.)
- 칼륨 : $4K + O_2 \rightarrow 2K_2O$
- 황린 : $P_4 + 5O_2 \rightarrow 2P_2O_5$

(3) 제4류 위험물

- 제4류 위험물은 **연소(산소와 반응)하면 물과 이산화탄소**를 만든다(따라서 반응물 + O_2 → H_2O + CO_2를 그려 놓고 미정계수방정식을 풀면된다.).
- 예외가 있는데, **처음 반응식에서 수소가 없는 이황화탄소**의 경우, 물을 못 만들고 이산화탄소와 이산화황을 만든다.
- 모두 이산화탄소는 항상 발생한다.

1) 특수인화물

① 이황화탄소 : $CS_2 + 3O_2 \rightarrow CO_2 + 2SO_2$
② 아세트알데히드 : $2CH_3CHO + 5O_2 \rightarrow 4CO_2 + 4H_2O$
③ 디에틸에테르 : $C_2H_5OC_2H_5 + 6O_2 \rightarrow 4CO_2 + 5H_2O$

2) 제1석유류

① 벤젠 : $2C_6H_6 + 15O_2 \rightarrow 12CO_2 + 6H_2O$
② 메틸에틸케톤 : $2CH_3COC_2H_5 + 11O_2 \rightarrow 8CO_2 + 8H_2O$
③ 톨루엔 : $C_6H_5CH_3 + 9O_2 \rightarrow 7CO_2 + 4H_2O$
④ 아세톤 : $CH_3COCH_3 + 4O_2 \rightarrow 3CO_2 + 3H_2O$

3) 알코올류

메틸알코올 : $2CH_3OH + 3O_2 \rightarrow 2CO_2 + 4H_2O$

4) 제2석유류

아세트산 : $CH_3COOH + 2O_2 \rightarrow 2CO_2 + 2H_2O$

(4) 기타물질

1) 암기요령
① 처음 반응 물질에 수소, 산소, 탄소가 있으면 물과 이산화탄소가 나온다.
② 수소가 없고, 산소 탄소가 있으면 이산화탄소가 나온다.
③ 탄소가 없고, 수소, 산소가 있으면 물이 나온다.
④ 철의 경우 산소와 결합하는 여러 형태가 있으나 Fe_2O_3로 일단 기억한다.

2) 화학반응식
① 수소 : $2H_2 + O_2 \rightarrow 2H_2O$
② 탄소 : $C + O_2 \rightarrow CO_2$
③ 에탄 : $2C_2H_6 + 7O_2 \rightarrow 4CO_2 + 6H_2O$
④ 메탄 : $CH_4 + 2O_2 \rightarrow CO_2 + 2H_2O$
⑤ 철 : $4Fe + 3O_2 \rightarrow 2Fe_2O_3$

2. 물과의 반응식

- <u>위험물이 물과 반응하는 경우 유별과 상관없이 모두 수산화기(OH)를 가진 물질</u>이 생성된다는 것 기억해야 한다. 즉, 수산화물질과 다른 어떤 것이 발생하는 지를 기억하면 전체 반응식을 암기하지 못해도 미정계수방정식을 통해 반응식을 구할 수 있다.

  물과의 반응식에 나오는 물질은 **당연히 물과 반응하는 물질**밖에 안 나온다(제1류 중 무기과산화물, 제2류 중 철분, 금속분, 마그네슘 등, 제3류 중 금수성물질 등).

- 필기 교재에서 암기했던 것 상기해서 대입하면 쉽게 암기할 수 있을 것이다.
    ① 1류위험물 중 **알칼리금속과산화물의 경우 산소(O_2)**
    ② 금속류는 대부분 수소(H_2)
    ③ 금속수소화합물 수소(H_2)
    ④ 인화칼슘(인화석회)은 포스핀(PH_3, 인화수소라고도 함)
    ⑤ 탄화칼슘은 아세틸렌(C_2H_2)
    ⑥ 탄화알루미늄은 메탄(CH_4)
    ⑦ 탄화망간은 메탄(CH_4)
    ⑧ 트리메틸알루미늄은 메탄
    ⑨ 트리에틸알루미늄은 에탄

> ## 암기 방법
>
> 암기 요령은 비교적 간단하다. 산소는 알칼리금속과산화물만이다.
> 수소는 금속류, 금속수소화합물(산알금, 수금을 먼저 암기하고), 특이한 것 두가지 인화칼슘은 인화수소(포스핀), 탄화칼슘은 아세틸렌 암기하고, 나머지는 메탄과 에탄인데, 탄알과 탄망은 메탄이고(망 속에서 까맣게 탄 알에서 나는 메탄냄새를 연상한다), 트리메틸알은 메탄이고, 트리에틸알은 에탄이다.

(1) 제1류 위험물 중 무기과산화물

당연히 **수산화 물질과 산소**가 발생한다.

1) 반응식

① **과산화나트륨** : $2Na_2O_2 + 2H_2O \rightarrow 4NaOH + O_2$(산소)

② 과산화칼륨 : $2K_2O_2 + 2H_2O \rightarrow 4KOH + O_2$

③ 과산화마그네슘 : $2MgO_2 + 2H_2O \rightarrow 2Mg(OH)_2 + O_2$

④ 과산화칼슘 : $2CaO_2 + 2H_2O \rightarrow 2Ca(OH)_2 + O_2$

(2) 제2류 위험물 중 철분, 마그네슘, 금속분

제2류 위험물 중 철분, 마그네슘, 금속분 등은 수소를 발생시킨다(**수산화물질은 당연히 발생**).

(수산화물질도 OH가 '-1'의 값을 가지므로 이온결합 공식을 대부분 따른다. 다만, "3~12족" 등 앞의 주기율표에서 배우지 않는 금속은 모두 각각 특별한 성격을 가지고 원자가 수도 일정하지 않으므로 별도로 암기한다. 예 $Zn(OH)_2$

1) 반응식

① 마그네슘 : $Mg + 2H_2O \rightarrow Mg(OH)_2 + H_2$(수소)

② **아연** : $Zn + 2H_2O \rightarrow Zn(OH)_2 + H_2$(수소)

③ **알루미늄** : $2Al + 6H_2O \rightarrow 2Al(OH)_3 + 3H_2$(수소)

(3) 제3류 위험물 중 금수성 물질

위의 공식 그대로 적용된다.

① 금속류는 대부분 수소(H_2)

② 금속수소화합물 수소(H_2)

③ 인화칼슘(인화석회)은 포스핀(PH_3, 인화수소라고도 함)

④ 탄화칼슘은 아세틸렌(C_2H_2)

⑤ 탄화알루미늄은 메탄(CH_4)

⑥ 탄화망간은 메탄(CH_4)

⑦ 트리메틸알루미늄은 메탄

⑧ 트리에틸알루미늄은 에탄

1) 반응식

① 알킬알루미늄 : 트리에틸알루미늄 : **$(C_2H_5)_3Al + 3H_2O \rightarrow Al(OH)_3 + 3C_2H_6$(에탄)**

② 칼륨 : $2K + 2H_2O \rightarrow 2KOH + H_2$

③ 알킬리튬 : 메틸리튬 : $CH_3Li + H_2O \rightarrow LiOH + CH_4$(메탄)

④ **나트륨 : $2Na + 2H_2O \rightarrow 2NaOH + H_2$**

⑤ 알칼리금속 : 리튬 : $2Li + 2H_2O \rightarrow 2LiOH + H_2$(수소)

⑥ 금속수소화합물

ㄱ. 수소화나트륨 : **$NaH + H_2O \rightarrow NaOH + H_2$(수소)**

ㄴ. 수소화칼륨 : $KH + H_2O \rightarrow KOH + H_2$(수소)

ㄷ. 수소화칼슘 : $CaH_2 + 2H_2O \rightarrow Ca(OH)_2 + 2H_2$(수소)

⑦ 금속인화합물

ㄱ. 인화칼슘 : **$Ca_3P_2 + 6H_2O \rightarrow 3Ca(OH)_2 + 2PH_3$(포스핀)**

ㄴ. 인화알루미늄 : $AlP + 3H_2O \rightarrow Al(OH)_3 + PH_3$**(포스핀)**

⑧ 칼슘, 알루미늄 탄화물

ㄱ. 탄화알루미늄 : **$Al_4C_3 + 12H_2O \rightarrow 4Al(OH)_3 + 3CH_4$(메탄)**

ㄴ. 탄화칼슘 : **$CaC_2 + 2H_2O \rightarrow Ca(OH)_2 + C_2H_2$(아세틸렌)**

(4) 기타

탄화리튬 : $Li_2C_2 + 2H_2O \rightarrow 2LiOH + $ **C_2H_2(아세틸렌)**

3. 분해반응식

- 분해 반응식은 의외로 간단하다. 대부분 산소가 발생한다.
- 단순히 산소만 떼어내면 되는 경우가 많다. 그렇지 않은 부분을 유의해서 암기하면 된다.

(1) 제1류 위험물

1) 과염소산염류

과염소산나트륨 : $NaClO_4 \rightarrow NaCl(염화나트륨) + 2O_2$

2) 염소산염류

염소산칼륨 : $2KClO_3 \rightarrow 2KCl + 3O_2$

3) 질산염류

질산칼륨 : $2KNO_3 \rightarrow 2KNO_2 + O_2$

4) 과망간산염류(과망가니즈산염류)

과망간산칼륨 : $2KMnO_4 \rightarrow K_2MnO_4(망간산칼륨) + MnO_2(이산화망간) + O_2$

5) 그 외

삼산화크롬(무수크롬산) : $4CrO_3 \rightarrow 2Cr_2O_3 + 3O_2$

(2) 제5류 위험물

1) 질산에스테르류

니트로글리세린 : $4C_3H_5(ONO_2)_3 \rightarrow 12CO_2 + 10H_2O + O_2 + 6N_2$

(3) 제6류 위험물

1) 질산 : $4HNO_3 \rightarrow 2H_2O + 4NO_2(이산화질소, 유독성) + O_2$

2) 과산화수소 : $2H_2O_2 \rightarrow 2H_2O + O_2$ (이 반응식에서 요오드화칼륨(KI), 이산화망간(MnO_2) 등이 분해의 정촉매로 사용될 수 있음)

3) 과염소산 : $HClO_4 \rightarrow HCl + 2O_2$

(4) 기타

탄산수소나트륨 : $2NaHCO_3 \rightarrow Na_2CO_3 + CO_2 + H_2O$

4. 기타물질반응

(1) 염화수소, 염산

1) 제1류 위험물 중 과산화칼슘

- 칼슘은 Cl과 결합한 물질을 만든다. 이때 결합은 이온결합 원칙을 따른다. 남은 수소 이온과 과산화 이온(O_2^{-2})도 마찬가지이다(과산화 이온은 -2이온이므로 수소(+1)이온과 1:2로 결합한다).

- 과산화칼슘과 염화수소 : $CaO_2 + 2HCl \rightarrow CaCl_2 + H_2O_2$

2) 제2류 위험물 중 철분, 마그네슘, 금속분

- 모두 수소를 발생시키고, 물과 반응하는 경우 수산화물질을 생성하나, 염산과 반응하면 Cl과 결합한 물질이 발생한다(반응 개수는 이온화결합의 원칙에 따른다.). 즉, Al은 +3, Cl은 -1 이므로 $AlCl_3$가 된다.

- 알루미늄과 염산 : **$2Al + 6HCl \rightarrow 2AlCl_3 + 3H_2$**

- 아연과 염산 : $Zn + 2HCl \rightarrow ZnCl_2 + H_2$

  (참고로, 아연과 아세트산도 알아 둔다 : $2CH_3COOH + Zn \rightarrow (CH_3COO)_2Zn + H_2$)

- 마그네슘과 염산 : **$Mg + 2HCl \rightarrow MgCl_2 + H_2$**

3) 제3류 금속인화합물

- 인화칼슘의 물과 반응과 유사하게 포스핀 가스와 Cl과 결합한 물질이 발생한다(결합수는 이온화결합원칙에 따른다.).

- 인화칼슘과 염산 : $Ca_3P_2 + 6HCl \rightarrow 3CaCl_2 + 2PH_3$

(2) 이산화탄소

1) 제1류 무기과산화물

과산화칼륨과 이산화탄소 : $2K_2O_2 + 2CO_2 \rightarrow 2K_2CO_3 + O_2$

2) 제3류

칼륨과 이산화탄소 : $4K + 3CO_2 \rightarrow 2K_2CO_3 + C$

(3) 에틸알코올

(*에틸라이드 물질과 수소를 기억해야 한다.*)

- 나트륨과 에틸알코올 : $2Na + 2C_2H_5OH \rightarrow 2C_2H_5ONa(나트륨에틸라이드) + H_2$
- 칼륨과 에틸알코올 : $2K + 2C_2H_5OH \rightarrow 2C_2H_5OK(칼륨에틸라이드) + H_2$

(4) 기타

- 탄화칼슘과 질소 : $CaC_2 + N_2 \rightarrow CaCN_2(석회질소) + C$
- 황린과 수산화칼륨 수용액 : $P_4 + 3KOH + 3H_2O \rightarrow PH_3 + 3KH_2PO_2$
- 히드라진과 과산화수소 : $N_2H_4 + 2H_2O_2 \rightarrow N_2 + 4H_2O$
- 유황(황)과 수소 : $S + H_2 \rightarrow H_2S$

1. 기초 개념

(1) 이상기체방정식

이와 관련하여 화학반응에 따른 반응, 발생 물질의 양, 기체의 부피를 구하는 문제를 잘 살펴야 한다.

> **예를 들어 계산해 보기**
>
> 톨루엔 9.2g을 완전연소시키는데 필요한 산소는 몇 리터인가?
>
> 부피를 구하는 경우 구하는 부피단위가 L인 경우, 질량의 단위는 g으로 맞추고, m³인 경우 kg 으로 맞추고 문제를 풀이하는 것이 좋다.
>
> 1) 표준상태인 경우
>
>   이를 위해서는 톨루엔의 연소반응식을 알아야 한다.
>
>   반응식은 $C_6H_5CH_3 + 9O_2 \rightarrow 7CO_2 + 4H_2O$이고 톨루엔 1분자에 대해 산소9분자가 반응한다.
>
>   톨루엔의 분자량은 92g/mol이므로 9.2g은 0.1mol이 된다. 즉, 산소는 0.9mol이 필요하다는 뜻이 된다.
>
>   기체 1mol은 22.4L이므로 0.9mol은 20.16L가 된다.
>
> 2) 표준상태가 아닌경우
>
>   만약 이 경우 표준상태가 아니라 온도가 20℃이고 기압이 2기압이라면, 이상기체방정식에 따라 풀면 된다. $PV = \frac{W}{M}RT$ 이고, $\frac{W}{M}$ 은 몰수이므로 대입하면 V = 0.9×0.082×293 / 2 하면 2기압 20℃에서 산소의 부피를 구할 수 있다.
>
> 3) 발생한 이산화탄소의 질량을 구하는 문제라면,
>
>   앞에서 본대로 톨루엔 1분자 반응 시 이산화탄소 7분자가 나오므로 0.1mol 반응 시 이산화탄소는 0.7mol이 발생한다. 이산화탄소 1몰의 질량은 44g이므로 0.7몰의 질량 30.8g이 된다. (질량은 온도, 기압과 상관 없이 동일하다.)
>
> 4) 필요한 공기의 부피를 구하는 문제라면, 공기 중에 산소의 비율이 있으므로 산소의 부피를 구하고 전체 공기의 부피를 구하면 된다.
>
> 5) 이상기체방정식은 물질의 밀도도 구할 수 있다. 밀도는 질량/부피이므로 위 방정식에서 w/V를 구하면 되기 때문이다.

2. 화재와 소화

(1) 화재의 종류

화재급수	명칭	물질	표현색
A급화재	일반화재	목재, 종이, 섬유, 플라스틱, 석탄 등	백색
B급화재	유류화재	4류 위험물, 유류, 가스, 페인트	황색
C급화재	전기화재	전선, 전기기기, 발전기 등	청색
D급화재	금속화재	철분, 마그네슘, 알루미늄분 등 금속분	무색

(2) 고체의 연소

① 표면연소 : 목탄(숯), 코크스, 금속분 등
② 분해연소 : 석탄, 목재, 종이, 섬유, 플라스틱 등
③ 증발연소 : 나프탈렌, 장뇌, 황(유황), 양초(파라핀), 왁스, 알코올
④ 자기연소 : 주로 5류 위험물 (이는 물질 내에 산소를 가진 자기연소 물질이다. 주로 니트로기를 가지고 있다.)

(3) 분말소화약제

종류	성분	적응화재	열분해반응식	색상
제1종분말	$NaHCO_3$ (탄산수소나트륨)	B, C	$2NaHCO_3 \rightarrow Na_2CO_3 + CO_2 + H_2O$	백색
제2종분말	$KHCO_3$ (탄산수소칼륨)	B, C	$2KHCO_3 \rightarrow K_2CO_3 + CO_2 + H_2O$	담회색
제3종분말	$NH_4H_2PO_4$ (제1인산암모늄)	A, B, C	$NH_4H_2PO_4 \rightarrow HPO_3$(메타인산) $+ NH_3$(암모니아) $+ H_2O$	담홍색
제4종분말	$KHCO_3 + (NH_2)_2CO$ (탄산수소칼륨+요소)	B, C	$2KHCO_3 + (NH_2)_2CO \rightarrow K_2CO_3 + 2NH_3 + 2CO_2$	회색

- 제3종 분말소화약제의 경우 여러 차례 열분해 반응이 나타난다.
- 1차는 $NH_4H_2PO_4 \rightarrow NH_3 + H_3PO_4$
- 2차는 $2H_3PO_4 \rightarrow H_4P_2O_7 + H_2O$
- 3차는 $H_4P_2O_7 \rightarrow 2HPO_3 + H_2O$
- 최종으로 표현하면 $NH_4H_2PO_4 \rightarrow HPO_3$(메타인산) $+ NH_3$(암모니아) $+ H_2O$

(4) Halon 넘버

① 할론넘버의 각 숫자는 **순서대로 C, F, Cl, Br의 숫자**를 의미한다.

할론넘버	분자식	방사압력	소화기	소화효과	독성
1301	CF_3Br	0.9MPa	MTB 또는 BTM	▲ 좋음	▼ 강함
1211	CF_2ClBr	0.2MPa	**BCF**		
2402	$C_2F_4Br_2$	0.1MPa			
1011	CH_2ClBr				
104	CCl_4				

ㄱ. 할론 1301은 **오존층을 가장 많이 파괴**하나, **소화효과가 가장 좋고, 독성이 가장 낮다, 공기보다 무겁다** (브롬의 원자량은 80이다.).

ㄴ. CH_3Br는 1001이다.

ㄷ. 104는 사염화탄소를 가지며 포스겐가스($COCl_2$)를 발생시켜 환경오염을 시키므로 사용하면 안 된다.

(5) 혼합기체의 폭발범위(연소범위)를 구하는 공식

① $100/L = V_1/L_1 + V_2/L_2 + V_3/L_3 + \cdots$

② $100/H = V_1/H_1 + V_2/H_2 + V_3/H_3 + \cdots$

(V는 각 물질의 비율(vol%), Ln은 각 물질의 폭발범위 하한, Hn은 각 물질의 폭발범위 상한)

③ 어떤 A, B, C 세 기체의 혼합기체의 혼합 비율은 A : B : C = 5 : 3 : 2이고, 각 기체의 폭발범위는 A는 5 ~ 15%, B는 3 ~ 12%, C는 2 ~ 10%인 경우

④ 하한은 $100/L = 50/5 + 30/3 + 20/2$, L = 3.33

⑤ 상한은 $100/H = 50/15 + 30/12 + 20/10$, H = 12.77

⑥ 계산하면 3.33 ~ 12.77%

(6) 소화설비 설치 기준(소요단위 문제)

종류	내화구조	비내화구조
위험물	위험물의 지정수량×10	
제조소 및 취급소	100 m²	50 m²
저장소	150 m²	75 m²

옥외설치된 공작물은 외벽이 내화구조인 것으로 간주한다.

(7) 경보설비의 종류

① 제조소 및 취급소(이동식탱크 제외)에 경비설비 설치 기준은 **지정수량의 10배** 이상인 경우이다.
② 자동화재탐지설비, 비상경보설비, 비상방송설비, 확성장치
③ 자동화재탐지설비 기준 : **연면적이 500m² 이상**인 것, 옥내에서 **지정수량 100배 이상**을 취급하는 경우

3. 위험물의 저장/운반/취급 등의 관리

(1) 혼재가 가능한 위험물의 유별(지정수량 10배이상인 경우) : 423 524 61

이 외에도 기억해야 할 것이 있다. 바로 유별을 달리하는 위험물끼리는 같이 저장하면 안 된다는 것인데, 다만, 옥내/외 저장소의 경우 아래와 같은 위험물은 서로 1m 간격을 두고 저장 가능하다.

① **1류(알칼리금속 과산화물 또는 이를 함유한 것 제외)와 5류**
② **1류와 6류**
③ **1류와 3류 중 자연발화성물질(황린 또는 이를 함유한 것)**
④ **2류 중 인화성 고체와 4류**
⑤ 3류 중 알킬알루미늄 등과 4류(알킬알루미늄 또는 알킬리튬을 함유한 것에 한함)
⑥ 4류 중 유기과산화물 또는 이를 함유한 것과 5류 중 유기과산화물 또는 이를 함유한 것

> **암기 방법**
>
> 암기는 111234로 되어 있다는 것 기억하고, 1알5, 1 6, 1 3자, 2인4, 3알4알알, 4유5유 로 기억한다.

(2) 게시판

게시판의 크기는 60cm×30cm 이상, 위험물의 경우 흑색 바탕에 황색도료로 위험물이라고 표시해야 한다. 그 외 아래와 같다.

종류	바탕	문자
화기엄금	적색	백색
물기엄금	청색	백색
주유중엔진정지	황색	흑색
위험물제조소 등	백색	흑색
위험물	흑색	황색반사도료

(3) 위험물에 따른 <u>운반용기 주의사항표시</u>

1) 1류

① 알칼리금속과산화물의 경우 : **화기/충격주의, 물기엄금 및 가연물접촉주의**

② 그 밖의 것 : 화기/충격주의, 가연물 접촉주의

2) 2류

① <u>철분, 마그네슘, 금속분 : 화기주의 물기엄금</u>

② <u>인화성 고체 : 화기엄금</u>

③ 그 밖의 것 : 화기주의

3) 3류

① <u>자연발화성 물질 : 화기엄금 및 공기접촉엄금</u>

② <u>금수성물질 : 물기엄금</u>

4) <u>4류 : 화기엄금</u>

5) <u>5류 : 화기엄금, 충격주의</u>

6) <u>6류 : 가연물접촉주의</u>

(4) 안전카드

위험물안전관리법령상 제4류 위험물 운송 시 **위험물안전카드**를 휴대해야 하는 위험물 : **특수인화물 및 제1석유류**

(5) 제조소 등의 종류

제조소(1종류)	제조소			
저장소(8종류)	옥내	옥내탱크	지하탱크	간이탱크
	옥외	옥외탱크	암반탱크	이동탱크
취급소(4종류)	주유	이송	판매	일반

1) **판매취급소**

① 제1종 판매취급소 : 저장 또는 취급하는 위험물의 수량이 지정수량의 **20배** 이하인 취급소

② 제2종 판매취급소 : 저장 또는 취급하는 위험물의 수량이 지정수량의 **40배** 이하인 취급소

(6) 안전거리

위험물제조소 등과의 이격거리

① **유형문화재와 지정문화재 : 50m 이상**
② **학교, 병원, 극장 등 다수인 수용 시설(극단, 아동복지시설, 노인보호시설, 어린이집 등) : 30m 이상**
③ **고압가스**, 액화석유가스 또는 도시가스를 저장 또는 취급하는 시설 : 20m 이상
④ **주거용인 건축물 등 : 10m 이상**
⑤ **사용전압이 35,000V를 초과하는 특고압가공전선 : 5m 이상**
⑥ 사용전압이 7,000V 초과 35,000V 이하의 특고압가공전선 : 3m 이상

> ### 암기 방법
> 암기는 532153이고, 문학가주사사로 암기(문학가가 주사 부리다 사망하는 이야기)

(7) 위험물제조소의 환기설비

- **급기구**는 당해 급기구가 설치된 실의 **바닥면적 150m² 마다 1개 이상**으로 하되, 급기구의 **크기는 800cm² 이상**으로 할 것. 다만 바닥면적이 150m² 미만인 경우에는 다음의 크기로 하여야 한다.

바닥면적	급기구의 면적
60m² 미만	150cm² 이상
60m² 이상 90m² 미만	300cm² 이상
90m² 이상 120m² 미만	450cm² 이상
120m² 이상 150m² 미만	**600cm² 이상**

- 환기는 자연배기방식

(8) 강철판 등

- 옥외저장탱크 강철판 3.2mm 이상, 밸브 없는 통기관은 30mm

- **이동식탱크저장소에서 그 내부의 4000리터 이하마다 3.2mm 이상의 강철판 등의 금속성 칸막이, 칸막이는 3.2mm, 방호틀은 2.3mm, 방파판은 1.6mm**(이동탱크저장소의 경우 옥외에 상치하는 경우 인근 건축물로부터 5m 이상(1층인 경우 3m 이상) 거리 확보해야 한다는 점도 기억한다.)

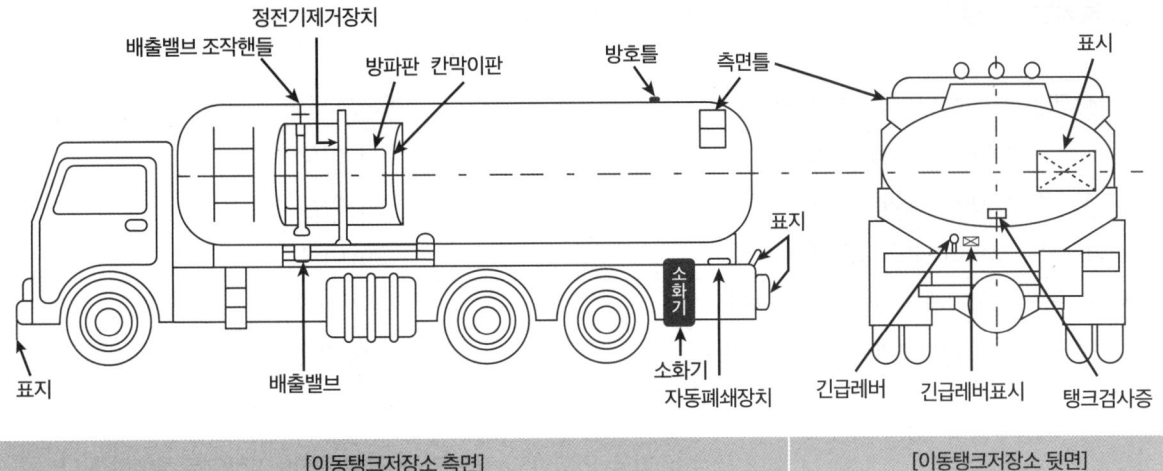

| [이동탱크저장소 측면] | [이동탱크저장소 뒷면] |

- 간이탱크저장소 3.2mm 이상의 강철판

(9) 보유공지

1) 옥외저장소

저장 또는 취급하는 위험물의 최대수량	공지의 너비
지정수량의 10배 이하	**3m 이상**
지정수량의 10배 초과 20배 이하	5m 이상
지정수량의 20배 초과 50배 이하	9m 이상
지정수량의 50배 초과 200배 이하	12m 이상
지정수량의 200배 초과	15m 이상

① 다만, 제4류 위험물 중 **제4석유류와 제6류 위험물**을 저장 또는 취급하는 옥외저장소의 보유공지는 다음 표에 의한 **공지의 너비의 3분의 1 이상의 너비**

② 과산화수소는 제6류 위험물로 지정수량이 300kg이다. 3000kg인 경우 지정수량의 10배이고, 10배 이하인 경우 공지의 너비는 3m 이상이면 된다. 다만, 제6류 위험물이므로 1/3이면 된다. 따라서 1m 이상이면 된다.

2) 제조소

취급하는 위험물의 최대수량	공지의 너비
지정수량의 **10배 이하**	**3m 이상**
지정수량의 **10배 초과**	**5m 이상**

3) 옥외탱크저장소

저장 또는 취급하는 위험물의 최대수량	공지의 너비
지정수량의 500배 이하	**3m 이상**
지정수량의 500배 초과 1,000배 이하	5m 이상
지정수량의 1,000배 초과 2,000배 이하	9m 이상
지정수량의 2,000배 초과 3,000배 이하	12m 이상
지정수량의 3,000배 초과 4,000배 이하	**15m 이상**
지정수량의 4,000배 초과	당해 탱크의 수평단면의 최대지름(가로형인 경우에는 긴 변)과 높이 중 큰 것과 같은 거리 이상. 다만, 30m 초과의 경우에는 30m 이상으로 할 수 있고, 15m 미만의 경우에는 15m 이상으로 하여야 한다.

① 6류 위험물 외의 위험물의 경우 옥외저장탱크를 동일한 방유제 안에 2개 이상 설치하는 경우 위 보유공지의 3분의 1이상으로 할 수 있다(단, 너비는 3m 이상이어야 한다.).

② **6류 위험물인 경우 위 보유공지의 3분의 1 이상**으로 할 수 있다(단, **너비는 1.5m 이상**이어야 한다.).

③ **6류 위험물인 경우 동일구 내 2개 이상 설치할 경우 보유공지의 3분의 1의 3분의 1로 할 수 있다**(단, 너비는 **1.5m 이상**이어야 한다.).

④ 탱크 **원주 1m당 37리터로 20분간** 물을 분수할 수 있는 **물분무설비**가 있으면 보유공지의 2분의 1이상의 공지로 할 수 있다.

(10) 방유제

1) 옥외저장탱크

① **방유제는 높이 0.5m 이상 3m 이하, 두께 0.2m 이상**, 지하매설깊이 1m 이상으로 할 것
② 방유제 내의 **면적은 8만m² 이하**로 할 것
③ 방유제 내의 설치하는 옥외저장탱크의 **수는 10 이하**로 할 것

2) 제조소 옥외에 있는 위험물저장탱크의 경우(옥외저장탱크와 구분해서 기억한다.)

① **탱크가 1개 때 : 탱크용량의 50%**
② **탱크가 2개 이상**일 때 : **최대 탱크 용량의 50% + 나머지 탱크 용량 합계의 10%**

(11) 제조소

- 배출구는 지상 2m 이상으로서 연소의 우려가 없는 장소에 설치하고, 배출 덕트가 관통하는 벽부분의 바로 가까이에 화재 시 자동으로 폐쇄되는 방화댐퍼(화재 시 연기 등을 차단하는 장치)를 설치할 것
- 바닥의 최저부에 **집유설비**를 설치한다.

(12) 옥내저장탱크

- 옥내탱크(이하 "옥내저장탱크"라 한다.)는 **단층건축물에 설치된 탱크전용실**에 설치할 것
- 옥내저장탱크와 **탱크전용실의 벽과의 사이 및 옥내저장탱크의 상호간**에는 **0.5m 이상의 간격**을 유지할 것
- 옥내저장탱크의 용량(동일한 탱크전용실에 옥내저장탱크를 2 이상 설치하는 경우에는 각 탱크의 용량의 합계를 말한다.)은 **지정수량의 40배 이하일 것, 4석유류 및 동식물유류 외의 제4류 위험물**에 있어서 당해 수량이 20,000ℓ를 초과할 때에는 **20,000ℓ 이하**일 것(즉, 지정수량이 400ℓ 에틸알코올의 경우 40배인 16000ℓ가 용량이 된다. 1000ℓ인 경유인 경우 40배하면 40000ℓ가 되므로 20000ℓ가 된다.)

(13) 간이탱크저장소

　간이탱크저장소에서 간이탱크의 숫자는 3개까지 하나의 용량은 600리터 이하, 3.2mm 이상의 강철판

(14) 탱크의 용량

1) **횡으로 설치한 것**

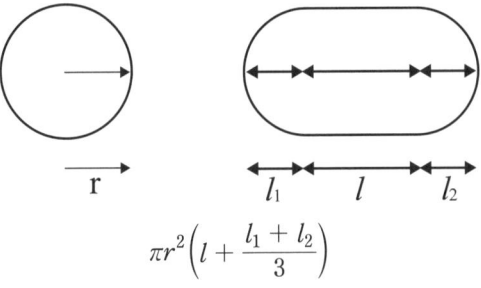

$$\pi r^2 \left(l + \frac{l_1 + l_2}{3} \right)$$

(15) 정전기 제거 방법(4류 위험물인 경우 매우 중요하다.)

- **접지(땅에 접한다.)**
- **실내공기 이온화**
- **실내습도 상대습도 70% 이상으로 유지**

4. 위험물안전관리법령 사항

(1) 제4류 위험물 취급 제조소 또는 일반취급소 자체소방대 등

사업소의 구분	화학소방자동차	자체소방대원의 수
최대수량의 합이 지정수량의 **3천 배 이상 12만 배 미만**인 사업소	1대	5인
최대수량의 합이 지정수량의 **12만 배 이상 24만 배 미만**인 사업소	2대	10인
최대수량의 합이 지정수량의 **24만 배 이상 48만 배 미만**인 사업소	3대	15인
최대수량의 합이 지정수량의 **48만 배 이상**인 사업소	4대	20인
옥외탱크저장소에 저장하는 제4류 위험물의 최대수량이 지정수량의 **50만 배 이상**인 사업소	2대	10인

위험물기능사
기출문제풀이

△ 2012 △ 2019
△ 2013 △ 2020
△ 2014 △ 2021
△ 2015 △ 2022
△ 2016 △ 2023
△ 2017 △ 2024
△ 2018

2012년 기출문제 (1회)

001 2몰의 아세트산의 연소 반응식과 반응 산소의 몰수는?

답 반응식 : $2CH_3COOH + 4O_2 \rightarrow 4CO_2 + 4H_2O$
몰수 : 4몰

해 $CH_3COOH + O_2 \rightarrow CO_2 + H_2O$ 형식의 반응식이 될 것이다. 이를 각 a, b, c, b의 미정계수방정식으로 풀면 각 1, 2, 2, 2 가 된다. 따라서 2몰의 아세트산에 대해서는 4몰의 산소가 반응한다.

002 4류 위험물인 이황화탄소의 지정수량과 연소반응식은?

답 지정수량 : 50L
연소반응식 : $CS_2 + 3O_2 \rightarrow CO_2 + 2SO_2$

해 이황화탄소는 산소와 반응하면 이산화황과 이산화탄소를 배출한다.
미정계수방정식으로 풀면, 각 계수는 1, 3, 1, 2가 된다.

암기법 특수인화물 '오(50)이디/아산'으로 암기

003 이동탱크저장소의 표지판의 내용이다. 다음 괄호안을 채우시오.

> 한 변의 길이가 (가)m 이상, 다른 한 변의 길이가 (나)m 이상인 사각형에 (다) 바탕에 (라) 반사도료 그 밖에 반사성이 있는 재료로 (마) 이라고 표시한 표지를 설치하여야 한다.

답 가 : 0.6m, 나 : 0.3m, 다 : 흑색, 라 : 황색, 마 : 위험물

해 위험물안전관리법 시행규칙(별표10)에 의하면 **게시판의 크기는 60cm × 30cm 이상, 흑색 바탕에 황색도료로 위험물**이라고 표시해야 한다.

종류	바탕	문자
화기엄금	적색	백색
물기엄금	청색	백색
주유중엔진정지	황색	흑색
위험물제조소 등	백색	흑색
위험물	흑색	황색반사도료

004 분자량이 182이고 물과 반응하여 인화수소를 발생하는 위험물은?

답 인화칼슘

해 물과 반응하여 인화수소(PH_3, 포스핀 가스)를 발생시키는 물질은 인화칼슘(Ca_3P_2)이다.

005 다음 위험물의 지정수량은?

가. 염소산염류
나. 질산염류
다. 중크롬산염류

답 가. 50kg, 나. 300kg, 다. 1000kg

006 질산메틸의 지정수량과 품명은?

답 10kg, 질산에스테르류

해 CH_3ONO_2은 5류 위험물 중 지정수량이 10kg인 질산에스테르류이다.

암기법 십(10)유질 / 백(100)히히 / 이백(200)니니 아히디질

007 제2류 위험물과 혼재가 가능하지 않은 위험물은? (단, 지정수량 1/10 초과일 때)

답 제1류, 제3류, 제6류 위험물

해 423 524, 61 기억하면 된다. 혼재 가능한 4류와 5류를 제외하면 된다.

008 분말소화약제 중 제1종, 제2종, 제3종의 화학식은?

답 제1종 : $NaHCO_3$, 제2종 : $KHCO_3$, 제3종 : $NH_4H_2PO_4$

종류	성분	적응화재	열분해반응식	색상
제1종 분말	$NaHCO_3$ (탄산수소나트륨)	B, C	$2NaHCO_3$ → $Na_2CO_3 + CO_2 + H_2O$	백색
제2종 분말	$KHCO_3$ (탄산수소칼륨)	B, C	$2KHCO_3$ → $K_2CO_3 + CO_2 + H_2O$	담회색
제3종 분말	$NH_4H_2PO_4$ (제1인산암모늄)	A, B, C	$NH_4H_2PO_4$ → HPO_3(메타인산) $+ NH_3$(암모니아) $+ H_2O$	담홍색
제4종 분말	$KHCO_3 + (NH_2)_2CO$ (탄산수소칼륨+요소)	B, C	$2KHCO_3 + (NH_2)_2CO$ → $K_2CO_3 + 2NH_3 + 2CO_2$	회색

009 과염소산의 화학식과 지정수량은?

답 **HClO₄, 300kg**

해 제6류 위험물의 지정수량은 모두 300kg이다.

010 마그네슘 분말과 물의 반응식은?

답 **Mg + 2H₂O → Mg(OH)₂ + H₂**

해 마그네슘과 물이 반응하면 수산화마그네슘과 수소가 발생하고, 미정계수방정식에 의해 구하면 각 계수는 1, 2, 1, 1이 된다.
이에 더해 Mg^{2+}가 되므로 OH^-와 1:2로 반응한다. Mg(OH)₂가 수산화마그네슘의 화학식임을 알 수 있다.

011 질산이 피부와 접촉할 때 노란색을 띠는 반응은?

답 **크산토프로테인반응**

해 질산이 단백질과 만나 노란색을 나타내는 반응이다.

012 다음 빈칸을 채우시오.

이동식탱크저장소에서 그 내부의 (가)리터 이하 마다 (나)mm 이상의 강철판 등의 금속 상 칸막이를 설치해야 한다.

답 **가 : 4000L, 나 : 3.2mm**

해 **칸막이의 용량은 4000리터이고, 두께는 3.2mm 이다.**

013 제조소 및 취급소(이동식탱크 제외)에 경보설비를 설치해야 하는 기준은 지정 수량의 몇 배 이상인가?

답 **10배**

해 경보설비 설치기준은 지정수량 10배부터 해당한다.

014 액체 위험물을 용기에 수납할 경우 수납율은?

📋 **98% 이하**

📝 **고체위험물**은 운반용기 내용적의 **95% 이하**의 수납율로 수납할 것

액체위험물은 운반용기 내용적의 **98% 이하**의 수납율로 수납하되, 55도의 온도에서 누설되지 아니하도록 충분한 공간용적을 유지하도록 할 것

알킬알루미늄 등(알킬리튬도)은 운반용기의 내용적의 **90% 이하**의 수납율로 수납하되, **50℃의 온도에서 5% 이상의 공간용적을 유지**하도록 할 것

2회 2012년 기출문제 위험물기능사

001 인화성 고체 황의 연소방법은?

답 증발연소

해 표면연소: 목탄(숯), 코크스, 금속분 등
분해연소: 석탄, 목재, 종이, 섬유, 플라스틱 등
증발연소: 나프탈렌, 장뇌, 황(유황), 양초(파라핀), 왁스, 알코올
자기연소: 주로 5류 위험물(이는 물질내에 산소를 가진 자기연소 물질이다, 주로 니트로기를 가지고 있다.)

002 마그네슘과 물의 반응식은?

답 $Mg + 2H_2O \rightarrow Mg(OH)_2 + H_2$

해 마그네슘과 물이 반응하면 수산화마그네슘과 수소가 발생한다.

003 옥내소화전, 옥외소화전의 노즐 선단의 분당 방출량을 각각 쓰시오.

답 옥내소화전: 260L 이상, 옥외소화전: 450L 이상

004 아세트알데히드의 연소반응식은?

답 $2CH_3CHO + 5O_2 \rightarrow 4CO_2 + 4H_2O$

해 아세트알데히드가 연소되면 이산화탄소와 물을 발생시킨다. 미정계수 방정식에 의해 풀면
$2CH_3CHO + 5O_2 \rightarrow 4CO_2 + 4H_2O$를 알 수 있다.

005 황린의 연소 시 생성되는 물질은?

답 오산화인

해 $P_4 + 5O_2 \rightarrow 2P_2O_5$
인은 산소와 만나면 오산화인을 만든다.

006 과망간산칼륨의 분해 반응식은?

답 $2KMnO_4 \rightarrow K_2MnO_4 + MnO_2 + O_2$

해 과망간산칼륨이 분해하면 망간산칼륨, 이산화망간, 산소를 생성한다. 미정계수방정식에 의해 풀면
$2KMnO_4 \rightarrow K_2MnO_4 + MnO_2 + O_2$ 이다.

007 디에틸에테르의 지정수량, 품명, 화학식을 각각 쓰시오.

답 50L, 특수인화물, $C_2H_5OC_2H_5$

암기법 오이디 / 아산

008 제1종 분말 소화약제의 화학식은?

답 $NaHCO_3$

해

종류	성분	적응 화재	열분해반응식	색상
제1종 분말	$NaHCO_3$ (탄산수소나트륨)	B, C	$2NaHCO_3$ → $Na_2CO_3 + CO_2 + H_2O$	백색
제2종 분말	$KHCO_3$ (탄산수소칼륨)	B, C	$2KHCO_3$ → $K_2CO_3 + CO_2 + H_2O$	담회색
제3종 분말	$NH_4H_2PO_4$ (제1인산암모늄)	A, B, C	$NH_4H_2PO_4$ → HPO_3(메타인산) + NH_3(암모니아) + H_2O	담홍색
제4종 분말	$KHCO_3 + (NH_2)_2CO$ (탄산수소칼륨 + 요소)	B, C	$2KHCO_3 + (NH_2)_2CO$ → $K_2CO_3 + 2NH_3 + 2CO_2$	회색

009 섭씨 26도, 1atm에서 이산화탄소 6kg의 부피(리터)는?

답 3343.36L

해 이상기체상태 방정식

- 공식은, $PV = \frac{W}{M}RT$ 이다.
- P는 압력이고 단위는 atm이다(만약, 압력단위가 mmHg로 제시되었던 경우 제시된 압력에 1/760을 곱하면 atm 단위가 되므로 atm단위로 변환해서 대입하면 된다.).
- V는 부피이고 단위는 L 혹은 m^3(1L는 $0.001m^3$이다.)
- w는 질량이고 단위는 g 혹은 kg
- M은 분자량이고 단위는 g/mol 혹은 kg/kmol ($\frac{W}{M}$은 몰수이다(g or kg을 g/mol or kg/kmol로 나누면 mol만 남는다). 따라서 해당 물질의 분자량과 질량이 안 나오고 그냥 몰수가 나오면 몰수로 계산하면 된다.)
- 다만, 분자량과 질량의 단위를 맞추어야 한다. 분자량이 g이므로 질량 1kg을 1000g으로 바꾸어서 대입한다.
- R은 기체상수이고 0.082atm·L/mol·K 혹은 0.082atm·m^3/kmol·K(그냥 0.082로 하면 된다.)
- T는 절대온도이고 단위는 K이고 섭씨온도에 273을 더하면 된다.
- 단위를 g으로 맞출 경우 나오는 부피 단위는 리터인데, 1L는 $0.001m^3$이므로 m^3단위로 구해야 한다면 변환하면 된다. 단위를 kg으로 맞추면 나오는 부피단위는 m^3이다.

$PV = \frac{6000 \times 0.082 \times (273 + 26)}{44}$

P는 1이므로 V = 3343.36

010 제5류 위험물인, 질산에틸, 트리니트로톨루엔에 대해 다음을 답하시오.

> 가. 질산에틸의 화학식
> 나. 질산에틸의 상온에서의 상태(고체, 액체, 기체 중 하나)
> 다. 트리니트로톨루엔의 화학식
> 라. 트리니트로톨루엔의 상온에서의 상태(고체, 액체, 기체 중 하나)

답 가: $C_2H_5ONO_2$, 나: 액체,
다: $C_6H_2(NO_2)_3CH_3$, 라: 고체

011 과산화수소가 위험물로 분류되는 기준은 농도가 몇 중량% 이상이어야 하는가?

답 36중량%

012 연소의 3요소는?

답 점화원, 가연물, 산소공급원

013 다음 각 물질의 지정수량 몇 kg인가?

> 가. Na
> 나. Ca_3P_2
> 다. CaC_2
> 라. 알킬리튬

답 가: 10kg, 나: 300kg, 다: 300kg, 라: 10kg

해 모두 3류 위험물로 나트륨, 인화칼슘, 탄화칼슘, 알킬리튬은 각 10, 300, 300, 10kg이 지정수량이다.

암기법 십알 칼알나 이황 / 오 알알유 / 삼금금탄규

014 아래 할론넘버의 화학식을 쓰시오.

> 가. Halon 2402
> 나. Halon 1301

답 가: $C_2F_4Br_2$, 나: CF_3Br

해 할론넘버의 각 숫자는 **순서대로 C, F, Cl, Br의 숫자**를 의미한다.

001 과염소산, 질산의 화학식과 분자량은?
(N = 14, Cl = 35.5)

🔑 과염소산 화학식 : $HClO_4$, 분자량 : 100.5
질산 화학식 : HNO_3, 분자량 : 63

📖 $HClO_4$ 분자량은 $1 + 35.5 + 16 \times 4$, HNO_3 분자량은 $1 + 14 + 16 \times 3$

002 유황(황)의 위험물 기준에 관한 다음 문장의 빈칸을 채우시오.

> 유황은 순도 (가)% 미만의 것을 위험물에서 제외되며, 순도측정에서 불순물은 활석 등 (나)과 (다)에 한한다.

🔑 가 : 60, 나 : 불연성물질, 다 : 수분

003 트리메틸알루미늄과 부틸리튬의 화학식은?

🔑 트리메틸알루미늄 : $(CH_3)_3Al$, 부틸리튬 : $(C_4H_9)Li$

004 황린의 연소반응식은?

🔑 $P_4 + 5O_2 \rightarrow 2P_2O_5$

📖 황린의 연소반응식 꼭 암기한다. 암기 못하면 미정계수방정식으로 풀 수도 있다.

005 다음 주의사항 게시판의 바탕색과 문자색은?

> 가. 화기엄금
> 나. 주유중엔진정지

📝 가: 적색바탕 백색문자, 나: 황색바탕 흑색문자

해

종류	바탕	문자
화기엄금	적색	백색
물기엄금	청색	백색
주유중엔진정지	황색	흑색
위험물제조소 등	백색	흑색
위험물	흑색	황색반사도료

006 탄산수소나트륨의 열분해 반응식과 그 때 생성되는 이산화탄소의 부피가 $100m^3$일 때 필요한 탄산수소나트륨의 질량은 몇 kg인가? (0℃, 1기압)

📝 열분해 반응식: $2NaHCO_3 \rightarrow Na_2CO_3 + CO_2 + H_2O$, 필요한 질량: 750.47kg

해 이상기체상태 방정식 $PV = \frac{W}{M}RT$

- 공식은, $PV = \frac{W}{M}RT$ 이다.
- P는 압력이고 단위는 atm이다(만약, 압력단위가 mmHg로 제시되었던 경우 제시된 압력에 1/760을 곱하면 atm 단위가 되므로 atm단위로 변환해서 대입하면 된다.).
- V는 부피이고 단위는 L 혹은 m^3(1L는 $0.001m^3$이다.)
- w는 질량이고 단위는 g 혹은 kg
- M은 분자량이고 단위는 g/mol 혹은 kg/kmol ($\frac{W}{M}$은 몰수이다(*g or kg을 g/mol or kg/kmol로 나누면 mol만 남는다.*). 따라서 해당 물질의 분자량과 질량이 안 나오고 그냥 몰수가 나오면 몰수로 계산하면 된다.)
- 다만, 분자량과 질량의 단위를 맞추어야 한다. 분자량이 g이므로 질량 1kg을 1000g으로 바꾸어서 대입한다.
- R은 기체상수이고 0.082atm·L/mol·K 혹은 0.082atm·m^3/kmol·K(그냥 0.082로 하면 된다.)
- T는 절대온도이고 단위는 K이고 섭씨온도에 273을 더하면 된다.
- 단위를 g으로 맞출 경우 나오는 부피 단위는 리터인데, 1L는 $0.001m^3$이므로 m^3 단위로 구해야 한다면 변환하면 된다. 단위를 kg으로 맞추면 나오는 부피단위는 m^3이다.

$\frac{W}{M}$는 곧 몰수이고, 부피가 $100m^3$이면 모두 대입하면 몰수를 구할수 있고, 탄산수소나트륨과 이산화탄소의 비율은 2:1이므로 탄산수소나트륨의 몰수는 그 몰수의 2배가 된다.

위의 방정식에서 $\frac{W}{M} = n$(몰수)이므로 M(분자량)과 위에서 구한 몰수를 대입하면 w는 약 750.469kg이 된다.

> **더 쉬운 풀이**
> 기체 1몰의 부피는 모두 같다. 0℃ 1기압에서 22.4L 1Kmol의 경우 $22.4m^3$이다. 이산화탄소 $100m^3$는 곧 4.464kmol이고 대응비는 2:1이므로 탄산수소나트륨도 8.9285kmol이 된다. 질량이 84kg/kmol이므로 곱하면 된다.

007 과산화수소, 히드라진의 반응식은?

답 $2H_2O_2 + N_2H_4 \rightarrow N_2 + 4H_2O$

해 과산화수소, 히드라진이 반응하면 질소와 물을 생성한다. 미정계수 방정식으로 풀면,
$2H_2O_2 + N_2H_4 \rightarrow N_2 + 4H_2O$

008 벤젠의 증기비중은?

답 2.69

해 비중은 공기의 밀도에 대한 해당 기체의 밀도이다. 즉, (기체 분자량g/22.4L) / (29g/22.4L) 이다. 기체 분자량을 29g로 나누면 된다.
벤젠은 C_6H_6이고 분자량은 78이 된다.
78/29 = 2.69

009 다음 위험물의 지정수량은?

> 가. 니트로글리세린
> 나. TNT
> 다. 아조화합물

답 가: 10kg, 나: 200kg 다: 200kg

암기법 십유질 / 백히히 이백니니 아히디질

010 가솔린 40L의 질량은 몇 kg인지 쓰시오. (비중은 0.7)

답 28kg

해 액체인 가솔린의 비중은 가솔린의 밀도/물의 밀도, 물의 밀도는 1kg/L이므로 가솔린의 비중은 곧 가솔린의 밀도이다. 0.7 = 구하는 질량/40 따라서 28kg이다.
쉽게 말해 가솔린은 1리터당 0.7kg이라는 뜻이다.

011 요오드값의 정의는?

답 유지 100g을 경화시키기 위해 필요한 요오드(I_2)의 g수

012 과염소산나트륨 10몰이 분해되어 발생하는 산소의 몰수는?

답 20몰

해 과염소산나트륨 분해 시 염화나트륨과 산소를 발생한다. 미정계수방정식에 따라 구하면,
$NaClO_4 \rightarrow NaCl + 2O_2$
따라서 과염소산나트륨과 산소는 1대 2의 비가 된다.

013 벤젠, 염화수소, 산소가 합쳐져 클로로벤젠을 만드는 반응식은?

답 $2C_6H_6 + 2HCl + O_2 \rightarrow 2C_6H_5Cl + 2H_2O$

5회 2012년 기출문제

001 다음 중 연소의 3요소에 해당하지 않는 것을 모두 고르시오.

> 질소, 벤젠, 공기, 헬륨, 성냥불, 산소, 이산화탄소

답 **질소, 헬륨, 이산화탄소**

해 질소, 헬륨, 이산화탄소는 모두 불활성 기체로 연소에 3요소에 해당하지 않는다.
연소의 3요소는 가연물, 산소공급원, 점화원이고, 벤젠은 가연물, 공기, 산소는 산소공급원, 성냥불은 점화원이다.

002 아래 탱크의 내용적은? (공간용적은 5%)

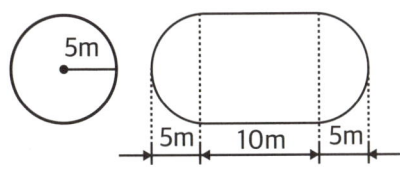

답 **약 994.84m³**

해 $\pi r^2 (l + \dfrac{l_1}{3} \dfrac{l_2}{3})$ 공식에 대입하면 내용적을 구할 수 있다. $\pi \times 5^2 \times [10 + (5+5)/3]$
용량은 내용적에서 공간용적을 제외한 만큼이니, 내용적에 0.95를 곱하면 된다.

003 삼황화린과 적린의 연소 시 공통적으로 발생하는 기체는?

답 오산화인

해 $P_4S_3 + 8O_2 \rightarrow 2P_2O_5 + 3SO_2$
$4P + 5O_2 \rightarrow 2P_2O_5$

004 칼륨과 물의 반응식과 발생기체는?

답 **$2K + 2H_2O \rightarrow 2KOH + H_2$, 수소**

해 **알칼리금속은 물과 반응하여 수산화금속과 수소를** 만든다. 문제에서는 수산화칼륨과 수소를 만들며, 미정계수방정식에 의해 풀면 된다.

005 과염소산암모늄의 화학식과 분자량은?

답 화학식 : NH_4ClO_4, 분자량 : 117.5

해 $14 + 1 \times 4 + 35.5 + 16 \times 4$

006 메탄올이 포름알데히드를 거쳐 산화되는 경우 최종적으로 생성되는 물질은?

답 포름산

해

007 다음 중 비수용성 물질을 모두 고르면?

이황화탄소, 아세트알데히드, 벤젠, 아세톤, 에틸알코올

답 **이황화탄소, 벤젠**

해 4류 위험물 중 비수용성 물질을 묻는 문제이다. 암기해 두어야 한다.

008 다음 중 건성유를 모두 고르면?

동유, 들기름, 땅콩유, 아마인유, 올리브유, 참기름, 해바라기유

답 **동유, 들기름, 아마인유, 해바라기유**

암기법 정상동해 대아들

009 제5류 위험물 위험등급 Ⅰ의 액체위험물의 운반용기에 대해 아래 내장용기의 최대용적은?

가. 유리
나. 플라스틱
다. 금속제용기

답 가 : 5L, 나 : 10L, 다 : 30L

해

운반 용기			수납위험물의 종류								
내장 용기		외장 용기		제3류			제4류			제5류		제6류

내장 용기		외장 용기		제3류			제4류			제5류		제6류
용기의 종류	최대 용적 또는 중량	용기의 종류	최대 용적 또는 중량	I	II	III	I	II	III	I	II	I
유리 용기	5ℓ	나무 또는 플라스틱상자 (불활성의 완충재를 채울 것)	75kg	○	○	○	○	○	○	**○**	○	○
			125kg		○	○		○	○		○	
			225kg						○			
	10ℓ	파이버판상자 (불활성의 완충재를 채울 것)	40kg	○	○	○	○	○	○	**○**	○	○
			55kg						○			
플라스틱 용기	10ℓ	나무 또는 플라스틱상자 (필요에 따라 불활성의 완충재를 채울 것)	75kg	○	○	○	○	○	○	○	○	○
			125kg		○	○		○	○		○	
			225kg						○			
		파이버판상자 (필요에 따라 불활성의 완충재를 채울 것)	40kg	○	○	○	○	○	○	○	○	○
			55kg						○			
금속제 용기	30ℓ	나무 또는 플라스틱상자	125kg	○	○	○	○	○	○		○	○
			225kg						○			
		파이버판상자	40kg	○	○	○	○	○	○	○	○	
			55kg		○	○		○	○		○	

010 질산의 열분해 시 발생하는 독성 가스는?

답 이산화질소

해 $4HNO_3 \rightarrow 2H_2O + 4NO_2 + O_2$, 발생가스 중 독성 가스는 이산화질소이다.

011 화기엄금, 위험물, 주유 중 엔진정지, 제조소의 각 표지판의 바탕색과 문자색은?

답 화기엄금 : 적색바탕 백색문자
위험물 : 흑색바탕, 황색반사도료
주유중 엔진정지 : 황색바탕, 흑색문자
제조소 : 백색바탕, 흑색문자

해

종류	바탕	문자
화기엄금	적색	백색
물기엄금	청색	백색
주유중엔진정지	황색	흑색
위험물제조소 등	백색	흑색
위험물	흑색	황색반사도료

012 철분, 알루미늄, 금속분이 질산에 반응하지 않는 이유는?

🅰 부동태화로 금속표면에 부식을 막는 막이 형성되기 때문

013 유황(황) 1kg의 완전 연소 시 필요한 공기는 몇 리터인가? (단, 공기 중 산소는 21%이다, 0℃, 1기압)

🅰 3331.25L

해 $S + O_2 \rightarrow SO_2$

황의 분자량은 32g/mol 이므로 1kg인 경우 31.25몰이 된다. 황과 반응하는 산소의 몰수도 동일하므로 이상기체방정식에 따라 우선 산소의 부피를 구하면 된다.

$PV = \frac{w}{M}RT$ 이고, 여기에서 V를 구하면 된다.

$\frac{w}{M}$ 은 곧 몰수이므로

V = 31.25(몰수) × 0.082(기체상수) × 273(절대온도)로 계산하면 699.5625가 된다.

필요한 전체 공기 중에 산소의 부피는 21%이므로
필요한 전체 공기 : 699.5625:공기의 부피 = 21:100
되므로,
필요한 공기 = 699.5625 × 100/21

더 쉬운 풀이

유황(황) 1mol의 질량은 32g/mol이므로 1kg은 31.25몰이 된다.
유황(황)과 산소의 반응에는 1:1이므로 산소도 31.25몰이 필요하다.
1몰이 부피는 1기압, 0℃에서 22.4L이므로 31.25 × 22.4 = 700L가 된다.
700:공기의 부피 = 21:100, 3333.33L

2013년 기출문제 1회

001 소화용구의 능력단위에서 마른모래 50L와 팽창질석 160L의 각 능력단위는 몇 단위인가?

답 마른모래 : 0.5, 팽창질석 : 1

해

소화설비	물통	수조와 물통3개	수조와 물통6개	마른 모래	팽창질석, 팽창진주암
용량	8L	80L	190L	50L	160L
능력단위	0.3	1.5	2.5	0.5	1.0

002 아염소산염류, 중크롬삼염류, 요오드산염류(아이오딘산염류)의 각 지정수량은?

답 순서대로 50kg, 1000kg, 300kg

암기법 오염과 무아 / 삼질 요브 / 천과 중

003 간이탱크저장소에 대해 다음 질문에 답하시오.

가. 1개의 간이탱크에 설치하는 간이탱크의 숫자는?
나. 간이탱크 1개의 용량은?
다. 간이탱크 강철판의 두께는?

답 가 : 3개, 나 : 600L, 다 : 3.2mm

004 목재의 연소는 어떤 연소인가?

답 분해연소

해 표면연소 : 목탄(숯), 코크스, 금속분 등
분해연소 : 석탄, 목재, 종이, 섬유, 플라스틱 등
증발연소 : 나프탈렌, 장뇌, 황(유황), 양초(파라핀), 왁스, 알코올
자기연소 : 주로 5류 위험물(이는 물질내에 산소를 가진 자기연소 물질이다, 주로 니트로기를 가지고 있다.)

005 오황화인의 연소반응식은?

답 $2P_2S_5 + 15O_2 \rightarrow 2P_2O_5 + 10SO_2$

해 오황화인은 연소하면 이산화황과 오산화인을 만든다. 미정계수방정식으로 풀면 위와 같다.

006 수소화나트륨과 물이 반응하여 나오는 기체는?

답 수소

해 $NaH + H_2O \rightarrow NaOH + H_2$

007 제4류 위험물 중 분자량 74, 비점 34.6℃, 인화점 −45℃인 물질의 화학식(시성식)은?

답 $C_2H_5OC_2H_5$

해 디에틸에테르의 인화점을 암기하고 있다면 쉽게 풀 수 있다.
그렇지 않더라도 비점 40℃ 이하, 인화점 −20℃이므로 특수인화물에 해당한다.
각 특수인화물의 분자량을 구해서 찾으면 된다.

008 제1종 분말소화기와 제3종 분말소화기의 열분해 반응식은?

답 각 $2NaHCO_3 \rightarrow Na_2CO_3 + CO_2 + H_2O$
$NH_4H_2PO_4 \rightarrow HPO_3(메타인산) + NH_3(암모니아) + H_2O$

해

종류	성분	적응화재	열분해반응식	색상
제1종 분말	$NaHCO_3$ (탄산수소나트륨)	B, C	$2NaHCO_3 \rightarrow Na_2CO_3 + CO_2 + H_2O$	백색
제2종 분말	$KHCO_3$ (탄산수소칼륨)	B, C	$2KHCO_3 \rightarrow K_2CO_3 + CO_2 + H_2O$	담회색
제3종 분말	$NH_4H_2PO_4$ (제1인산암모늄)	A, B, C	$NH_4H_2PO_4 \rightarrow HPO_3(메타인산) + NH_3(암모니아) + H_2O$	담홍색
제4종 분말	$KHCO_3 + (NH_2)_2CO$ (탄산수소칼륨+요소)	B, C	$2KHCO_3 + (NH_2)_2CO \rightarrow K_2CO_3 + 2NH_3 + 2CO_2$	회색

009 다음 위험물의 연소범위가 넓은 것부터 순서대로 쓰시오.

> 아세트알데히드, 산화프로필렌, 벤젠, 아세톤

답 아세트알데히드, 산화프로필렌, 아세톤, 벤젠

해 아세트알데히드 4.1 - 60%, 산화프로필렌 2.5 - 38.5%, 아세톤 2.5 - 12.8%, 벤젠 1.4 - 7.1%

010 제4류 위험물 운반용기 외부 표시 중 수납 위험물의 주의사항은?

답 화기엄금

해 위험물에 따른 **주의사항(운반용기 표시사항)**
- 1류
  1) 알칼리금속과산화물의 경우: **화기/충격주의, 물기엄금 및 가연물접촉주의**
  2) 그 밖의 것: 화기/충격주의, 가연물 접촉주의
- 2류
  1) **철분, 마그네슘, 금속분: 화기주의 물기엄금**
  2) **인화성 고체: 화기엄금**
  3) 그 밖의 것: 화기주의
- 3류
  1) **자연발화성 물질: 화기엄금 및 공기접촉엄금**
  2) **금수성물질: 물기엄금**
- 4류: **화기엄금**
- 5류: 화기엄금, 충격주의
- 6류: **가연물접촉주의**

011 제6류 위험물인 질산이 햇빛 분해 시 발생하는 갈색의 증기는?

답 이산화질소

해 $4HNO_3 \rightarrow 2H_2O + 4NO_2 + O_2$

012 피크린산에 대해 답하시오.

> 가. 구조식
> 나. 피크린산 1몰 연소 시 229kcal의 열이 발생한다. 1kg 연소 시 발생 열량은?

답 가:

(구조식: 2,4,6-트리니트로페놀 - OH기와 세 개의 NO_2기를 가진 벤젠고리)

나: **1000kcal**

해 1몰 연소 시 229kcal 열이 발생한다. 먼저 몰당 질량을 구하면
$C_6H_2(NO_2)_3OH$
$= 12 \times 6 + 1 \times 2 + 14 \times 3 + 16 \times 1 = 229g/mol$
이고, 229g 연소 시 229kcal 열이 발생하므로 1000g 연소하면 발생하는 열을 구하면 된다.
구하는 열 = 229kcal × 1000g / 229g

013 제1석유류는 (가), (나) 그 밖에 1기압에서 인화점이 섭씨 (다)도 미만인 것을 말한다. 괄호 속에 들어갈 말은?

답 가 : 아세톤, 나 : 휘발유, 다 : 21

해 제4류 위험물의 분류 기준을 알아야 한다(1기압에서).

- 특수인화물 : 이황화탄소, 디에틸에테르 그밖에 **발화점 100℃ 이하 또는(or) 인화점이 -20℃ 이하이고(and) 비점 40℃ 이하**인 것
- 제1석유류 : 아세톤, 휘발유, 그밖에 **인화점이 21℃ 미만인 것**
- 제2석유류 : 등유, 경유, 그밖에 **인화점이 21℃ 이상 70℃ 미만인 것**
  (도료류 그 밖의 물품에 있어 가연성 액체량이 40 중량퍼센트 이하이고, 인화점이 섭씨 40도 이상인 동시에 연소점이 섭씨 60도 이상인 것은 제외)
- 제3석유류 : 중유, 클레오소트유 그밖에 **인화점이 70℃ 이상 200℃ 미만인 것**
  (도료류 그 밖의 물품에 있어 가연성 액체량이 40 중량퍼센트 이하인 것은 제외)
- 제4석유류 : 기어유, 실린더유 그밖에 **인화점이 200℃ 이상 250℃ 미만인 것**
  (도료류 그 밖의 물품에 있어 가연성 액체량이 40 중량퍼센트 이하인 것은 제외)
- 알코올류 : 알코올류 하나의 분자를 이루는 탄소 원자수가 1에서 3개까지인 포화1가 알코올류가 위험물에 해당함
- 동식물류 : 동물, 식물에서 추출한 것으로 인화점이 **250℃ 미만인 것**

001 탄산칼륨을 넣어 만든 수용액을 소화약제로 하는 소화기는?

답 강화액 소화기

002 위험물에 대해 1소요단위는 지정수량의 몇 배인가?

답 10배

해

종류	내화구조	비내화구조
위험물	위험물의 지정수량×10	
제조소 및 취급소	100 m²	50 m²
저장소	150 m²	75 m²

003 질산칼륨 202g의 열분해 시 발생되는 산소의 부피는 몇 리터인가? (0℃, 1기압)

답 22.4L

해 먼저 화학반응식을 살펴보면

$2KNO_3 \rightarrow 2KNO_2 + O_2$

질산칼륨 202g은 질산칼륨 2mol에 해당하는 질량이다. 질산칼륨 2몰이 반응 시 산소 1몰이 생성되므로, 산소 1몰의 부피는 0℃, 1기압에서 22.4리터이다.

004 지정과산화물의 옥내저장소의 안전거리와 관련하여, 담 또는 토제는 저장창고의 외벽으로부터 (가) 이상 떨어진 장소에 설치할 것. 다만, 담 또는 토제와 당해 저장창고와의 간격은 당해 옥내저장소의 공지의 너비의 (나)을 초과할 수 없다. 괄호안에 맞는 말을 채우시오.

답 가 : 2m, 나 : 5분의 1

005 제4류 위험물 제1석유류 중에서 방향족 탄화수소의 증기로서 분자량이 78인 물질의 연소반응식은?

답 $2C_6H_6 + 15O_2 \rightarrow 12CO_2 + 6H_2O$

해 제1석유류 중 분자량이 78인 물질은 벤젠이다. 벤젠은 연소하면 이산화탄소와 물을 발생시키고, 미정계수방정식으로 풀면 위와 같다.

006 제6류 위험물의 화재 시 적응성 있는 소화설비를 모두 쓰시오.

> 옥내소화전설비, 포소화설비, 이산화탄소소화설비, 할로젠화합물소화설비, 탄산수소염류분말소화설비

답 옥내소화전설비, 포소화설비

해 제6류 위험물에 적응성이 있는 것은 주로 주수소화 가능한 설비 등이다.

007 하나의 방호대상물로부터 옥외소화전 호스접속구까지의 수평거리는?

답 40m 이하

해 옥내소화전인 경우 25m 이하이다.

008 ABC분말소화약제의 분해반응식은?

답 $NH_4H_2PO_4 \rightarrow HPO_3 + NH_3 + H_2O$

해

종류	성분	적응화재	열분해반응식	색상
제1종 분말	$NaHCO_3$ (탄산수소나트륨)	B, C	$2NaHCO_3 \rightarrow Na_2CO_3 + CO_2 + H_2O$	백색
제2종 분말	$KHCO_3$ (탄산수소칼륨)	B, C	$2KHCO_3 \rightarrow K_2CO_3 + CO_2 + H_2O$	담회색
제3종 분말	$NH_4H_2PO_4$ (제1인산암모늄)	A, B, C	$NH_4H_2PO_4 \rightarrow HPO_3$(메타인산)$+ NH_3$(암모니아)$+ H_2O$	담홍색
제4종 분말	$KHCO_3 + (NH_2)_2CO$ (탄산수소칼륨+요소)	B, C	$2KHCO_3 + (NH_2)_2CO \rightarrow K_2CO_3 + 2NH_3 + 2CO_2$	회색

009 칼륨에 대해 다음 물음에 답하시오.

> 가. 연소반응식은?
> 나. 물과의 반응식은?
> 다. 이산화탄소와의 반응식은?

답 가: $4K + O_2 \rightarrow 2K_2O$
　나: $2K + 2H_2O \rightarrow 2KOH + H_2$
　다: $4K + 3CO_2 \rightarrow 2K_2CO_3 + C$

해 칼륨의 산소, 물, 이산화탄소와의 반응은 암기해 두면 좋다. 적어도 어떤 물질이 생성되는 지는 기억해서 미정계수방정식으로 풀어야 한다.

010 이동저장탱크에 관한 설명이다. 빈칸을 채우시오.

> 탱크(맨홀 및 주입관의 뚜껑을 포함한다.)는 두께 ( )mm 이상의 강철판 또는 이와 동등 이상의 강도 내식성 및 내열성이 있다고 인정하여 소방청장이 정하여 고시하는 재료 및 구조로 위험물이 새지 아니하게 제작할 것

답 3.2mm

011 비중이 2.07이며, 연소 시 푸른 불꽃을 내며, 유독성 가스를 발생시키는 2류 위험물은

답 사방정계 황

해 $S + O_2 \rightarrow SO_2$, 사방황 비중은 2.07, 단사황 비중은 1.96이다.

012 다음 위험물의 지정수량이 옳은 것을 모두 고르시오.

> 실린더유 : 2000L, 아마인유 : 6000L,
> 피리딘 : 400L, 아닐린 : 2000L

답 피리딘, 아닐린

해 실린더유는 6000L, 아마인유는 10000L이다.

013 비중이 0.8인 메탄올 50L의 연소반응식과 필요한 이론산소량은 몇 m³인가? (표준상태)

답 $2CH_3OH + 3O_2 \rightarrow 2CO_2 + 4H_2O$, $41.97m^3$

해 메탄올이 연소하면 물과 이산화탄소가 나온다. 미정계수 방정식에 의해 풀면 위와 같고, 비중이 0.8인 메탄올 50L는 40kg의 질량을 가지므로, 문제는 메탄올 40kg의 연소 시 필요한 이론산소량을 구하면 된다.

- 40kg의 메탄올은 분자량이 32kg/kmol 이므로 나누면 5/4 kmol몰이 된다.
  위 반응식에서 메탄올과 산소는 2몰 대 3몰로 반응하므로,
- 메탄올 5/4몰:반응하는 산소의 몰수 = 2:3이 되게 된다.
- 계산하면 반응하는 산소의 몰수는 15/8 kmol몰이 된다.
- 산소의 몰수를 이상기체방정식에 대입하면
  V = 15/8(몰수) × 0.082(기체상수) × 273(절대온도)로 계산하면 $41.97m^3$가 된다.
  다르게 풀면, 산소1kmol의 부피는 표준상태에서 $22.4m^3$이므로15/8몰의 부피는 $42m^3$이다.

014 제5류 위험물 중 니트로화합물(나이트로화합물)로 담황색 결정이고, 분자량이 227인 물질은?

답 트리니트로톨루엔

해 **니트로화합물(나이트로화합물) 중 담황색 고체결정을 기억해야 한다.**
$C_6H_2(NO_2)_3CH_3$을 암기하고 있어야 한다.

001 다음 화학반응식에 빈칸을 채우시오.

$$Na_2O_2 + 2HCl \rightarrow (\quad) + (\quad)$$

답 $2NaCl + H_2O_2$

해 과산화나트륨과 염산이 만나면 염화나트륨과 과산화수소를 만든다. 미정계수방정식에 의해 계수를 찾으면 된다.

002 자동화재탐지설비를 설치해야 하는 옥내저장소의 경우 지정수량 몇 배 이상을 저장하는 곳인가?

답 100배

003 적린의 연소되면 생성되는 물질의 화학식은?

답 P_2O_5

해 $4P + 5O_2 \rightarrow 2P_2O_5$

004 니트로글리세린 5kg, 니트로셀룰로오스 3kg, 질산에틸 3kg 저장 시 지정수량의 배수를 합하면?

답 1.1배

해 **니트로글리세린의 지정수량은 10kg, 니트로셀룰로오스의 지정수량은 10kg, 질산에틸의 지정수량은 10kg**이다.
따라서 0.5 + 0.3 + 0.3 = 1.1

005 다음 물질의 증기밀도를 구하시오. (1기압, 30℃, 단위기재 필수)

| 에틸알코올, 톨루엔 |

답 순서대로, 1.85g/L, 3.7g/L

해 밀도는 질량/부피이다. 이상기체 방정식을 통해 밀도를 구할 수 있다.

$PV = \frac{W}{M}RT$, 여기에서 밀도는 W/V이다.
이 방정식을 정리하면 W/V = PM/RT이다.
에틸알코올(C_2H_5OH)의 분자량은 46g/mol
톨루엔($C_6H_5CH_3$)의 분자량은 92g/mol이고,
각 위 식에 대입하면,
에틸알코올 (1 × 46) / (0.082 × 303)
톨루엔 (1 × 92) / (0.082 × 303)

006 표준상태에서 탄화칼슘 320g과 물이 반응할 때 발생하는 가스의 부피는 몇 리터인가? (표준상태)

답 111.93리터

해 탄화칼슘과 물의 반응 시 수산화칼슘과 아세틸렌이 발생한다.

미정계수방정식에 의해 계수를 구하면, 아래와 같은 반응식이 완성된다.

$CaC_2 + 2H_2O \rightarrow Ca(OH)_2 + C_2H_2$

탄화칼슘의 분자량은 64g/mol (40 + 12 × 2) 320의 탄화칼슘은 5mol에 해당하는 양이다. 탄화칼슘과 아세틸렌의 반응비는 1:1이므로 아세틸렌도 5몰이 발생한다.

이상기체방정식에 대입하여 풀면,

V = 5(몰수) × 0.082 × 273 이고 111.93리터가 된다.

아니면 표준상태에서 기체 1몰의 부피는 22.4L이므로 22.4L × 5 = 112L로 구해도 된다.

007 분자량 58, 인화점 −37℃, 비점 34℃ 인 위험물의 명칭과 화학식을 쓰시오.

답 산화프로필렌, CH_3CH_2CHO

해 인화점이 -20℃ 이하이고, 비점이 40℃ 이하 또는 발화점이 100℃ 이하인 물질을 특수인화물이라 한다. 문제에서 특수인화물임을 알 수 있고, 그 중에 분자량이 58인 물질을 찾으면 산화프로필렌이다.

008 제2종 분말소화제의 주성분의 화학식은?

답 $KHCO_3$

종류	성분	적응화재	열분해반응식	색상
제1종 분말	$NaHCO_3$ (탄산수소나트륨)	B, C	$2NaHCO_3 \rightarrow Na_2CO_3 + CO_2 + H_2O$	백색
제2종 분말	$KHCO_3$ (탄산수소칼륨)	B, C	$2KHCO_3 \rightarrow K_2CO_3 + CO_2 + H_2O$	담회색
제3종 분말	$NH_4H_2PO_4$ (제1인산암모늄)	A, B, C	$NH_4H_2PO_4 \rightarrow HPO_3$(메타인산)$+ NH_3$(암모니아)$+ H_2O$	담홍색
제4종 분말	$KHCO_3 + (NH_2)_2CO$ (탄산수소칼륨+요소)	B, C	$2KHCO_3 + (NH_2)_2CO \rightarrow K_2CO_3 + 2NH_3 + 2CO_2$	회색

009 드라이아이스의 주성분의 화학식은?

답 CO_2

해 드라이아이스의 주성분은 이산화탄소이다.

010 인화점이 낮은 것부터 쓰시오.

> 휘발유, 톨루엔, 벤젠

답 휘발유, 벤젠, 톨루엔

해 휘발유: -43에서 -20℃, 벤젠: -11℃, 톨루엔: 4℃

011 이황화탄소의 연소 시 발생물질의 화학식은?

답 CO_2, SO_2

해 $CS_2 + 3O_2 \rightarrow CO_2 + 2SO_2$
C, S 등을 가진 물질이 연소되면 CO_2, SO_2 등이 발생한다.

012 위험물 저장소 3가지를 쓰시오.

답 옥내저장소, 옥외저장소, 옥내탱크저장소, 옥외탱크저장소, 지하탱크저장소, 암반탱크저장소, 간이탱크저장소, 이동탱크저장소

013 제6류 위험물 저장하고 있는 인접한 옥외탱크저장소에서 동일 구내에 2개 이상 인접하고 탱크를 설치 할 때 상호간 최소거리는 몇 m 이상이어야 하는가?

답 1.5m

해

저장 또는 취급하는 위험물의 최대수량	공지의 너비
지정수량의 500배 이하	3m 이상
지정수량의 500배 초과 1,000배 이하	5m 이상
지정수량의 1,000배 초과 2,000배 이하	9m 이상
지정수량의 2,000배 초과 3,000배 이하	12m 이상
지정수량의 3,000배 초과 4,000배 이하	15m 이상
지정수량의 4,000배 초과	당해 탱크의 수평단면의 최대지름(가로형인 경우에는 긴 변)과 높이 중 큰 것과 같은 거리 이상. 다만, 30m 초과의 경우에는 30m 이상으로 할 수 있고, 15m 미만의 경우에는 15m 이상으로 하여야 한다.

- 6류 위험물 외의 위험물의 경우 옥외저장탱크를 동일한 방유제 안에 2개 이상 설치하는 경우 위 보유공지의 3분의 1이상으로 할 수 있다(단, 너비는 3m이상이어야 한다.).
- **6류 위험물인 경우 위 보유공지의 3분의 1이상**으로 할 수 있다(단, **너비는 1.5m 이상**이어야 한다.).
- **6류 위험물인 경우 동일구 내 2개 이상 설치할 경우 보유공지의 3분의 1의 3분의 1로 할 수 있다(단, 너비는 1.5m 이상**이어야 한다.).
- 탱크 **원주 1m당 37리터로 20분간** 물을 분수할 수 있는 **물분무설비**가 있으면 보유공지의 2분의 1이상의 공지로 할 수 있다.

5회 2013년 기출문제

001 과산화나트륨과 물의 반응 시 발생되는 물질은?

답 수산화나트륨, 산소

해 $2Na_2O_2 + 2H_2O \rightarrow 4NaOH + O_2$

002 질산암모늄, 과망간산칼륨, 아염소산나트륨의 화학식은?

답 NH_4NO_3, $KMnO_4$, $NaClO_2$

003 양쪽이 볼록한 횡형탱크의 내용적을 구하는 공식은?

답 $\pi r^2 (l + \frac{l_1 + l_2}{3})$

004 제3류 위험물 중 자연발화성 물질인 황린의 지정수량은?

답 20kg

005 황이 수소와 결합할 때 발생하는 썩은 달걀 냄새의 물질은?

답 황화수소

해 $S + H_2 \rightarrow H_2S$

006 다음 위험물들을 인화점이 낮은 것부터 쓰시오.

> 메틸알코올, 니트로벤젠, 산화프로필렌, 클로로벤젠

답 산화프로필렌, 메틸알코올, 클로로벤젠, 니트로벤젠

해 순서대로, 특수인화물, 알코올류, 제2석유류, 제3석유류

007 다음 제2류 위험물의 운반용기 외부에 표시해야 하는 주의사항은?

가. 철분, 금속분, 마그네슘
나. 유황(황)
다. 인화성 고체

🖉 가 : 화기주의, 물기엄금, 나 : 화기주의, 다 : 화기엄금

🖋 **운반용기 외부 표시** 사항
  가. **위험물의 품명, 위험등급, 화학명 및 수용성**(수용성 표시는 4류 위험물 중 수용성인 것에 한함)
  나. **위험물의 수량**
  다. 위험물에 따른 **주의사항**
  • 1류
   1) 알칼리금속과산화물의 경우 : **화기/충격주의, 물기엄금 및 가연물접촉주의**
   2) 그 밖의 것 : 화기/충격주의, 가연물 접촉주의
  • 2류
   1) **철분, 마그네슘, 금속분 : 화기주의 물기엄금**
   2) **인화성 고체 : 화기엄금**
   3) **그 밖의 것 : 화기주의**
  • 3류
   1) **자연발화성 물질 : 화기엄금 및 공기접촉엄금**
   2) **금수성물질 : 물기엄금**
  • 4류 : **화기엄금**
  • 5류 : **화기엄금, 충격주의**
  • 6류 : **가연물접촉주의**

008 제5류 위험물 질산에스테르류 중 분자량 77, 비중 약 1.2, 끓는점 66℃, 무색 투명한 액체, 향기와 단맛이 나는 물질은?

🖉 질산메틸

🖋 먼저 질산에스테르류 중 액체인 것만 생각하면, 질산메틸, 질산에틸, 니트로글리세린 등이 떠오른다. 분자량을 계산하면 가장 쉽게 찾을 수 있다.
$CH_3ONO_2 : 12 + 1 \times 3 + 16 + 14 + 16 \times 2 = 77$

009 제3종 분말소화기가 열분해하는 반응식을 쓰시오.

🖉 $NH_4H_2PO_4 \rightarrow HPO_3 + NH_3 + H_2O$

🖋

종류	성분	적응화재	열분해반응식	색상
제1종 분말	$NaHCO_3$ (탄산수소나트륨)	B, C	$2NaHCO_3$ $\rightarrow Na_2CO_3 + CO_2 +$ H_2O	백색
제2종 분말	$KHCO_3$ (탄산수소칼륨)	B, C	$2KHCO_3$ $\rightarrow K_2CO_3 + CO_2 +$ H_2O	담회색
제3종 분말	$NH_4H_2PO_4$ (제1인산암모늄)	A, B, C	$NH_4H_2PO_4$ $\rightarrow HPO_3$(메타인산) $+NH_3$(암모니아) $+H_2O$	담홍색
제4종 분말	$KHCO_3 +$ $(NH_2)_2CO$ (탄산수소칼륨+요소)	B, C	$2KHCO_3 + (NH_2)_2CO$ $\rightarrow K_2CO_3 + 2NH_3 +$ $2CO_2$	회색

010 옥외저장소에서 제6류 위험물의 지정수량의 40배를 저장 또는 취급하는 경우 그 보유공지는?

답 3m 이상

해 옥외저장소

저장 또는 취급하는 위험물의 최대수량	공지의 너비
지정수량의 10배 이하	3m 이상
지정수량의 10배 초과 20배 이하	5m 이상
지정수량의 20배 초과 50배 이하	9m 이상
지정수량의 50배 초과 200배 이하	12m 이상
지정수량의 200배 초과	15m 이상

다만, 제4류 위험물 중 **제4석유류와 제6류 위험물을** 저장 또는 취급하는 옥외저장소의 보유공지는 다음 표에 의한 **공지의 너비의 3분의 1 이상의 너비** 과산화수소는 제6류 위험물로 지정수량이 300kg이다. 3000kg인 경우 지정수량의 10배이고, 10배 이하인 경우 공지의 너비는 3m 이상이면 된다. 다만, 제6류 위험물이므로 1/3이면 된다. 따라서 1m 이상이면 된다.
지정수량의 40배인 경우 9m 이상이나 제6류 위험물이므로 1/3인 3m 이상이면 된다.

011 다음 괄호안을 채우시오.

지하탱크 저장소의 탱크압력기준은 강철판 또는 동등 이상의 성능이 있는 금속재질로 완전용입용접 또는 양면겹침이음용접으로 틈이 없도록 만드는 동시에, 압력탱크외의 탱크에 있어서는 (가)kPa의 압력으로, 압력탱크에 있어서는 최대상용압력의 (나)배의 압력으로 각각 (다)분간 수압시험을 실시하여 새거나 변형되지 아니하여야 한다.

답 가 : 70, 나 : 1.5, 다 : 10

012 수용성 액체에 관한 위험물안전관리에 관한 세부기준에 의하여 다음 빈칸을 채우시오.

인화성액체 중 수용성액체란 온도 (가)℃, (나) 기압에서 동일한 양의 증류수와 완만하게 혼합하여, 혼합액의 유동이 멈춘 후 당해 혼합액이 균일한 외관을 유지하는 것을 말한다.

답 가 : 20, 나 : 1

2014년 기출문제 1회

001 정전기를 제거하기 위해 공기 중 상대습도를 몇 % 이상으로 해야 하는가?

답 70% 이상

해 **정전기 제거 방법**
접지(땅에 접한다.)
실내공기 이온화
실내습도 상대습도 70% 이상으로 유지

002 다음 중 수용성 물질을 모두 고르시오.

이황화탄소, 아세톤, 벤젠, 휘발유, 이소프로필알코올, 아세트산

답 아세톤, 아세트산, 이소프로필알코올

해 이소프로필알코올은 알코올류임을 알아야 한다.

003 위험물안전관리법령에 따르면 위험물은 지정수량의 몇 배가 1소요단위인가?

답 10배

해

구분	내화구조	비내화구조
위험물	위험물의 지정수량×10	
제조소 및 취급소	100 m²	50 m²
저장소	150 m²	75 m²

옥외설치된 공작물은 외벽이 내화구조인 것으로 간주한다.

004 에틸알코올의 1차 산화 시 발생되는 물질로서 특수인화물에 해당하는 것의 시성식은?

답 CH_3CHO

해

005 제4류 위험물 취급 위험물제조소와 고등교육법상의 학교와는 몇 m 이상 거리를 두어야 하는가?

🅐 30m 이상

🅗 가. 유형문화재와 지정문화재:50m이상
나. **학교, 병원, 극장 등 다수인 수용 시설(극단, 아동복지시설, 노인보호시설, 어린이집 등):30m 이상**
다. 고압가스, 액화석유가스 또는 도시가스를 저장 또는 취급하는 시설:20m 이상
라. **주거용인 건축물 등:10m 이상**
마. **사용전압이 35,000V를 초과하는 특고압가공전선:5m 이상**
바. 사용전압이 7,000V 초과 35,000V 이하의 특고압가공전선:3m 이상

[암기법] 암기는 532153이고, 문학가주사사로 암기(문학가가 주사 부리다 사망하는 이야기)

006 다음 제5류 위험물?

$$C_6H_2(NO_2)_3OH$$

🅐 트리니트로페놀

007 제1류 위험물 질산칼륨 1mol의 질소 함량은?

🅐 13.86%

🅗 질산칼륨은 KNO_3이고 분자량은
  $39 + 14 + 16 \times 3 = 101g/mol$
  이중의 질소의 함량은 $14/101 \times 100$

008 질산이 햇빛에 분해되는 경우 발생하는 유독가스는?

🅐 이산화질소

🅗 $4HNO_3 \rightarrow 2H_2O + 4NO_2 + O_2$, 발생가스 중 독성 가스는 이산화질소이다.

009 다음 위험물의 지정수량은?

가. 황화인
나. 철분

🅐 가 : 100kg, 나 : 500kg

[암기법] 백유황적 / 오철금마 천인

010 다음 화재의 표시 색상을 각각 쓰시오.

A급화재, B급화재

🔑 A급화재 : 백색, B급화재 : 황색

해

화재급수	명칭	물질	표현색
A급화재	일반화재	목재, 종이, 섬유, 플라스틱, 석탄 등	백색
B급화재	유류화재	4류 위험물, 유류, 가스, 페인트	황색
C급화재	전기화재	전선, 전기기기, 발전기 등	청색
D급화재	금속화재	철분, 마그네슘, 알루미늄분 등 금속분	무색

011 위험물제조소 등에 설치해야 하는 경보설비의 종류 2가지를 쓰시오.

🔑 자동화재탐지설비, 비상경보설비, 비상방송설비, 확성장치 비상화재속보설비 중 2가지

012 옥외저장탱크의 강철판의 두께는 얼마 이상으로 해야 하는가?

🔑 3.2mm 이상

013 탄소의 연소반응식을 쓰고, 12kg의 탄소가 완전연소 시 필요한 산소의 양은 기압 750mmHg, 30℃에서 몇 m³인가?

🔑 연소반응식 : $C+O_2 \rightarrow CO_2$, 25.18m³

해 탄소는 산소를 만나면 이산화탄소를 발생시킨다.
탄소와 산소의 반응몰의 비는 1대 1이므로 탄소 12g당 산소 32g이 반응한다. 그렇다면 탄소 12kg에 대해서는 산소 32kg이 반응하는데,
산소 32kg은 1kmol이 된다.
단, 기압이 1기압이 아니라, 750mmHg인데, 1기압은 760mmHg이므로 750mmHg는 0.9868기압이 된다. 온도는 절대온도로 따지면 303K가 된다.
(30 + 273), 이상기체 방정식 PV = nRT에 대입하면 부피는 1kmol × 0.082 × 303/0.9868

014 다음 각 물질의 물과 반응 시의 화학반응식은?

> 가. 탄화칼슘
> 나. 금속칼륨
> 다. 탄화알루미늄

답 가: $CaC_2 + 2H_2O \rightarrow Ca(OH)_2 + C_2H_2$
　　나: $2K + 2H_2O \rightarrow 2KOH + H_2$
　　다: $Al_4C_3 + 12H_2O \rightarrow 4Al(OH)_3 + 3CH_4$

해 위의 반응식은 암기해야 한다.
　탄화칼슘, 금속칼륨, 탄화알루미늄 등이 물과 반응하는 경우 발생하는 기체들은 이미 암기해 둔 것이다. 기체 외의 생성물질은 수산화물질이다. 발생물질을 암기해 두었다면 반응식을 완전히 외우지 못해도 미정계수방정식에 의해 풀 수 있다.

001 과염소산칼륨 1분자의 열분해 시 발생하는 산소의 분자 수는?

답 2개

해 $KClO_4 \rightarrow KCl + 2O_2$

002 제조소 및 일반취급소의 경우 연면적이 500m² 이상일 경우 설치해야 하는 경보설비는?

답 자동화재탐지설비

해 **연면적이 500m² 이상**인 것, 옥내에서 **지정수량 100배** 이상을 취급하는 경우

003 탄화칼슘과 물이 반응하면 나오는 물질을 쓰시오.

답 수산화칼슘, 아세틸렌

해 $CaC_2 + 2H_2O \rightarrow Ca(OH)_2 + C_2H_2$

004 이산화탄소 1kg을 소화기로 방출할 경우 부피는 몇 리터인가? (표준상태이다.)

답 508.77L

해 이상기체 방정식에 대입하면 된다.

- 공식은, $PV = \frac{W}{M}RT$ 이다.
- P는 압력이고 단위는 atm이다(만약, 압력단위가 mmHg로 제시되었던 경우 제시된 압력에 1/760을 곱하면 atm 단위가 되므로 atm단위로 변환해서 대입하면 된다.).
- V는 부피이고 단위는 L 혹은 m^3(1L는 $0.001m^3$이다.)
- w는 질량이고 단위는 g 혹은 kg
- M은 분자량이고 단위는 g/mol 혹은 kg/kmol ($\frac{W}{M}$은 몰수이다(g or kg을 g/mol or kg/kmol 로 나누면 mol만 남는다.). 따라서 해당 물질의 분자량과 질량이 안 나오고 그냥 몰수가 나오면 몰수로 계산하면 된다.)
- 다만, 분자량과 질량의 단위를 맞추어야 한다. 분자량이 g이므로 질량 1kg을 1000g으로 바꾸어서 대입한다.
- R은 기체상수이고 0.082atm·L/mol·K 혹은 0.082atm·m^3/kmol·K(그냥 0.082로 하면 된다.)
- T는 절대온도이고 단위는 K이고 섭씨온도에 273을 더하면 된다.
- 단위를 g으로 맞출 경우 나오는 부피 단위는 리터인데, 1L는 $0.001m^3$이므로 m^3 단위로 구해야 한다면 변환하면 된다. 단위를 kg으로 맞추면 나오는 부피단위는 m^3 이다.

$V = \frac{1000}{44} \times 0.082 \times 273$

005 다음 위험물을 지정수량이 큰 순서대로 나열하시오.

철분, 황화인, 아염소산염류, 요오드산염류(아이오딘산염류), 중크롬산염류

답 중크롬산염류, 철분, 요오드산염류(아이오딘산염류), 황화인, 아염소산염류

해 중크롬산염류:1000kg, 철분:500kg, 요오드산염류(아이오딘산염류):300kg, 황화인:100kg, 아염소산염류:50kg

006 탄산수소칼륨 100kg이 열분해하는 경우, 반응식과 발생되는 CO_2의 부피는? (1기압, 100℃)

답 $2KHCO_3 \rightarrow K_2CO_3 + CO_2 + H_2O$, **15.29 m^3**

해 탄산수소칼륨 100kg은 1kmol에 해당한다. (탄화수소칼륨은 분자량은 100g/mol, 100kg/kmol이므로) 탄산수소칼륨과 이산화탄소의 대응비는 2:1이므로 이에 대응하는 이산화탄소는 0.5kmol이다. 이상기체방정식에 대입하면, 구하는 부피는 몰수 × 기체상수 × 절대온도이므로 V = 0.5 × 0.082 × 373 15.29m^3 이다.
만약, 단위를 g으로 놓고 구하면 나오는 부피는 리터가 될 것이고, 이 경우 m^3 변환하면 된다.

007 원자량이 24이고, 은백색의 광택이 있는 금속으로 산과 작용하여 수소를 발생시키는 2류 위험물의 이름과, 염산과의 반응식을 쓰시오.

답 마그네슘, Mg + 2HCl → $MgCl_2$ + H_2

해 원자량 24인 물질은 마그네슘임을 쉽게 알 수 있다. 염산과 반응 시 염화마그네슘과 수소를 생성한다.

008 아닐린에 대해 답하시오.

가 : 품명
나 : 지정수량
다 : 분자량

답 제3석유류, 2000L, 93g/mol

해 제3석유류이고, $C_6H_5NH_2$로 분자량은
$12 \times 6 + 1 \times 5 + 14 + 1 \times 2$

009 제6류 위험물과 혼재하면 안 되는 위험물을 모두 쓰시오.

답 제2류, 3류, 4류, 5류 위험물

해 423 524 61

010 소화설비 설치 기준이다. 빈칸을 채우시오.

제조소 또는 취급소인 경우 외벽이 내화구조면 연면적 (가)m^2를 1소요단위로 하고, 외벽이 내화구조가 아니면 연면적 (나)m^2를 1소요단위로 한다.

답 100, 50

해

	내화구조	비내화구조
위험물	위험물의 지정수량×10	
제조소 및 취급소	100m^2	50m^2
저장소	150m^2	75m^2

011 다음 빈 칸을 채우시오.

위험물을 차량으로 운반할 때에는 차량에 표지를 설치해야 한다. 표지의 바탕색은 (가)으로 하고, (나)의 반사도료 그 밖의 반사성이 있는 재료로 "위험물"이라고 표시해야 한다.

답 가: 흑색, 나: 황색

해 게시판의 크기는 60cm × 30 cm 이상, 흑색 바탕에 황색도료로 위험물이라고 표시해야 한다.

종류	바탕	문자
화기엄금	적색	백색
물기엄금	청색	백색
주유중엔진정지	황색	흑색
위험물제조소 등	백색	흑색
위험물	흑색	황색반사도료

012 다음 분말소화기의 소화약제의 화학식은?

가. 제1종 분말소화약제
나. 제2종 분말소화약제
다. 제3종 분말소화약제

답 가: $NaHCO_3$, 나: $KHCO_3$, 다: $NH_4H_2PO_4$

해

종류	성분	적응화재	열분해반응식	색상
제1종 분말	$NaHCO_3$ (탄산수소나트륨)	B, C	$2NaHCO_3$ → $Na_2CO_3 + CO_2 + H_2O$	백색
제2종 분말	$KHCO_3$ (탄산수소칼륨)	B, C	$2KHCO_3$ → $K_2CO_3 + CO_2 + H_2O$	담회색
제3종 분말	$NH_4H_2PO_4$ (제1인산암모늄)	A, B, C	$NH_4H_2PO_4$ → HPO_3(메타인산) $+ NH_3$(암모니아) $+ H_2O$	담홍색
제4종 분말	$KHCO_3 + (NH_2)_2CO$ (탄산수소칼륨+요소)	B, C	$2KHCO_3 + (NH_2)_2CO$ → $K_2CO_3 + 2NH_3 + 2CO_2$	회색

013 다음 중 제4류 위험물 제2석유류에 대해 맞는 것을 모두 고르시오.

> 가. 아세톤과 휘발유가 이에 해당한다.
> 나. 중유와 클레오소트유가 해당한다.
> 다. 1기압에서 인화점이 섭씨 70도 이상 200도 미만인 것이다.
> 라. 1기압에서 인화점이 섭씨 200도 이상 250도 미만인 것이다.
> 마. 지정수량은 비수용성 1000리터, 수용성 2000리터이다.
> 바. 도료류 그 밖의 물품에 있어 가연성 액체량이 40중량퍼센트 이하이고, 인화점이 섭씨 40도 이상인 동시에 연소점이 섭씨 60도 이상인 것은 제외된다.

답 마, 바

해 가. 아세톤과 휘발유는 제1석유류이다.
나. 중유와 클레오소트유는 제3석유류이다.
다. 제3석유류에 대한 설명이다.
라. 제4석유류에 대한 설명이다.
제4류 위험물의 분류 기준을 알아야 한다(1기압에서).
- 특수인화물:이황화탄소, 디에틸에테르 그밖에 **발화점 100℃이하 또는(or) 인화점이 -20℃ 이하이고(and) 비점 40℃ 이하**인 것
- 제1석유류:아세톤, 휘발유, 그밖에 **인화점이 21℃ 미만인 것**
- 제2석유류:등유, 경유, 그밖에 **인화점이 21℃ 이상 70℃ 미만인 것**
(도료류 그 밖의 물품에 있어 가연성 액체량이 40중량퍼센트 이하이고, 인화점이 섭씨 40도 이상인 동시에 연소점이 섭씨 60도 이상인 것은 제외)
- 제3석유류:중유, 클레오소트유 그밖에 **인화점이 70℃ 이상 200℃ 미만인 것**
(도료류 그 밖의 물품에 있어 가연성 액체량이 40중량퍼센트 이하인 것은 제외)
- 제4석유류:기어유, 실린더유 그밖에 **인화점이 200℃ 이상 250℃ 미만인 것**
(도료류 그 밖의 물품에 있어 가연성 액체량이 40중량퍼센트 이하인 것은 제외)
- 알코올류:알코올류 하나의 분자를 이루는 탄소 원자수가 1에서 3개까지인 포화1가 알코올류가 위험물에 해당함
- 동식물류:동물, 식물에서 추출한 것으로 인화점이 **250℃ 미만인 것**

4회 2014년 기출문제

001 제1류 위험물로 짠맛이 나는 무색결정분말로 비중이 2.1, 분자량이 약 101이고 흑색화약 제조, 금속열처리제로 쓰이는 것은?

답 질산칼륨

해 질산칼륨에 대한 설명이다. 분자량은 101이고, 흑색화약 하면 질산칼륨을 떠올려야 한다.

002 옥내저장탱크와 탱크전용실 벽과의 거리 및 탱크와 탱크 상호간의 거리는?

답 0.5m 이상

003 제2류 위험물과 혼재 가능한 위험물은? (지정수량의 1/10 초과한 경우)

답 제4류, 제5류 위험물

해 423 524 61

004 다음 물질의 연소반응식은?

가 : 삼황화린
나 : 알루미늄
다 : 황

답 가 : $P_4S_3 + 8O_2 \rightarrow 2P_2O_5 + 3SO_2$
　나 : $4Al + 3O_2 \rightarrow 2Al_2O_3$
　다 : $S + O_2 \rightarrow SO_2$

해 가 : 삼황화린이 산소와 반응하면 이산화황과 오산화인을 생성한다. 미정계수 방정식에 의해 풀면 된다.
　나 : 알루미늄이 산소와 반응하면 산화알루미늄을 생성한다.
　다 : 황은 산소와 반응하면 이산화황을 만든다.

005 탄화알루미늄과 물이 반응하면 발생하는 기체의 화학식은?

답 CH_4

해 $Al_4C_3 + 12H_2O \rightarrow 4Al(OH)_3 + 3CH_4$
반응식 암기할 필요가 있다. 메탄이 발생한다.

006 제2종 분말소화약제의 명칭과 열분해 반응식은?

답 탄산수소칼륨, $2KHCO_3 \rightarrow K_2CO_3 + CO_2 + H_2O$

해

종류	성분	적응화재	열분해반응식	색상
제1종 분말	$NaHCO_3$ (탄산수소나트륨)	B, C	$2NaHCO_3$ $\rightarrow Na_2CO_3 + CO_2 +$ H_2O	백색
제2종 분말	$KHCO_3$ (탄산수소칼륨)	B, C	$2KHCO_3$ $\rightarrow K_2CO_3 + CO_2 +$ H_2O	담회색
제3종 분말	$NH_4H_2PO_4$ (제1인산암모늄)	A, B, C	$NH_4H_2PO_4$ $\rightarrow HPO_3$(메타인산) $+NH_3$(암모니아) $+H_2O$	담홍색
제4종 분말	$KHCO_3 +$ $(NH_2)_2CO$ (탄산수소칼륨+ 요소)	B, C	$2KHCO_3 + (NH_2)_2CO$ $\rightarrow K_2CO_3 + 2NH_3 +$ $2CO_2$	회색

007 다음 할로젠화합물의 화학식은?

가 : 할론 1211
나 : 할론 2402
다 : 할론 104

답 가 : CF_2ClBr, 나 : $C_2F_4Br_2$, 다 : CCl_4

해 할론넘버의 각 숫자는 순서대로 C, F, Cl, Br의 숫자를 의미한다.

008 톨루엔과 질산을 니트로화 해서 제조하는 폭약의 원료물질의 반응식과 구조식은?

답 화학식:

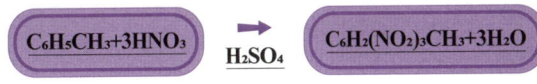

$C_6H_5CH_3 + 3HNO_3 \xrightarrow{H_2SO_4} C_6H_2(NO_2)_3CH_3 + 3H_2O$

구조식:

해 트리니트로톨루엔에 대한 설명이다.

009 클로로벤젠에 대해서 다음에 답하시오.

가. 지정수량
나. 품명
다. 화학식

답 가 : 1000L, 나 : 제2석유류, 다 : C_6H_5Cl

010 알코올류에 대한 다음 서술의 빈칸을 채우시오.

> 알코올류는 하나의 분자를 이루는 탄소 원자수가
> (가)에서 (나) 개까지인 포화
> (다)가 알코올류가 위험물에 해당함

🖺 가:1, 나:3, 다:1

🔍 제4류 위험물의 분류 기준을 알아야 한다(1기압에서).
- 특수인화물:이황화탄소, 디에틸에테르 그밖에 **발화점 100℃ 이하 또는(or) 인화점이 -20℃ 이하이고(and) 비점 40℃ 이하**인 것
- 제1석유류:아세톤, 휘발유, 그밖에 **인화점이 21℃ 미만인 것**
- 제2석유류:등유, 경유, 그밖에 **인화점이 21℃ 이상 70℃ 미만인 것**
  (도료류 그 밖의 물품에 있어 가연성 액체량이 40중량퍼센트 이하이고, 인화점이 섭씨 40도 이상인 동시에 연소점이 섭씨 60도 이상인 것은 제외)
- 제3석유류:중유, 클레오소트유 그밖에 **인화점이 70℃ 이상 200℃ 미만인 것**
  (도료류 그 밖의 물품에 있어 가연성 액체량이 40중량퍼센트 이하인 것은 제외)
- 제4석유류:기어유, 실린더유 그밖에 **인화점이 200℃ 이상 250℃ 미만인 것**
  (도료류 그 밖의 물품에 있어 가연성 액체량이 40중량퍼센트 이하인 것은 제외)
- 알코올류:알코올류 하나의 분자를 이루는 탄소 원자수가 1에서 3개까지인 포화1가 알코올류가 위험물에 해당함
- 동식물류:동물, 식물에서 추출한 것으로 인화점이 **250℃ 미만인 것**

011 옥내소화전의 개폐밸브 및 호스접속구는 바닥면에서 몇 m 높이에 설치해야 하는가?

🖺 1.5m 이하

012 아래 탱크의 내용적은?

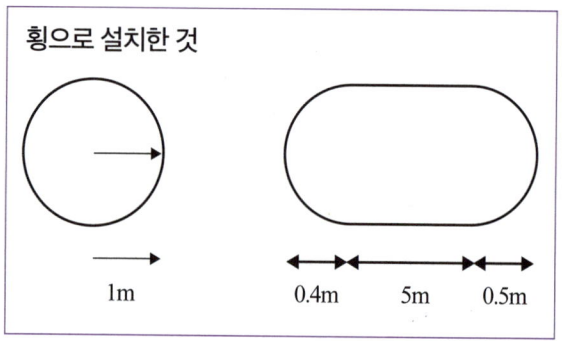

횡으로 설치한 것
1m, 0.4m, 5m, 0.5m

🖺 16.65m³

🔍 $\pi r^2 (l + \dfrac{l_1 + l_2}{3})$
각 대입하면 $\pi \times 1^2 \times [5 + (0.4 + 0.5)/3]$이 된다.

013 제3류 위험물 중 위험등급 Ⅰ등급인 것 3가지를 나열하시오.

🖺 **알킬알루미늄, 알킬리튬, 칼륨, 나트륨, 황린**

[암기법] 십알칼알나 이황 / 오 알알유 / 삼금금탄규
  Ⅰ등급   Ⅱ등급   Ⅲ등급

2014년 기출문제 (5회)

001 과산화칼슘과 염산이 반응할 시 생성되는 과산화물의 화학식을 쓰시오.

답 H_2O_2

해 $CaO_2 + 2HCl \rightarrow CaCl_2 + H_2O_2$

002 위험물제조소 건축물의 외벽 구조에 따른 1소요단위의 크기는?

가 : 외벽이 내화구조인 경우
나 : 외벽이 내화구조가 아닌 경우

답 가 : 100m², 나 : 50m²

해

종류	내화구조	비내화구조
위험물	위험물의 지정수량×10	
제조소 및 취급소	100 m²	50 m²
저장소	150 m²	75 m²

옥외설치된 공작물은 외벽이 내화구조인 것으로 간주한다.

003 금속칼륨과 물의 반응식은?

답 $2K + 2H_2O \rightarrow 2KOH + H_2$

004 다음 물질의 시성식은?

가 : 글리세린
나 : 아닐린
다 : 에틸알코올

답 가 : $C_3H_5(OH)_3$, 나 : $C_6H_5NH_2$, 다 : C_2H_5OH

005 삼황화린의 연소반응식은?

답 $P_4S_3 + 8O_2 \rightarrow 2P_2O_5 + 3SO_2$

006 지정수량 25배의 제2류 위험물 저장하는 옥외저장소의 보유공지 너비는 몇 m 이상인가?

답 9m 이상

해

저장 또는 취급하는 위험물의 최대수량	공지의 너비
지정수량의 10배 이하	3m 이상
지정수량의 10배 초과 20배 이하	5m 이상
지정수량의 20배 초과 50배 이하	9m 이상
지정수량의 50배 초과 200배 이하	12m 이상
지정수량의 200배 초과	15m 이상

다만, 제4류 위험물 중 제4석유류와 제6류 위험물을 저장 또는 취급하는 옥외저장소의 보유공지는 다음 표에 의한 공지의 너비의 3분의 1 이상의 너비

007 디에틸에테르에 대해 답하시오.

가 : 인화점
나 : 연소범위
다 : 품명

답 가 : -45℃, 나 : 1.7 - 48%, 다 : 특수인화물

008 유기과산화물을 저장하기 위한 옥내저장소에서 하나의 창고의 바닥면적은?

답 1000m² 이하

해 다음의 위험물을 저장하는 창고:1,000m² 이하(위험등급 I 등급물질이다. 단, 4류의 경우 위험등급 II 인 알코올류까지 포함)

1) 제1류 위험물 중 아염소산염류, 염소산염류, 과염소산염류, 무기과산화물 그 밖에 지정수량이 50㎏인 위험물
2) 제3류 위험물 중 칼륨, 나트륨, 알킬알루미늄, 알킬리튬 그 밖에 지정수량이 10㎏인 위험물 및 황린
3) 제4류 위험물 중 특수인화물, 제1석유류 및 알코올류
4) 제5류 위험물 중 유기과산화물, 질산에스테르류 그 밖에 지정수량이 10㎏인 위험물
5) 제6류 위험물

- 위 위험물 외의 위험물을 저장하는 창고:2,000m² 이하
- 위 두가지의 위험물을 내화구조의 격벽으로 완전히 구획된 실에 각각 저장하는 창고:1,500m² 이하

009 다음 위험물의 지정수량의 총 몇 배가 저장되어 있는가?

> 디에틸에테르 100L, 이황화탄소 150L,
> 아세톤 200L, 휘발유 400L

답 7.5배

해 순서대로 지정수량은 50, 50, 400, 200L이다. 2배, 3배, 0.5배, 2배이다. 합하면 7.5배이다.

010 니트로글리세린의 화학식은?

답 $C_3H_5(ONO_2)_3$

011 제6류 위험물을 취급하는 제조소에 설치해야 하는 주의사항 게시판에 기재 내용은?

답 없음

해 i) 1류 알칼리금속의 과산화물:물기엄금
　　 그 밖에:없음
　ii) 2류 인화성 고체:화기엄금
　　 철분, 마그네슘, 금속분 및 그 밖에:화기주의
　iii) 3류 자연발화성 물질:화기엄금
　　 금수성물질:물기엄금
　iv) 4류:화기엄금
　v) 5류:화기엄금
　vi) 6류:없음

012 위험물안전관리법상 고인화점위험물이란?

답 인화점이 100℃ 이상인 제4류 위험물

013 제3석유류의 인화점의 범위는? (1기압 기준)

🔲 **인화점 70℃ 이상 200℃ 미만인 것**

🔲 제4류 위험물의 분류 기준을 알아야 한다(1기압에서).
- 특수인화물:이황화탄소, 디에틸에테르 그밖에 **발화점 100℃ 이하 또는(or) 인화점이 -20℃ 이하이고(and) 비점 40℃ 이하인 것**
- 제1석유류:아세톤, 휘발유, 그밖에 **인화점이 21℃ 미만인 것**
- 제2석유류:등유, 경유, 그밖에 **인화점이 21℃ 이상 70℃ 미만인 것**
(도료류 그 밖의 물품에 있어 가연성 액체량이 40 중량퍼센트 이하이고, 인화점이 섭씨 40도 이상인 동시에 연소점이 섭씨 60도 이상인 것은 제외)
- 제3석유류:중유, 클레오소트유 그밖에 **인화점이 70℃ 이상 200℃ 미만인 것**
(도료류 그 밖의 물품에 있어 가연성 액체량이 40 중량퍼센트 이하인 것은 제외)
- 제4석유류:기어유, 실린더유 그밖에 **인화점이 200℃ 이상 250℃ 미만인 것**
(도료류 그 밖의 물품에 있어 가연성 액체량이 40 중량퍼센트 이하인 것은 제외)
- 알코올류:알코올류 하나의 분자를 이루는 탄소 원자수가 1에서 3개까지인 포화1가 알코올류가 위험물에 해당함
- 동식물류:동물, 식물에서 추출한 것으로 **인화점이 250℃ 미만인 것**

014 분말소화약제 $NH_4H_2PO_4$ 115g 열분해 시, 몇 g의 HPO_3가 생기는지 화학반응식을 쓰고, 구하시오.

🔲 $NH_4H_2PO_4 \rightarrow HPO_3 + NH_3 + H_2O$, 80g

🔲 $NH_4H_2PO_4 \rightarrow HPO_3$(메타인산) + NH_3(암모니아) + H_2O

인산암모늄의 분자량은 115g/mol이다. 인산암모늄 1몰 반응 시, 메타인산도 1몰이 생성된다.
인산암모늄 115g이 반응하면 메타인산도 1몰 발생하게 된다.
메타인산 1몰의 질량은 $1 + 31 + 16 \times 3 = 80$

1회 2015년 기출문제

001 과염소산나트륨을 400℃ 이상으로 가열 시 열분해 반응식과 발생하는 기체는?

답 $NaClO_4 \rightarrow NaCl + 2O_2$, 산소

002 다음 각 물질의 지정수량은?

가 : 염소산염류
나 : 요오드산염류(아이오딘산염류)

답 가 : 50kg, 나 : 300kg

암기법 오염과 무아 / 삼질 요브 / 천과 중

003 TNT의 분자량은?

답 227

해 TNT는 트리니트로톨루엔이다.
$C_6H_2(NO_2)_3CH_3$의 분자량은 구하면
$12 \times 6 + 1 \times 2 + 14 \times 3 + 16 \times 2 \times 3 + 12 + 1 \times 3$

004 다음 각 물질의 화학식은?

가 : 염소산칼슘
나 : 질산마그네슘
다 : 과망간산나트륨
라 : 중크롬산칼륨

답 가 : $Ca(ClO_3)_2$, 나 : $Mg(NO_3)_2$, 다 : $NaMnO_4$,
라 : $K_2Cr_2O_7$

해 양이온과 음이온의 합이 맞춰서 0이 되어야 한다.
알칼리금속은 양이온이 되면 1 + , 값을 가지고, 알칼리토금속은 2 + 값을 가진다.
문제에서 염소산, 질산, 과망간산은 모두 1 - 의 값을 가지고, 중크롬산은 2 - 의 값을 가진다.
즉, 알칼리토금속의 경우 2 + 값을 가지므로 1 - 값을 가지는 염소산 등과 결합하려면, 염소산 등이 2개가 되어 2 - 값을 가져야 한다. 그러므로 $Ca(ClO_3)_2$, 나 : $Mg(NO_3)_2$ 같은 형태로 붙게 되고, 나트륨은 칼륨, 나트륨 등 알칼리금속 양이온은 1 + 값을 가지므로 2 - 값을 가지는 중크롬산과 결합하기 위해서는 칼륨, 나트륨 등은 2개가 필요하다.
알칼리금속 양이온과 1 - 값을 가진 음이온이 만나면 그냥 1:1로 만나게 된다. 과망간산나트륨이 그 예이다.

005 이산화탄소소화기로 이산화탄소를 1kg 방출할 경우의 부피는 몇 리터인가? (1기압, 20℃)

답 546.05리터

공식은, $PV = \frac{W}{M}RT$ 이다.

- P는 압력이고 단위는 atm이다(만약, 압력단위가 mmHg로 제시되었던 경우 제시된 압력에 1/760을 곱하면 atm 단위가 되므로 atm단위로 변환해서 대입하면 된다.).
- V는 부피이고 단위는 L 혹은 m^3(1L는 $0.001m^3$ 이다.)
- w는 질량이고 단위는 g 혹은 kg
- M은 분자량이고 단위는 g/mol 혹은 kg/kmol ($\frac{W}{M}$ 은 몰수이다(g or kg을 g/mol or kg/kmol로 나누면 mol만 남는다.). 따라서 해당 물질의 분자량과 질량이 안 나오고 그냥 몰수가 나오면 몰수로 계산하면 된다.)
- 다만, 분자량과 질량의 단위를 맞추어야 한다. 분자량이 g이므로 질량 1kg을 1000g으로 바꾸어서 대입한다.
- R은 기체상수이고 0.082atm·L/mol·K 혹은 0.082atm·m^3/kmol·K(그냥 0.082로 하면 된다.)
- T는 절대온도이고 단위는 K이고 섭씨온도에 273을 더하면 된다.
- 단위를 g으로 맞출 경우 나오는 부피 단위는 리터인데, 1L는 $0.001m^3$이므로 m^3 단위로 구해야 한다면 변환하면 된다. 단위를 kg으로 맞추면 나오는 부피단위는 m^3 이다.

부피는 = ($\frac{1000}{44}$ × 0.082 × 293) / 1
(문제에서 구하는 부피가 리터이므로 질량을 g으로 변환하여 계산한다.)

006 관계법령상 제1종 판매취급소는 지정수량의 몇 배 이하인 것을 의미하는가?

답 20배 이하

해 저장 또는 취급하는 위험물의 수량이 지정수량의 20배 이하인 판매취급소(제1종 판매취급소), 지정수량의 40배 이하면 제2종 판매취급소가 된다.

007 에틸알코올과 나트륨의 반응 시의 화학반응식은?

답 $2Na + 2C_2H_5OH \rightarrow 2C_2H_5ONa + H_2$

해 나트륨과 에틸알코올의 반응 시 나트륨에틸라이드와 수소를 생성시킨다.

008 제6류 위험물과 혼재할 수 없는 위험물은? (지정수량의 1/10을 초과한다.)

답 제2류, 제3류, 제4류, 제5류 위험물

해 423 524 61,
1류를 제외하고는 모두 혼재 불가하다.

009 다음 분말소화약제의 열분해 반응식은?

> 가 : 탄산수소칼륨 :
> 나 : 제1인산암모늄

답 가 : $2KHCO_3 \rightarrow K_2CO_3 + CO_2 + H_2O$,
   나 : $NH_4H_2PO_4 \rightarrow HPO_3 + NH_3 + H_2O$

해

종류	성분	적응 화재	열분해반응식	색상
제1종 분말	$NaHCO_3$ (탄산수소나트륨)	B, C	$2NaHCO_3$ $\rightarrow Na_2CO_3 + CO_2 +$ H_2O	백색
제2종 분말	$KHCO_3$ (탄산수소칼륨)	B, C	$2KHCO_3$ $\rightarrow K_2CO_3 + CO_2 +$ H_2O	담회색
제3종 분말	$NH_4H_2PO_4$ (제1인산암모늄)	A, B, C	$NH_4H_2PO_4$ $\rightarrow HPO_3$(메타인산) $+ NH_3$(암모니아) $+ H_2O$	담홍색
제4종 분말	$KHCO_3 +$ $(NH_2)_2CO$ (탄산수소칼륨+ 요소)	B, C	$2KHCO_3 + (NH_2)_2CO$ $\rightarrow K_2CO_3 + 2NH_3 +$ $2CO_2$	회색

010 다음에서 설명하는 제3류 위험물의 명칭과 물과의 반응식을 쓰시오.

> 적갈색의 고체로 지정수량은 300kg이다. 물과 반응 시 인화수소를 발생하고 비중은 약 2.5이다.

답 인화칼슘, $Ca_3P_2 + 6H_2O \rightarrow 3Ca(OH)_2 + 2PH_3$

해 인화수소와 물하면 인화칼슘을 떠올릴 수 있어야 한다. 실기에서는 여기에 더해서 반응식을 암기하고 있어야 한다.

011 트리에틸알루미늄은 화재 시 주수소화 하면 안 된다. 다음 질문에 답하면?

> 가 : 물과의 화학반응식
> 나 : 위 "가"에 따라 발생하는 가연성 기체의 연소 반응식은?

답 가 : $(C_2H_5)_3Al + 3H_2O \rightarrow Al(OH)_3 + 3C_2H_6$,
   나 : $2C_2H_6 + 7O_2 \rightarrow 4CO_2 + 6H_2O$

해 트리에틸알루미늄은 물과 반응하면 에탄이 나온다. 필기에서는 이 반응식과 에탄의 완전연소식을 암기할 필요가 있다.

012 아래에서 물보다 무겁고 비수용성인 물질을 모드 쓰시오.

> 이황화탄소, 아세트산, 글리세린, 에틸렌글리콜, 니트로벤젠

답 니트로벤젠, 이황화탄소

해 제4류 위험물 중 위에서 비수용성인 것은 니트로벤젠과 이황화탄소밖에 없다. 둘다. 비중이 1보다 크다. 4류 위험물 비중이 1보다 큰 것은 이황화탄소, 2석유류 중 클로로벤젠, 아세트산, 히드라진, 포름산, 제3석유류 등이다.

2015년 기출문제

001 제4류 위험물로 분자량이 58이고 햇볕에 분해하면 과산화물을 생성시키며, 탈지작용이 있는 물질에 대해 답하시오.

가 : 화학식은?
나 : 지정수량은?

답 가 : CH_3COCH_3, 나 : 400L

해 아세톤에 대한 설명이다. **탈지작용하면 아세톤을 떠올려야 한다.**
분자량은 $12 + 1 \times 3 + 12 + 16 + 12 + 1 \times 3 = 58$

002 정전기를 유효하게 제거할 수 있는 방법 세가지는?

답 접지, 공기이온화, 실내 상대습도 70% 이상 유지

003 제4류 위험물로 진한 질산과 진한 황산으로 니트로화 하면 TNT를 생성하는 물질은?

답 톨루엔

해

$C_6H_5CH_3 + 3HNO_3$ →(H_2SO_4) $C_6H_2(NO_2)_3CH_3 + 3H_2O$

004 위험물안전관리법령상의 위험물취급소 4가지는?

답 주유취급소, 이송취급소, 판매취급소, 일반취급소

해

제조소 (1종류)	제조소			
저장소 (8종류)	옥내	옥내탱크	지하탱크	간이탱크
	옥외	옥외탱크	암반탱크	이동탱크
취급소 (4종류)	주유	이송	판매	일반

005 다음 물질은 무엇인가?

( )은 이황화탄소, 디에틸에테르 그밖에 1기압에서 **발화점 100℃ 이하 또는(or) 인화점이 -20℃ 이하이고(and) 비점 40℃ 이하**인 것을 말한다.

답 특수인화물

해 제4류 위험물의 분류 기준을 알아야 한다(1기압에서).
- 특수인화물:이황화탄소, 디에틸에테르 그밖에 **발화점 100℃ 이하 또는(or) 인화점이 -20℃ 이하이고(and) 비점 40℃ 이하**인 것
- 제1석유류:아세톤, 휘발유, 그밖에 **인화점이 21℃ 미만인 것**
- 제2석유류:등유, 경유, 그밖에 **인화점이 21℃ 이상 70℃ 미만인 것**
  (도료류 그 밖의 물품에 있어 가연성 액체량이 40중량퍼센트 이하이고, 인화점이 섭씨 40도 이상인 동시에 연소점이 섭씨 60도 이상인 것은 제외)
- 제3석유류:중유, 클레오소트유 그밖에 **인화점이 70℃ 이상 200℃ 미만인 것**
  (도료류 그 밖의 물품에 있어 가연성 액체량이 40중량퍼센트 이하인 것은 제외)
- 제4석유류:기어유, 실린더유 그밖에 **인화점이 200℃ 이상 250℃ 미만인 것**
  (도료류 그 밖의 물품에 있어 가연성 액체량이 40중량퍼센트 이하인 것은 제외)
- 알코올류:알코올류 하나의 분자를 이루는 탄소 원자수가 1에서 3개까지인 포화1가 알코올류가 위험물에 해당함
- 동식물류:동물, 식물에서 추출한 것으로 인화점이 **250℃ 미만인 것**

006 제3종 분말소화약제의 열분해 반응식은?

답 $NH_4H_2PO_4 \rightarrow HPO_3 + NH_3 + H_2O$

해

종류	성분	적응화재	열분해반응식	색상
제1종 분말	$NaHCO_3$ (탄산수소나트륨)	B, C	$2NaHCO_3 \rightarrow Na_2CO_3 + CO_2 + H_2O$	백색
제2종 분말	$KHCO_3$ (탄산수소칼륨)	B, C	$2KHCO_3 \rightarrow K_2CO_3 + CO_2 + H_2O$	담회색
제3종 분말	$NH_4H_2PO_4$ (제1인산암모늄)	A, B, C	$NH_4H_2PO_4 \rightarrow HPO_3$(메타인산) $+ NH_3$(암모니아) $+ H_2O$	담홍색
제4종 분말	$KHCO_3 + (NH_2)_2CO$ (탄산수소칼륨+요소)	B, C	$2KHCO_3 + (NH_2)_2CO \rightarrow K_2CO_3 + 2NH_3 + 2CO_2$	회색

007 황린의 연소 반응식은?

답 $P_4 + 5O_2 \rightarrow 2P_2O_5$

해 $P_4 + 5O_2 \rightarrow 2P_2O_5$, 자주 출제되므로 꼭 암기한다.

008 다음 중 제3석유류는?

클로로벤젠, 니트로벤젠, 글리세린, 아세트산, 포름산, 니트로톨루엔

🖹 니트로톨루엔, 글리세린, 니트로벤젠

🅗 클로로벤젠, 아세트산, 포름산은 제2석유류이다.

009 질산암모늄을 가열하면 질소, 수증기, 산소가 나오는데, 그 열분해 반응식은?

🖹 $2NH_4NO_3 \rightarrow 2N_2 + 4H_2O + O_2$

🅗 위 문제에서 주어진 대로 미정계수방정식에 의해 풀면 된다.

010 위험물제조소의 환기설비에 대해 답하시오.

가 : 환기는 어떤 방식이어야 하는가?
나 : 바닥면적이 150m² 인 경우 급기구의 크기는?

🖹 가 : **자연배기방식** : 나 : **800cm² 이상**

🅗 · 환기는 **자연배기방식**으로 할 것
 · 급기구는 당해 급기구가 설치된 실의 **바닥면적 150m² 마다 1개 이상**으로 하되, 급기구의 **크기는 800cm² 이상**으로 할 것

011 $NaClO_3$ 2몰의 열분해 시 발생하는 산소의 부피는 표준상태에서 몇 리터인가?

🖹 **67.16L**

🅗 계산과정 : $2NaClO_3 \rightarrow 2NaCl + 3O_2$ 이고, 산소는 3몰 생성되므로, 이상기체 방정식에 대입하면
부피 V = 3 × 0.082 × 273 = 67.158

> **더 쉬운 풀이**
> 표준상태라면 3몰이므로 표준상태에서 기체 1몰의 부피인 22.3L을 곱하면 된다.

012 옥내저장소의 경우 동일품명이라도 자연발화의 위험이 있는 위험물을 다량 저장하는 경우 지정수량 10배마다 몇 미터 간격을 두어야 하는가?

답 0.3m 이상

013 증기비중이 약 3.5인 유동성 액체로 가열하면 폭발할 수 있으며, 강한 산성을 나타내는 제6류 위험물의 화학식은?

답 $HClO_4$

해 과염소산에 대한 설명이다.
분자량은 $1 + 35.5 + 16 \times 4 = 100.5$
분자량을 29로 나누면 증기비중이 된다.
$100.5/29 = 3.47$

014 판매취급소의 구분에 대해 빈칸을 채우시오.

> 가. 제1종 판매취급소
>   저장 또는 취급하는 위험물의 수량이 지정수량의 (　　)배 이하인 취급소
> 나. 제2종 판매취급소
>   저장 또는 취급하는 위험물의 수량이 지정수량의 (　　)배 이하인 취급소

답 가: 20, 나: 40

4회 2015년 기출문제

001 다음 설명하는 제6류 위험물의 화학식과 지정수량은?

> 가: 구리 등과 반응할 수 있고, 물과 혼합 시 발열하며, 분자량이 약 63인 물질
> 나: 분자량은 약 34, 이상화망간 촉매가 있으면 산소를 발생

답 가: HNO_3, 300kg, 나: H_2O_2, 300kg

해 다른 설명을 몰라도 분자량만 알아도 풀 수 있다.

질산의 분자량은 $1 + 14 + 16 \times 3 = 63$
과산화수소의 분자량은 $1 \times 2 + 16 \times 2 = 34$
$3Cu + 8HNO_3 \rightarrow 3Cu(NO_3)_2 + 2NO + 4H_2O$
$2H_2O_2 \xrightarrow{MnO_2} 2H_2O + O_2$

002 위험물안전관리법령상 제조소는 지정수량의 몇 배 이상을 취급하면 피뢰침을 설치해야 하는가? (제6류 위험물을 취급하는 제조소는 제외)

답 10배

003 제1류 위험물인 과망간산칼륨에서 망간의 산화수는?

답 +7

해 산화수는 화합물을 구성하는 각 원자를 일정한 방법으로 배분하였을 때, 그 원자가 가진 전하의 수이다.
보통 1족인 경우 +1, 2족인 경우 +2, 16족이면 −2, 17족이면 −1로 쉽게 이해하면 된다.
과망간산칼륨은 $KMnO_4$ 이고, K는 +1, O는 −2이다. 모두 합해 0이 되어야 한다.
$1 + (−2 \times 4) +$ Mn의 산화수이므로 답은 7이다.

004 황, 나프탈렌의 연소형태는?

답 증발연소

해 고체의 연소
표면연소: 목탄(숯), 코크스, 금속분 등
분해연소: 석탄, 목재, 종이, 섬유, 플라스틱 등
증발연소: 나프탈렌, 장뇌, 황(유황), 양초(파라핀), 왁스, 알코올
자기연소: 주로 5류 위험물(이는 물질내에 산소를 가진 자기연소 물질이다. 주로 니트로기를 가지고 있다.)

005 위험물안전관리법령상의 브롬산염류(브로민산염류)와 질산염류의 지정수량을 합치면?

답 600kg

해 각 지정수량은 300kg

006 다음 저장탱크의 내용적은?

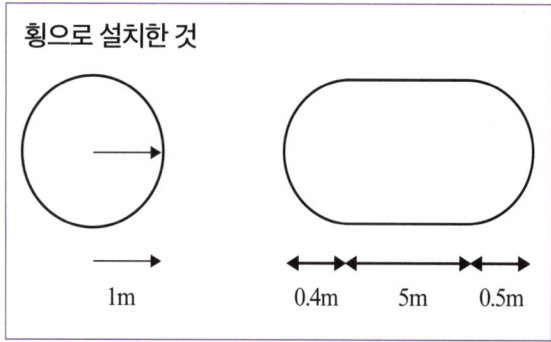

답 16.65m³

해 $\pi r^2 (l + \dfrac{l_1 + l_2}{3})$
각 대입하면 $\pi \times 1^2 \times [5 + (0.4 + 0.5)/3]$이 된다.

007 위험물안전관리법령상 제4류 위험물 중 특수인화물의 위험등급은?

답 I등급

해 제1석유류, 알코올류는 II등급, 제2석유류, 제3석유류, 동식물류는 III등급이다.

008 트리니트로톨루엔 200kg이 분해될 때 발생하는 질소의 부피(m³)는? (1기압, 0℃)

답 29.6m³

해 $2C_6H_2(NO_2)_3CH_3 \rightarrow 2C + 3N_2 + 5H_2 + 12CO$
트리니트로톨루엔과 질소는 위 반응식에서 2몰대 3몰의 비율이 된다.
먼저 트리니트로톨루엔 200kg의 몰수를 구하기 위해 분자량을 구하면
$12 \times 6 + 1 \times 2 + 14 \times 3 + 16 \times 2 \times 3 + 12 + 1 \times 3$
= 227이 된다. 227은 1몰인 경우 227g이고, 1kmol인 경우 227kg이 된다. (구하는 부피가 m³이므로 kg, kmol 등으로 변환하여 계산한다.)
그렇다면 200kg의 몰수는 200/227 kmol이고 즉, 트리니트로톨루엔과 질소는 2:3의 비율이므로, 질소는 200/227 × 1.5kmol이 된다.
1kmol의 부피는 22.4m³이므로 곱하면 29.6m³이다.

009 위험물 유별 중 외부 산소 공급 없이 연소할 수 있는 위험물은 몇 류인가?

답 제5류 위험물

해 제5류 위험물은 산소를 함유하고 있어 산소공급 없이 스스로 연소할 수 있다.

010 위험물안전관리법령상 중크롬산염류를 저장하는 옥내저장소의 경우 하나의 저장창고 바닥면은 몇 m² 이하로 해야 하는가?

답 2000m² 이하

해 중크롬산나트륨 제1류 위험물이나, 아염소산염류, 염소산염류, 과염소산염류, 무기과산화물 그 밖에 지정수량이 50kg인 위험물에 해당하지 않고, 아래 그 외의 경우에 해당한다.

다음의 위험물을 저장하는 창고:1,000m² 이하
1) 제1류 위험물 중 아염소산염류, 염소산염류, 과염소산염류, 무기과산화물 그 밖에 지정수량이 50kg인 위험물
2) 제3류 위험물 중 칼륨, 나트륨, 알킬알루미늄, 알킬리튬 그 밖에 지정수량이 10kg인 위험물 및 황린
3) 제4류 위험물 중 특수인화물, 제1석유류 및 알코올류
4) 제5류 위험물 중 유기과산화물, 질산에스테르류 그 밖에 지정수량이 10kg인 위험물
5) 제6류 위험물
 • 위 위험물 외의 위험물을 저장하는 창고:2,000m² 이하
 • 위 두가지의 위험물을 내화구조의 격벽으로 완전히 구획된 실에 각각 저장하는 창고:1,500m² 이하

011 삼화화인의 연소반응식은?

답 $P_4S_3 + 8O_2 \rightarrow 2P_2O_5 + 3SO_2$

해 암기해 두는 것이 편리하다.

012 위험물안전관리법령상 제4류 위험물 운송 시 **위험물안전카드**를 휴대해야 하는 위험물의 품명 2가지는?

답 **특수인화물 및 제1석유류**

013 위험물안전관리법령상 제3류 위험물 중 자연발화성 물질의 운반용기 외부에 표시하는 주의사항은?

답 화기엄금 및 공기접촉엄금

해 운반용기 외부 표시 사항
　가. **위험물의 품명, 위험등급, 화학명 및 수용성**(수용성 표시는 4류 위험물 중 수용성인 것에 한함)
　나. **위험물의 수량**
　다. 위험물에 따른 **주의사항**
　　• 1류
　　　1) 알칼리금속과산화물의 경우:**화기/충격주의, 물기엄금 및 가연물접촉주의**
　　　2) 그 밖의 것:**화기/충격주의, 가연물 접촉주의**
　　• 2류
　　　1) **철분, 마그네슘, 금속분:화기주의 물기엄금**
　　　2) **인화성 고체:화기엄금**
　　　3) **그 밖의 것:화기주의**
　　• 3류
　　　1) **자연발화성 물질:화기엄금 및 공기접촉엄금**
　　　2) **금수성물질:물기엄금**
　　• 4류:**화기엄금**
　　• 5류:**화기엄금, 충격주의**
　　• 6류:**가연물접촉주의**

014 다음 분말소화약제의 화학식은?

가:제1종 분말소화약제
나:제2종 분말소화약제
다:제3종 분말소화약제

답 가:$NaHCO_3$, 나:$KHCO_3$, 다:$NH_4H_2PO_4$

해

종류	성분	적응화재	열분해반응식	색상
제1종 분말	$NaHCO_3$ (탄산수소나트륨)	B, C	$2NaHCO_3$ → $Na_2CO_3 + CO_2 + H_2O$	백색
제2종 분말	$KHCO_3$ (탄산수소칼륨)	B, C	$2KHCO_3$ → $K_2CO_3 + CO_2 + H_2O$	담회색
제3종 분말	$NH_4H_2PO_4$ (제1인산암모늄)	A, B, C	$NH_4H_2PO_4$ → HPO_3(메타인산) $+ NH_3$(암모니아) $+ H_2O$	담홍색
제4종 분말	$KHCO_3 + (NH_2)_2CO$ (탄산수소칼륨+요소)	B, C	$2KHCO_3 + (NH_2)_2CO$ → $K_2CO_3 + 2NH_3 + 2CO_2$	회색

5회 2015년 기출문제

001 탄소가 연소할 경우의 완전연소식을 쓰고, 12kg의 탄소 완전연소 시 필요한 산소의 부피(m^3)는?
(단, 압력은 750mmHg, 온도는 30℃)

답 $C + O_2 \rightarrow CO_2$, 약 $25.18m^3$

해 $C + O_2 \rightarrow CO_2$

반응식에서 탄소와 산소의 비율은 1:1이다. 탄소 12kg은 1kmol이고, 산소도 이 경우 1kmol만큼 반응한다는 의미다.
이상기체 방정식에 대입하면
- 공식은, $PV = \dfrac{W}{M} RT$ 이다.
- P는 압력이고 단위는 atm이다(만약, 압력단위가 mmHg로 제시되었던 경우 제시된 압력에 1/760을 곱하면 atm 단위가 되므로 atm단위로 변환해서 대입하면 된다.).
- V는 부피이고 단위는 L 혹은 m^3(1L는 $0.001m^3$ 이다.)
- w는 질량이고 단위는 g 혹은 kg
- M은 분자량이고 단위는 g/mol 혹은 kg/kmol ($\dfrac{W}{M}$ 은 몰수이다(g or kg을 g/mol or kg/kmol 로 나누면 mol만 남는다.). 따라서 해당 물질의 분자량과 질량이 안 나오고 그냥 몰수가 나오면 몰수로 계산하면 된다.)
- 다만, 분자량과 질량의 단위를 맞추어야 한다. 분자량이 g이므로 질량 1kg을 1000g으로 바꾸어서 대입한다.
- R은 기체상수이고 0.082atm·L/mol·K 혹은 0.082atm·m^3/kmol·K(그냥 0.082로 하면 된다.)
- T는 절대온도이고 단위는 K이고 섭씨온도에 273을 더하면 된다.
- 단위를 g으로 맞출 경우 나오는 부피 단위는 리터인데, 1L는 $0.001m^3$이므로 m^3 단위로 구해야 한다면 변환하면 된다. 단위를 kg으로 맞추면 나오는 부피단위는 m^3 이다.

부피(V) = (1kmol × 0.082 × 303K)을 압력으로 나누면 된다. 이 때 압력은 750/760 기압이다.
구하면 약 $25.18m^3$이 된다.

002 다음 3류 위험물의 물과의 화학반응식을 쓰시오.

가 : 금속칼륨
나 : 탄화칼슘

답 가 : $2K + 2H_2O \rightarrow 2KOH + H_2$
나 : $CaC_2 + 2H_2O \rightarrow Ca(OH)_2 + C_2H_2$

해 금속칼륨, 탄화칼슘 등의 물질과 물과의 반응식은 암기하여 두어야 한다. 적어도 물과 반응 시 어떤 물질이 생성되는지를 알고 있어야 미정계수방정식으로 계수를 구할 수 있다.

003 다음에서 설명하는 물질에 대해 답하시오.

- 지정수량은 2000L인 수용성 물질
- 분자량은 약 60, 녹는점은 16.7℃, 증기비중은 약 2.07
- 알칼리금속, 강산화제 등과 접촉을 피해 보관한다.
  가: 이 물질이 완전 연소될 때 발생하는 2가지 물질의 화학식은?
  나: 아연과 이 물질의 반응 시 발생하는 가연성 가스는?

답 가: CO_2, H_2O, 나: 수소

해 위 물질은 아세트산(CH_3COOH)이다. 2000리터, 수용성하면 제2류석유류를 떠올려야 한다(일등경크스클 / 이아히포). 그 중 분자량이 60인 것을 찾으면 아세트산이다. $12 + 1 \times 3 + 12 + 16 + 16 + 1$
연소반응식은 $CH_3COOH + 2O_2 \rightarrow 2CO_2 + 2H_2O$
아연과 반응식은
$2CH_3COOH + Zn \rightarrow (CH_3COO)_2Zn + H_2$

004 제3종 분말소화약제의 열분해 시 생성되는 물질 중 가연물 표면에 부착성 막을 만들어 산소와의 접촉을 막는 물질의 화학식은?

답 HPO_3

해 $NH_4H_2PO_4 \rightarrow HPO_3$(메타인산) + NH_3(암모니아) + H_2O, 표면에 부착성 막을 만드는 것은 메타인산이다.

005 휘발유 저장 옥외저장탱크의 방유제에 대해 답하시오.

가: 방유제의 높이는 얼마로 해야 하는가?
나: 방유제 안에 설치할 수 있는 휘발유 저장탱크의 수는?

답 가: 0.5m 이상, 3m 이하, 나: 10개 이하

해 옥외저장탱크의 경우

- **방유제는 높이 0.5m 이상 3m 이하, 두께 0.2m 이상**, 지하매설 깊이 1m 이상으로 할 것
- 방유제내의 **면적은 8만m² 이하**로 할 것
- 방유제내의 설치하는 옥외저장탱크의 **수는 10 이하**로 할 것

006 과산화벤조일의 구조식과 분자량을 쓰시오.

답 구조식:

$$O=C-O-O-C=O$$
(양쪽에 벤젠고리)

분자량: 242g/mol

해 과산화벤조일의 구조식은 암기해야 한다. 출제되는 구조식이다.
분자량은 $(C_6H_5CO)_2O_2$
$= (12 \times 6 + 1 \times 5 + 12 + 16) \times 2 + 16 \times 2$

007 옥내탱크저장소의 경우 제2류 위험물을 저장할 때, 탱크전용실을 건축물의 1층 또는 지하층에만 설치해야 하는 제2류 위험물은?

답 황화인, 적린, 덩어리 유황(황)

해 옥내탱크저장소 중 **탱크전용실을 단층건물 외의 건축물**에 설치하는 경우
가. 대상 물질
- **제2류 위험물 중 황화인·적린 및 덩어리 유황(황)**
- **제3류 위험물 중 황린**
- **제6류 위험물 중 질산**
- **제4류 위험물 중 인화점이 38℃ 이상인 위험물**

나. 기준
- 이 경우 옥내저장탱크는 탱크전용실에 설치해야 한다. 다만, **제2류 위험물 중 황화인·적린 및 덩어리 유황(황), 제3류 위험물 중 황린, 제6류 위험물 중 질산**의 탱크전용실은 **건축물의 1층 또는 지하층**에 설치해야 한다.

---

008 다음 물질의 지정수량은?

가 : 디에틸에테르
나 : 아세톤
다 : 에틸알코올

답 가 : 50L, 나 : 400L, 다 : 400L

---

009 분말소화약제 탄산수소칼륨 200kg이 열분해 될 경우의 분해반응식을 쓰고, 그 때 발생하는 탄산가스는 몇 m³인지 쓰시오. (1기압, 100℃)

답 분해반응식 : $2KHCO_3 \rightarrow K_2CO_3 + CO_2 + H_2O$
탄산가스 : **30.59m³**

해 탄산수소칼륨의 분해 반응식은 암기해 두어야 한다. 탄산수소칼륨 200kg은 2kmol이 된다. (구하는 부피가 m³이므로 kg, kmol로 변환한다.)
분해 반응식에 의하면 탄산수소칼륨과 탄산가스는 2:1로 반응하므로 생성되는 탄산가스는 1kmol이 된다. 탄산가스 1kmol의 부피는 이상기체 방정식에 의해 구하면,
부피(V) = 1kmol × 0.082 × 373 = 30.59m³

---

010 위험물안전관리법령상 물분무등소화설비 중 제5류 위험물 화재에 적응성이 있는 것 2가지를 쓰시오.

답 물분무소화설비, 포소화설비

해 물분무등소화설비에는 물분무소화설비, 포소화설비, 불활성가스소화설비, 할로젠화합물소화설비, 분말소화설비 등이 있다. 이 중에 제5류 위험물에 적응성이 있는 것은 위 두 가지다.

2016년 기출문제 1회 위험물기능사

001 나트륨에 대해 답하시오.

> 가 : 물과 반응할 때 발생하는 기체의 화학식은?
> 나 : 완전연소반응식은?

답 가 : H_2, 나 : $4Na + O_2 \rightarrow 2Na_2O$

해 물과 반응하면 수소가 나온다.
($2Na + 2H_2O \rightarrow 2NaOH + H_2$),
산소와 반응하여 연소하면 **산화나트륨**이 나온다. **미정계수방정식**에 의해 풀면 위와 같은 반응식을 연소반응식을 구할 수 있다.

002 표준상태에서 질산칼륨 202g의 열분해 시 생성되는 산소는 몇 리터인가?

답 22.4L

해 $2KNO_3 \rightarrow 2KNO_2 + O_2$
질산칼륨 202g은 질산칼륨 2mol에 해당하는 질량이다. 질산칼륨 2몰이 반응 시 산소 1몰이 생성되므로, 산소 1몰의 부피는 22.4리터이다.

003 방향족 탄화수소인 BTX에 대해 답하시오.

> 가 : BTX는 무엇인지 각자 쓰시오.
> 나 : BTX 중 T의 구조식은?

답 가 : B는 벤젠, T는 톨루엔, X는 크실렌(자일렌)
나 :

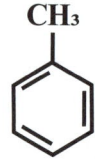

해 벤젠, 톨루엔, 자일렌(크실렌)을 BTX라 부른다.

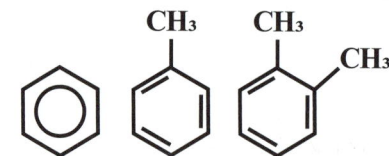

004 다음 물질의 화학식은?

> 가 : 요오드산칼륨
> 나 : 과망간산칼륨

답 가 : KIO_3, 나 : $KMnO_4$

005 왕수의 원료 물질과 배합비율은?

📝 원료물질: 염소, 질산, 배합비율: 3:1

해 염소와 질산을 3대 1로 배합하여 만든다.

006 이황화탄소 76g 완전연소 시 몇 리터의 기체가 발생하는가? (표준상태이다)

📝 67.2L

해 $CS_2 + 3O_2 \rightarrow CO_2 + 2SO_2$

이황화탄소 연소 시 이산화탄소와 이산화황이 발생한다. 미정계수방정식에 의해 계수를 구하면 위와 같다. **이황화탄소와 이산화탄소, 이산화황은 1:1:2 비율**이 된다. 즉, 이황화탄소가 1mol만큼 반응하면 이산화탄소 1mol만큼, 이산화황은 2mol만큼 발생한다는 의미이다. **이황화탄소 76g은 바로 1mol**의 분자량이므로 **이산화탄소, 이산화황은 각 1몰, 2몰** 발생하고 몰당 부피는 모두 22.4L이므로 **총 3몰이면, 67.2L**가 발생한다.

007 오황화인의 완전연소반응식은?

📝 $2P_2S_5 + 15O_2 \rightarrow 2P_2O_5 + 10SO_2$

008 제조소 또는 일반취급소에서 제4류 위험물을 지정수량의 24만 배 이상 48만 배 미만으로 취급할 경우에 다음에 답하시오.

가: 화학소방자동차
나: 자체소방대원

📝 가: 3대, 나: 15명

해

사업소의 구분	화학소방 자동차	자체소방 대원의 수
최대수량의 합이 지정수량의 **3천 배 이상 12만배 미만**인 사업소	1대	5인
최대수량의 합이 지정수량의 **12만 배 이상 24만 배 미만**인 사업소	2대	10인
최대수량의 합이 지정수량의 **24만 배 이상 48만 배 미만**인 사업소	3대	15인
최대수량의 합이 지정수량의 **48만 배 이상**인 사업소	4대	20인
옥외탱크저장소에 저장하는 제4류 위험물의 최대수량이 지정수량의 **50만배 이상**인 사업소	2대	10인

009 고체 가연물의 연소형태 4가지는?

🔲 표면연소, 분해연소, 증발연소, 자기연소

📖 표면연소:**목탄(숯), 코크스, 금속분** 등
분해연소:**석탄, 목재, 종이, 섬유, 플라스틱** 등
증발연소:**나프탈렌, 장뇌, 황(유황), 양초(파라핀), 왁스, 알코올**
자기연소:**주로 5류 위험물**(이는 물질내에 산소를 가진 자기연소 물질이다, 주로 니트로기를 가지고 있다.)

010 위험물안전관리법령상 제6류 위험물과 혼재가능한 유별은? (지정수량의 10배를 운반한다.)

🔲 제1류 위험물

📖 423 524 61

011 다음 물질의 명칭과 구조식은?

• 무색의 단맛이 나는 3가 알코올
• 제3석유류
• 분자량이 92, 비중이 1.26

🔲 가: 글리세린
나:

$$H-\underset{\underset{OH}{|}}{\overset{\overset{H}{|}}{C}}-\underset{\underset{OH}{|}}{\overset{\overset{H}{|}}{C}}-\underset{\underset{OH}{|}}{\overset{\overset{H}{|}}{C}}-H$$

📖 **3가 알코올 하면 (-OH)가 3개 있는 것** 기억해야 한다. 3석유류 중 분자량이 92인 것 계산하면 글리세린이다. **$C_3H_5(OH)_3$**

012 니트로셀룰로오스는 건조한 상태 시 폭발의 위험이 있으므로 저장 시 어떤 물질을 첨가해서 안정시킨다. 어떤 물질인가, 1가지를 쓰시오.

🔲 물 또는 알코올

📖 물, 알코올과 혼합하여 보관하면 위험성이 낮아진다.

013 위험물안전관리법령상 위험물은 지정수량의 몇 배를 1소요단위로 하는가?

🖺 10배

해

종류	내화구조	비내화구조
위험물	위험물의 지정수량×10	
제조소 및 취급소	100m²	50m²
저장소	150m²	75m²

옥외설치된 공작물은 외벽이 내화구조인 것으로 간주한다.

2회 2016년 기출문제

001 위험물안전관리법령상 시안화수소(HCN)의 운반용기 외부 표시 주의사항은?

답 화기엄금

해 시안화수소는 제4류 위험물이다.

운반용기 외부 표시 사항
가. **위험물의 품명, 위험등급, 화학명 및 수용성**(수용성 표시는 4류 위험물 중 수용성인 것에 한함)
나. **위험물의 수량**
다. 위험물에 따른 **주의사항**
- 1류
  1) 알칼리금속과산화물의 경우: **화기/충격주의, 물기엄금 및 가연물접촉주의**
  2) 그 밖의 것: **화기/충격주의, 가연물 접촉주의**
- 2류
  1) **철분, 마그네슘, 금속분: 화기주의 물기엄금**
  2) **인화성 고체: 화기엄금**
  3) 그 밖의 것: **화기주의**
- 3류
  1) **자연발화성 물질: 화기엄금 및 공기접촉엄금**
  2) **금수성물질: 물기엄금**
- 4류: **화기엄금**
- 5류: **화기엄금, 충격주의**
- 6류: **가연물접촉주의**

002 방향족 탄화수소인 BTX 중 T의 분자량은?

답 92

해 BTX는 **벤젠, 톨루엔, 자일렌(크실렌)**이다. T는 **톨루엔**이므로 $C_6H_5CH_3$의 분자량은 92g/mol이다.

003 다음 품명의 지정수량은?

가: 아염소산염류
나: 중크롬산염류
다: 요오드산염류(아이오딘산염류)

답 가: 50kg, 나: 1000kg, 다: 300kg

암기법 오염과 무아 / 삼질 요브 / 천과 중

004 나트륨과 물이 반응할 때 발생되는 물질은?

답 수소, 수산화나트륨

해 $2Na + 2H_2O \rightarrow 2NaOH + H_2$

005 제2종 분말소화기의 소화약제의 주성분의 화학식은?

답 $KHCO_3$

해

종류	성분	적응화재	열분해반응식	색상
제1종 분말	$NaHCO_3$ (탄산수소나트륨)	B, C	$2NaHCO_3$ $\rightarrow Na_2CO_3+CO_2+$ H_2O	백색
제2종 분말	$KHCO_3$ (탄산수소칼륨)	B, C	$2KHCO_3$ $\rightarrow K_2CO_3+CO_2+$ H_2O	담회색
제3종 분말	$NH_4H_2PO_4$ (제1인산암모늄)	A, B, C	$NH_4H_2PO_4$ $\rightarrow HPO_3$(메타인산) $+NH_3$(암모니아) $+H_2O$	담홍색
제4종 분말	$KHCO_3+$ $(NH_2)_2CO$ (탄산수소칼륨+ 요소)	B, C	$2KHCO_3+(NH_2)_2CO$ $\rightarrow K_2CO_3+2NH_3+$ $2CO_2$	회색

006 위험물의 저장탱크의 용량이 520L이고, 내용적이 600L일 때 탱크의 공간용적은?

답 80L

해 용량 = 내용적 - 공간용적

따라서 520 = 600 - 공간용적

007 표준상태에서 탄소 100kg을 완전연소시키면 몇 m^3의 산소가 필요한가?

답 $186.67m^3$

해 $C + O_2 \rightarrow CO_2$

탄소 원자 하나에 산소 분자 1개가 대응하여 반응한다. 같은 몰수로 반응하게 된다.

탄소 100kg은 약 8.3333kmol이 된다(100kg / (12kg/kmol)). 따라서 산소도 약 8.3333kmol이 필요하다는 의미이다. 1kmol의 부피는 $22.4m^3$이므로 8.3333kmol은 22.4 × 8.3333, 약 $186.67m^3$

008 톨루엔 400L, 아세톤 1200L, 등유 2000L를 함께 저장할 때 지정수량의 배수의 합은?

가: 계산과정
나: 정답

답 가: 지정수량은 각 200L, 400L, 1000L이므로 지정수량의 배수는 각 2, 3, 2 가 된다. 모두 합하면 7이다.
나: 7

009 고체의 연소형태 4가지는?

답 표면연소, 분해연소, 증발연소, 자기연소

010 다음 물질이 각 몇 가 알코올인지 쓰시오.

가: 에틸렌글리콜
나: 글리세린
다: 에틸알코올

답 가: 2가, 나: 3가, 다: 1가

해 몇 가인지 여부는 히드록시기(-OH)의 숫자에 의해 정해진다.
순서대로 $C_2H_4(OH)_2$, $C_3H_5(OH)_3$, C_2H_5OH이고 -OH의 숫자를 쉽게 알 수 있다.

011 다음 물질 중 물보다 비중이 큰 것은?

톨루엔, 에틸렌글리콜, 글리세린, 아세톤, 니트로벤젠

답 에틸렌글리콜, 글리세린, 니트로벤젠

해 물의 비중은 1이다. 따라서 비중이 1보다 큰 것을 고르면 된다.
순서대로 약 0.9, 1.1, 1.26, 0.79, 1.2 이다.
제4류 위험물 중 비중이 1보다 큰 것
이황화탄소, 제2석유류 중 클로로벤젠, 아세트산, 히드라진, 포름산, 제3석유류이다.
에틸렌글리콜, 글리세린, 니트로벤젠은 모두 제3석유류이다.

012
화재의 종류를 다음 표와 같이 구분할 경우, 빈칸을 채우시오.

급수	화재의 종류	표시색상
B급	가	나
다	일반화재	라
마	바	청색

답 가:유류화재, 나:황색, 다:A급,
라:백색, 마:C급:바:전기화재

해

화재급수	명칭	물질	표현색
A급 화재	일반 화재	목재, 종이, 섬유, 플라스틱, 석탄 등	백색
B급 화재	유류 화재	4류 위험물, 유류, 가스, 페인트	황색
C급 화재	전기 화재	전선, 전기기기, 발전기 등	청색
D급 화재	금속 화재	철분, 마그네슘, 알루미늄분등 금속분	무색

013
제1류 위험물로 흑색화약의 원료로 사용되고, 고온에서 열분해하여 산소를 생성하는 물질의 열분해 반응식은?

답 $2KNO_3 \rightarrow 2KNO_2 + O_2$

해 흑색화약의 원료는 질산칼륨을 의미한다.

014
위험물안전관리법령상 휘발유, 등유 경우 주유취급소 고정주유설비 또는 고정급유설비의 펌프기기의 주유관 선단에서의 최대토출량은 각각 얼마인가? (이동저장탱크 주입하는 경우는 제외)

답 휘발유:분당 50리터 이하, 등유:분당 80리터 이하

해 제1석유류는 분당 50리터 이하, 경유는 180리터 이하, 등유는 80리터 이하이여야 한다.

4회 2016년 기출문제

001 위험물안전관리법령상 압력탱크 외의 이동저장탱크에 실시하는 수압시험은 몇 kPa의 압력으로 10분간 실시해야 하는가?

답 70kPa

해 압력탱크(최대상용압력이 46.7kPa 이상인 탱크를 말한다.) 외의 탱크는 70kPa의 압력으로, 압력탱크는 최대상용압력의 1.5배의 압력으로 각각 10분간의 수압시험을 실시하여 새거나 변형되지 아니할 것

002 다음 보기에서 각 물음에 해당하는 위험물을 고르시오.

> 벤젠, 이황화탄소, 아세톤, 아세트알데히드, 아세트산
> 가 : 비수용성 물질은?
> 나 : 인화점이 가장 낮은 물질은?
> 다 : 비점이 가장 높은 물질은?

답 가 : 벤젠, 이황화탄소, 나 : 아세트알데히드, 다 : 아세트산

해 인화점은 순서대로 −11℃, −30℃, −18℃, −38℃, 40℃
비점은 순서대로 약 80℃, 46℃, 56.5℃, 21℃, 118℃

003 227g의 니트로글리세린이 완전히 폭발 분해되었을 때 몇 리터의 기체가 발생하는가? (단, 표준상태이다.)

답 162.40 리터

해 분해반응식은

$4C_3H_5(ONO_2)_3 \rightarrow 12CO_2 + 6N_2 + O_2 + 10H_2O$

니트로글리세린이 폭발 분해하면 **이산화탄소, 질소, 산소, 수증기가 나오고 모두 기체**가 된다(물도 기체가 된다. 폭발하였으므로).
이 경우, **반응 비율은 4대 12대 6대 1대 10**인데, 기체는 모두 합하면 4대 29가 되게 된다.
니트로글리세린 227g은 1mol에 해당하게 되고, 4:29 = 1:X로 구하면 기체는 7.25mol이 된다. 1mol은 22.4L이므로 곱하면 162.40L가 된다.

004 오황화인과 물의 반응 시 발생하는 유독가스는?

답 황화수소

해 $P_2S_5 + 8H_2O \rightarrow 5H_2S + 2H_3PO_4$, 인산과 황화수소가 발생하는데, 발생유독가스는 황화수소이다.

005 다음 표를 채우시오.

물질명	시성식	품명
에탄올	가	나
에틸렌글리콜	다	라
글리세린	마	바

답 가 : C_2H_5OH, 나 : 알코올류, 다 : $C_2H_4(OH)_2$,
라 : 제3석유류, 마 : $C_3H_5(OH)_3$, 바 : 제3석유류

006 수소화리튬을 약 400℃로 가열하여 분해하면 생성되는 물질 2가지의 화학식은?

답 Li, H_2

해 $2LiH \rightarrow 2Li, + H_2$

007 할로젠화합물 위험물의 지정수량은 얼마인가?

답 300kg

해 제6류 위험물의 지정수량은 모두 300kg이다.

008 다음 중 연소의 3요소가 아닌 것을 모두 고르면?

벤젠, 공기, 질소, 이산화탄소, 황, 산소, 헬륨, 성냥불

답 질소, 이산화탄소, 헬륨

해 **연소의 3요소는 가연물, 산소공급원, 점화원**이다.

산소공급원은 산소를 가진 물질이면 된다. 공기, 산소 등이 해당한다.
가연물은 탈 수 있는 많은 물질이다. 벤젠, 황 등이다.
점화원은 불꽃을 낼 수 있는 물질이다. 성냥불은 당연히 이에 해당한다.
그러나 **질소, 이산화탄소, 헬륨은 불활성기체**로 여기에 해당하지 않는다.

009 TNT의 구조식은?

답

[구조식: 중앙 벤젠고리에 CH_3 (위), O_2N (좌상), NO_2 (우상), NO_2 (하)]

해 TNT는 트리니트로톨루엔($C_6H_2(NO_2)_3CH_3$)이다.
구조식은 위와 같다.

010 무수크롬산의 열분해 반응식은?

답 $4CrO_3 \rightarrow 2Cr_2O_3 + 3O_2$

011 과산화수소를 옥외저장소에 보관하는 경우, 최대수량이 3000kg일 때 보유공지의 너비는 최소 몇 미터 이상이어야 하는가?

답 1m

해

저장 또는 취급하는 위험물의 최대수량	공지의 너비
지정수량의 10배 이하	3m 이상
지정수량의 10배 초과 20배 이하	5m 이상
지정수량의 20배 초과 50배 이하	9m 이상
지정수량의 50배 초과 200배 이하	12m 이상
지정수량의 200배 초과	15m 이상

다만, 제4류 위험물 중 **제4석유류와 제6류 위험물**을 저장 또는 취급하는 옥외저장소의 보유공지는 다음 표에 의한 **공지의 너비의 3분의 1 이상의 너비** 과산화수소는 제6류 위험물로 지정수량이 300kg이다. 3000kg인 경우 지정수량의 10배이고, 10배 이하인 경우 공지의 너비는 3m 이상이면 된다. 다만, 제6류 위험물이므로 1/3이면 된다. 따라서 1m 이상이면 된다.

012 위험물안전관리법령상의 판매취급소에 대해 빈칸을 채우시오.

> 가: 제1종 판매취급소: 저장 또는 취급하는 위험물의 수량이 지정수량의 (　　)배 이하인 판매취급소
> 나: 제2종 판매취급소: 저장 또는 취급하는 위험물의 수량이 지정수량의 (　　)배 이하인 판매취급소

답 가: 20배, 나: 40배

013 위험물안전관리법령에서 정한 탱크의 용적에 관해 빈칸을 채우시오.

> 위험물을 저장 또는 취급하는 탱크의 용량은 당해 탱크 내용적에서 공간용적을 뺀 용적으로 한다. 탱크의 공간용적은 탱크의 내용적의 100분의 (가) 이상 100분의 (나) 이하의 용적으로 한다. 다만, 소화설비(소화약제 방출구를 탱크 안에 윗부분에 설치하는 것에 한함)를 설치하는 탱크의 공간용적은 해당 소화설비의 소화약제 방출구 아래의 (다) 미터 이상 (라) 미터 미만 사이의 면으로부터 윗부분의 용적으로 한다.

답 가: 5, 나: 10, 다: 0.3, 라: 1

해
- 탱크의 공간용적은 탱크용적의 **100분의 5 이상 100분의 10 이하로 한다.**
- 소화설비를 설치한 것에 있어서는 당해 소화설비의 소화약제 **방출구로부터 0.3미터 이상 1미터 미만** 사이의 용적으로 한다.

014 위험물안전관리법령상 제4류 위험물의 품명 중 일부인 제1석유류, 제2석유류, 제3석유류, 제4석유류를 분류하는 기준은 무엇인가?

답 인화점

해 제4류 위험물의 분류 기준을 알아야 한다(1기압에서).
- 특수인화물:이황화탄소, 디에틸에테르 그밖에 **발화점 100℃ 이하 또는(or) 인화점이 -20℃ 이하이고(and) 비점 40℃ 이하**인 것
- 제1석유류:아세톤, 휘발유, 그밖에 **인화점이 21℃ 미만인 것**
- 제2석유류:등유, 경유, 그밖에 **인화점이 21℃ 이상 70℃ 미만인 것**
  (도료류 그 밖의 물품에 있어 가연성 액체량이 40 중량퍼센트 이하이고, 인화점이 섭씨 40도 이상인 동시에 연소점이 섭씨 60도 이상인 것은 제외)
- 제3석유류:중유, 클레오소트유 그밖에 **인화점이 70℃ 이상 200℃ 미만인 것**
  (도료류 그 밖의 물품에 있어 가연성 액체량이 40 중량퍼센트 이하인 것은 제외)
- 제4석유류:기어유, 실린더유 그밖에 **인화점이 200℃ 이상 250℃ 미만인 것**
  (도료류 그 밖의 물품에 있어 가연성 액체량이 40 중량퍼센트 이하인 것은 제외)
- 알코올류:알코올류 하나의 분자를 이루는 탄소 원자수가 1에서 3개까지인 포화1가 알코올류가 위험물에 해당함
- 동식물류:동물, 식물에서 추출한 것으로 인화점이 **250℃ 미만인 것**

5회 2016년 기출문제

001 질산과 황산의 혼합으로 톨루엔을 니트로화하여 제조하는 위험물은?

답 트리니트로톨루엔

해 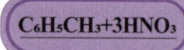 C₆H₅CH₃+3HNO₃ →(H₂SO₄) C₆H₂(NO₂)₃CH₃+3H₂O

002 피크린산의 구조식은?

답

(구조식: OH, 2,4,6-트리니트로페놀 - O₂N, NO₂, NO₂ 치환)

해 트리니트로페놀(C₆H₂(NO₂)₃OH, TNP)

003 탄산수소나트륨 소화약제의 1차 열분해 화학반응식은?

답 2NaHCO₃ → Na₂CO₃ + CO₂ + H₂O

해

종류	성분	적응화재	열분해반응식	색상
제1종 분말	NaHCO₃ (탄산수소나트륨)	B, C	2NaHCO₃ → Na₂CO₃ + CO₂ + H₂O	백색
제2종 분말	KHCO₃ (탄산수소칼륨)	B, C	2KHCO₃ → K₂CO₃ + CO₂ + H₂O	담회색
제3종 분말	NH₄H₂PO₄ (제1인산암모늄)	A, B, C	NH₄H₂PO₄ → HPO₃(메타인산) + NH₃(암모니아) + H₂O	담홍색
제4종 분말	KHCO₃ + (NH₂)₂CO (탄산수소칼륨+요소)	B, C	2KHCO₃ + (NH₂)₂CO → K₂CO₃ + 2NH₃ + 2CO₂	회색

004 할로젠화합물 소화약제 중 할론번호 1211의 화학식은?

🔑 답 CF_2ClBr

📖 해 할론넘버의 각 숫자는 순서대로 C, F, Cl, Br의 숫자를 의미한다.

005 고등교육법에서 정한 학교와 위험물 제조소는 몇 m 이상 안전거리를 두어야 하는가?

🔑 답 30m 이상

📖 해
가. **유형문화재와 지정문화재**:**50m 이상**
나. **학교, 병원, 극장 등 다수인 수용 시설(극단, 아동복지시설, 노인보호시설, 어린이집 등):30m 이상**
다. **고압가스**, 액화석유가스 또는 도시가스를 저장 또는 취급하는 시설:**20m 이상**
라. **주거용인 건축물 등:10m 이상**
마. **사용전압이 35,000V를 초과하는 특고압가공전선:5m 이상**
바. 사용전압이 7,000V 초과 35,000V 이하의 특고압가공전선:3m 이상

[암기법] 암기는 532153이고, 문학가주사사로 암기
(문학가가 주사 부리다 사망하는 이야기)

006 제4류 위험물 저장하는 이동탱크저장소에서 이동저장탱크의 내부에 몇 리터마다 3.2m 이상의 강철판 또는 이와 동등 이상의 강도 내열성 등이 있는 칸막이를 설치해야 하는가?

🔑 답 4000L

📖 해 **내부에 4,000ℓ 이하마다 3.2mm 이상의 강철판** 또는 이와 동등 이상의 강도 내열성 및 내식성이 있는 금속성의 것으로 칸막이를 설치해야 한다.

007 위험물안전관리법령상, 다음 분말소화약제는 몇 종인지 쓰시오.

> 가: 탄산수소나트륨이 주성분인 것
> 나: 인산염류가 주성분인 것
> 다: 탄산수소칼륨과 요소가 주성분인 것

답 가: 제1종, 나: 제3종, 다: 제4종

해

종류	성분	적응화재	열분해반응식	색상
제1종 분말	$NaHCO_3$ (탄산수소나트륨)	B, C	$2NaHCO_3$ → $Na_2CO_3 + CO_2 + H_2O$	백색
제2종 분말	$KHCO_3$ (탄산수소칼륨)	B, C	$2KHCO_3$ → $K_2CO_3 + CO_2 + H_2O$	담회색
제3종 분말	$NH_4H_2PO_4$ (제1인산암모늄)	A, B, C	$NH_4H_2PO_4$ → HPO_3(메타인산) $+ NH_3$(암모니아) $+ H_2O$	담홍색
제4종 분말	$KHCO_3 + (NH_2)_2CO$ (탄산수소칼륨+요소)	B, C	$2KHCO_3 + (NH_2)_2CO$ → $K_2CO_3 + 2NH_3 + 2CO_2$	회색

008 칼륨이 다음 물질과 반응할 때 화학반응식은?

> 가: 물
> 나: 에탄올

답 가: $2K + 2H_2O → 2KOH + H_2$,
나: $2K + 2C_2H_5OH → 2C_2H_5OK + H_2$

해 칼륨과 물이 만나면 수산화칼륨과 수소가 생성되고, 에탄올과 만나면 칼륨에틸라이드와 수소를 생성한다.

009 위험물안전관리법령상 제1류 위험물 중 알칼리금속과산화물의 운반용기 외부에 표시해야 하는 주의사항은?

답 화기주의, 충격주의, 물기엄금, 가연물접촉주의

해 **운반용기 외부 표시** 사항
가. **위험물의 품명, 위험등급, 화학명 및 수용성**(수용성 표시는 4류 위험물 중 수용성인 것에 한함)
나. **위험물의 수량**
다. 위험물에 따른 **주의사항**
- 1류
  1) 알칼리금속과산화물의 경우: **화기/충격주의, 물기엄금 및 가연물접촉주의**
  2) 그 밖의 것: 화기/충격주의, 가연물 접촉주의
- 2류
  1) **철분, 마그네슘, 금속분: 화기주의 물기엄금**
  2) **인화성 고체: 화기엄금**
  3) **그 밖의 것: 화기주의**
- 3류
  1) **자연발화성 물질: 화기엄금 및 공기접촉엄금**
  2) **금수성물질: 물기엄금**
- 4류: **화기엄금**
- 5류: **화기엄금, 충격주의**
- 6류: **가연물접촉주의**

010 다음 각 위험물의 지정수량은?

가: K_2O_2
나: $KClO_3$
다: CrO_3

답 가: 50kg, 나: 50kg, 다: 300kg

해 과산화칼륨, 염소산칼륨, 무수크롬산이며, 무수크롬산의 경우 그 밖에 행안부령으로 정하는 제1류 위험물이다. 지정수량 암기 필요하다.

011 제6류 위험물 중 다음 위험물의 화학식은?

분자량이 100.5, 비중이 1.76, 증기비중이 3.5

답 $HClO_4$

해 몇 개 안 되는 제6류 위험물의 분자량을 구해보면 된다. $1 \times 35.5 + 16 \times 4 = 100.5$이다.
분자량이 뒤에 .5가 있다는 뜻은 Cl이 들어가 있음을 추측해 볼 수 있다.

012 다음 소화설비 중에서 제6류 위험물에 적응성이 있는 것은?

> 가. 옥내소화전설비
> 나. 불활성가스소화설비,
> 다. 할로젠화합물소화설비,
> 라. 탄산수소염류 등의 분말소화설비
> 마. 포소화설비

답 가, 마

해 소화설비의 구분 표 참조 123page

013 위험물안전관리법상 간이저장탱크의 용량은 몇 리터 이하여야 하는가?

답 600L

해
- 간이저장탱크는 **그 수를 3 이하로 하고**, 동일한 품질의 위험물의 간이저장탱크를 2 이상 설치하지 아니하여야 한다.
- **두께 3.2㎜ 이상의 강판**으로 흠이 없도록 제작하여야 하며, **70㎪의 압력으로 10분간의 수압시험**을 실시하여 새거나 변형되지 아니하여야 한다.
- 간이저장탱크의 **용량은 600ℓ 이하이여야 한다.**

014 2몰의 염소산칼륨이 열분해 하는 경우, 생성되는 산소는 몇 g인가?

답 96g

해 $2KClO_3 \rightarrow 2KCl + 3O_2$

2몰의 염소산칼륨이 열분해 하면 산소는 3몰이 나온다. 산소 1몰의 분자량은 32이므로 3몰은 96g이 된다.

해 소화설비의 구분

소화설비의 구분			대상물 구분										
			건축물 그밖의 공작물	전기 설비	제1류위험물		제2류위험물			제3류위험물		제4류 위험물	제5류 위험물	제6류 위험물
					알칼리금속 과산화물 등	그밖의 것	철분, 마그네슘 금속분 등	인화성 고체	그밖의 것	금수성 물품	그밖의 것			
옥내/옥외소화전설비			○			○		○	○		○		○	○
스프링클러설비			○			○		○	○		○	△	○	○
물분무등소화설비	물분무소화설비		○	○		○		○	○		○	○	○	○
	포소화설비		○			○		○	○		○	○	○	○
	불활성가스소화설비			○				○				○		
	할로젠화합물소화설비			○				○				○		
	분말소화설비	인산염류 등	○	○		○		○	○			○		○
		탄산수소염류 등		○	○		○	○		○		○		
		그 밖의 것			○		○			○				
대형/소형수동식소화기	봉상수소화기		○			○		○	○		○		○	○
	무상수소화기		○	○		○		○	○		○		○	○
	봉상강화액소화기		○			○		○	○		○		○	○
	무상강화액소화기		○	○		○		○	○		○	○	○	○
	포소화기		○			○		○	○		○	○	○	○
	이산화탄소소화기			○				○				○		△
	할로젠화합물소화기			○				○				○		
	분말소화기	인산염류소화기	○	○		○		○	○			○		○
		탄산수소염류소화기		○	○		○	○		○		○		
		그 밖의 것			○		○			○				
기타	물통 또는 수조		○			○		○	○		○		○	○
	건조사				○	○	○	○	○	○	○	○	○	○
	팽창질석/팽창진주암				○	○	○	○	○	○	○	○	○	○

001 아연분에 대해 답하시오.

가: 공기 중 수분에 의한 화학반응식은?
나: 염산과 반응 시 발생기체는?

답 가: $Zn + 2H_2O \rightarrow Zn(OH)_2 + H_2$, 나: 수소

해 금속인 아연은 물과 반응 시 수산화 물질인 수산화아연과 수소를 발생시킨다.
염산과 반응 시 염화아연과 수소가 발생된다.
$Zn + 2HCl \rightarrow ZnCl_2 + H_2$

002 과산화나트륨과 이산화탄소가 반응할 때, 과산화나트륨과 물이 반응할 때 공통으로 생성되는 물질의 화학식은?

답 O_2

해 알칼리금속의 과산화물은 물과 반응하면 산소를 발생시킨다.
$2Na_2O_2 + 2H_2O \rightarrow 4NaOH + O_2$
이산화탄소와 반응 시, 탄산나트륨과 산소가 나온다.
$2Na_2O_2 + 2CO_2 \rightarrow 2Na_2CO_3 + O_2$

003 다음 물질의 화학식은?

가: 에틸렌글리콜
나: 초산메틸
다: 피리딘

답 가: $C_2H_4(OH)_2$, 나: CH_3COOCH_3, 다: C_5H_5N

004 위험물안전관리법령상 "위험물제조소"의 표지 설치시의 기준에 대해 답하시오.

가: 표지의 크기 기준은?
나: 표지의 바탕과 문자의 색은?

답 가: 한변의 길이가 0.3m, 다른 한변의 길이가 0.6m 이상인 직사각형
나: 바탕은 백색, 문자는 흑색

005 위험물안전관리법령상 제5류 위험물 운반용기 외부에 표시해야 하는 주의사항은?

답 화기엄금, 충격주의

해 **운반용기 외부 표시** 사항
가. **위험물의 품명, 위험등급, 화학명 및 수용성**(수용성 표시는 4류 위험물 중 수용성인 것에 한함)
나. **위험물의 수량**
다. 위험물에 따른 **주의사항**
- 1류
  1) 알칼리금속과산화물의 경우:**화기/충격주의, 물기엄금 및 가연물접촉주의**
  2) 그 밖의 것:화기/충격주의, 가연물 접촉주의
- 2류
  1) **철분, 마그네슘, 금속분:화기주의 물기엄금**
  2) **인화성 고체:화기엄금**
  3) **그 밖의 것:화기주의**
- 3류
  1) **자연발화성 물질:화기엄금 및 공기접촉엄금**
  2) **금수성물질:물기엄금**
- 4류:**화기엄금**
- 5류:**화기엄금, 충격주의**
- 6류:**가연물접촉주의**

006 위험물안전관리법령상 이동탱크저장소의 탱크 강철판의 두께는 몇 mm 이상이어야 하는가?

답 3.2mm

해 3.2mm 이상의 강철판이어야 한다. 칸막이도 같은 두께이다.

007 이황화탄소의 완전연소반응식은?

답 $CS_2 + 3O_2 \rightarrow CO_2 + 2SO_2$

008 탄소 100kg의 완전연소 시 공기는 몇 m^3가 필요한가? (단, 표준상태이고, 공기는 질소 79vol%, 산소 21vol%로 이루어져 있다.)

답 $888.89m^3$

해 탄소의 연소식은? $C + O_2 \rightarrow CO_2$
탄소와 산소는 같은 몰수로 반응한다(즉, 1:1로 반응한다.). **탄소 12kg은 1k몰이므로 100kg의 몰수는 8.3333kmol**이 된다. 산소의 몰수도 같은 몰수이므로 **8.3333kmol**이 된다. 이것의 부피는 1kmol이 $22.4m^3$이므로 $22.4 \times 8.3333 = 186.6667m^3$가 된다. 산소는 공기 중에 21%의 부피로 존재하므로 $21:100 = 186.6667:X$(필요한 공기) 라는 식을 세울 수 있고, 계산하면 약 $888.8890m^3$ 가 된다.

009 제4류 위험물 중 위험등급Ⅰ, 위험등급Ⅱ에 해당하는 품명을 각 쓰시오.

답 위험등급Ⅰ은 특수인화물, 위험등급Ⅱ는 제1석유류, 알코올류

해 그 외 제2, 3, 4, 위험물, 동식물류는 모두 Ⅲ등급이다.

010 다음 분말소화약제의 주성분은?

> 가. 제1종 분말소화약제
> 나. 제2종 분말소화약제
> 다. 제3종 분말소화약제

답 제1종 : $NaHCO_3$, 제2종 : $KHCO_3$,
　제3종 : $NH_4H_2PO_4$

해

종류	성분	적응화재	열분해반응식	색상
제1종 분말	$NaHCO_3$ (탄산수소나트륨)	B, C	$2NaHCO_3$ $\rightarrow Na_2CO_3 + CO_2 + H_2O$	백색
제2종 분말	$KHCO_3$ (탄산수소칼륨)	B, C	$2KHCO_3$ $\rightarrow K_2CO_3 + CO_2 + H_2O$	담회색
제3종 분말	$NH_4H_2PO_4$ (제1인산암모늄)	A, B, C	$NH_4H_2PO_4$ $\rightarrow HPO_3$(메타인산) $+NH_3$(암모니아) $+H_2O$	담홍색
제4종 분말	$KHCO_3 + (NH_2)_2CO$ (탄산수소칼륨+요소)	B, C	$2KHCO_3 + (NH_2)_2CO$ $\rightarrow K_2CO_3 + 2NH_3 + 2CO_2$	회색

011 나트륨과 에틸알코올이 반응하여 수소를 발생시키는 화학반응식은?

답 $2Na + 2C_2H_5OH \rightarrow 2C_2H_5ONa + H_2$

해 나트륨과 에틸알코올의 반응 시 나트륨에틸라이드와 수소를 생성시킨다.

012 탄화칼슘 1mol과 물 2mol이 반응할 때 생성되는 기체와 그 기체의 표준상태에서의 부피(L)를 쓰시오.

답 아세틸렌, 22.4L

해 $CaC_2 + 2H_2O \rightarrow Ca(OH)_2 + C_2H_2$, 반응식은 이와 같다. 발생되는 기체 아세틸렌도 1mol이므로 기체 1mol의 표준상태에서 부피는 22.4L가 된다.

013 위험물안전관리법령상 위험물은 지정수량의 몇배가 1소요단위가 되는가?

답 10배

해

종류	내화구조	비내화구조
위험물	위험물의 지정수량×10	
제조소 및 취급소	100m²	50 m²
저장소	150 m²	75 m²

옥외설치된 공작물은 외벽이 내화구조인 것으로 간주한다.

2회 2017년 기출문제

위험물기능사

001 제5류 위험물제조소의 주의사항 게시판에 대해 답하시오.

> 가. 게시판의 바탕색은?
> 나. 게시판의 문자색은?
> 다. 표시해야 하는 주의사항은?

답 가: 적색, 나: 백색, 다: 화기엄금

해 제조소의 게시판에 게시할 내용
  ⅰ) 1류 알칼리금속의 과산화물: 물기엄금
      그 밖에: 없음
  ⅱ) 2류 인화성 고체: 화기엄금
      철분, 마그네슘, 금속분 및 그 밖에: 화기주의
  ⅲ) 3류 자연발화성 물질: 화기엄금
      금수성물질: 물기엄금
  ⅳ) 4류: 화기엄금
  ⅴ) 5류: 화기엄금
  ⅵ) 6류: 없음

  암기법 물기엄금은 알칼리금속과산화물과 금수성 물질 두 가지
  화기주의는 2류 중 인화성 고체를 제외한 물질 없음은 1류 중 알칼리금속과산화물 그 외의 물질과 6류
  나머지는 모두 화기엄금이다.

운반용기 외부 표시사항은 일단 게시판 내용이 그대로 있고 거기에 내용이 추가된다고 생각하여 암기한다. 주요 게시판 색상은 다음과 같다.

종류	바탕	문자
화기엄금	적색	백색
물기엄금	청색	백색
주유중엔진정지	황색	흑색
위험물제조소 등	백색	흑색
위험물	흑색	황색반사도료

002 다음 위험물의 지정수량은?

> 가: $C_2H_5OC_2H_5$
> 나: $(CH_3)_2CHOH$
> 다: 동식물류

답 가: 50L, 나: 400L, 다: 10000L

해 모두 제4류 위험물로 특수인화물인 디에틸에테르, 알코올류인 이소프로필알코올, 동식물류이다. 이소프로필알코올도 알코올류이므로 지정수량은 400L이다.

003 과산화나트륨이 물과 반응 하는 경우 산소를 발생시키는 화학반응식은?

답 $2Na_2O_2 + 2H_2O \rightarrow 4NaOH + O_2$

004 제3류 위험물 중 위험등급이 Ⅲ등급인 물질의 지정수량은?

답 300kg

암기법 **암기 공식 십알칼알나 이황 / (5)알알유 / (3)금 금탄규,**
금속수소화합물, 금속인화합물 등 지정수량이 300kg이다.

005 위험물안전관련법령상 지하저장탱크를 2개 이상 인접하게 설치할 경우, 그 상호간의 간격은? (지정수량의 합계가 100배를 초과하는 경우)

답 1m 이상

해 만약 지정수량의 합계가 100배 미만일 경우 0.5 이상이다.

006 위험물안전관리법령상 다음 물질의 품명은?

가. 아세트알데히드
나. 아닐린
다. 톨루엔

답 가:특수인화물, 나:제3석유류, 다:제1석유류

007 다음에서 질산에스테류에 속하는 물질을 모두 고르면?

트리니트로톨루엔, 니트로셀룰로오스, 니트로글리세린, 테트릴, 질산메틸, 피크린산

답 **니트로셀룰로오스, 니트로글리세린, 질산메틸**

해 **나머지는 모두 니트로화합물(나이트로화합물)이다. 구분해서 명확히 기억한다.**

008 과산화수소 1200kg, 질산 600kg, 과염소산 900kg을 같은 장소에 저장할 경우, 각 위험물의 지정수량 배수의 합은?

답 9배

해 과산화수소의 지정수량은 300kg, 질산은 300kg, 과염소산은 300kg **모두 제6류 위험물로 지정수량이 300kg이다.** 배수는 각 4배, 2배, 3배이고 합하면 9배이다.

009 적린의 연소 시 발생하는 흰 연기의 화학식은?

답 P_2O_5

해 $4P + 5O_2 \rightarrow 2P_2O_5$

010 다음 설명 중 과염소산에 대한 설명으로 옳은 것은?

> 가. 분자량은 약 78이다.
> 나. 분자량은 약 63이다.
> 다. 무색의 액체이다.
> 라. 푸른색의 액체이다.
> 마. 농도가 36wt% 이상일 때 위험물에 해당한다.
> 바. 가열분해 시 HCl가스를 발생시킨다.

답 다, 바

해 $HClO_4$로 분자량은 $1 + 35.5 + 16 \times 4 = 100.5$, 가열분해반응식은 $HClO_4 \rightarrow HCl + 2O_2$

011 알루미늄 분말이 고온의 물과 반응하여 수소를 발생시키는 화학반응식은?

답 $2Al + 6H_2O \rightarrow 2Al(OH)_3 + 3H_2$

해 알루미늄 분말은 물과 반응하면 수산화물질인 수산화알루미늄과 수소를 발생시킨다.

012 ABC 분말 소화약제의 열분해 반응식은?

답 $NH_4H_2PO_4 \rightarrow HPO_3 + NH_3 + H_2O$

해 ABC는 3종 분말이다.

종류	성분	적응화재	열분해반응식	색상
제1종 분말	$NaHCO_3$ (탄산수소나트륨)	B, C	$2NaHCO_3 \rightarrow Na_2CO_3 + CO_2 + H_2O$	백색
제2종 분말	$KHCO_3$ (탄산수소칼륨)	B, C	$2KHCO_3 \rightarrow K_2CO_3 + CO_2 + H_2O$	담회색
제3종 분말	$NH_4H_2PO_4$ (제1인산암모늄)	A, B, C	$NH_4H_2PO_4 \rightarrow HPO_3$(메타인산)$+ NH_3$(암모니아)$+ H_2O$	담홍색
제4종 분말	$KHCO_3 + (NH_2)_2CO$ (탄산수소칼륨+요소)	B, C	$2KHCO_3 + (NH_2)_2CO \rightarrow K_2CO_3 + 2NH_3 + 2CO_2$	회색

013 톨루엔을 진한 질산과 진한 황산으로 니트로화 시키면 탈수되어 무엇이 만들어지는가?

답 트리니트로톨루엔

해

$C_6H_5CH_3 + 3HNO_3 \xrightarrow{H_2SO_4} C_6H_2(NO_2)_3CH_3 + 3H_2O$

3회 2017년 기출문제

001 위험물안전관리법령상 제4류 위험물 중 이동탱크저장소에 대해 접지도선을 설치해야 하는 위험물의 품명은?

답 특수인화물, 제1류석유류, 제2석유류

해 제4류 위험물인 경우 특수인화물, 제1류석유류, 제2석유류에는 접지도선을 해야 한다.

002 옥내소화전설비 설치기준에 대해 답하시오.

> 옥내소화전은 제조소 등의 건축물의 층마다 해당 층의 각 부분에서 하나의 호스접속구까지의 수평거리가 (가)m 이하가 되도록 설치할 것. 이 경우 옥내소화전은 각 층의 출입구 부근에 (나)개 이상 설치해야 한다.

답 가:25, 나:1

003 아세트알데히드 등의 저장기준에 대해 빈칸을 채우시오.

> 가. 보냉장치가 있는 이동저장탱크에 저장하는 아세트알데히드 등의 온도는 해당 위험물의 ( ) 이하로 유지할 것
> 나. 보냉장치가 없는 이동저장탱크에 저장하는 아세트알데히드 등의 온도는 ( )℃ 이하로 유지할 것

답 가:비점, 나:40

004 수소화나트륨이 습한 공기 중에서 물과 반응하여 수소를 발생시키는 반응식은?

답 $NaH + H_2O \rightarrow NaOH + H_2$

005 제6류 위험물의 옥내탱크저장소의 기준에 대해 답하시오.

> 가. 옥내저장탱크와 탱크전용실의 벽과의 사이 및 옥내저장탱크 상호간에는 몇 m 이상의 간격을 유지해야 하는가? (탱크의 점검 및 보수에 지정이 없는 경우는 제외한다.)
> 나. 옥내저장탱크의 용량은 지정수량의 몇 배 이하여야 하는가?

답 가: 0.5m, 나: 40배 이하

006 다음의 물질 중 위험물안전관리법령상 제1석유류에 해당하는 것을 모두 고르면?

> 아세트산, 포름산, 아세톤, 클로로벤젠, 에틸벤젠, 경유

답 아세톤, 에틸벤젠

해 1석유류는 일 **이(200L)휘벤에메톨 / 사(400L)시아피** 나머지는 모두 제2석유류이다.

007 황 32g을 완전연소시킬 경우 27℃에서 몇 L의 SO_2가 생성되는가? 계산과정과 답을 쓰시오.

답 계산과정: **연소식은 $S + O_2 \rightarrow SO_2$**
답: 24.6L

해 황의 분자량은 32g/mol 이므로 32g은 1mol에 해당하고, **황과 이산화황의 대응 비는 1:1** 이므로 발생하는 이산화황도 1mol에 해당한다.
이상기체방정식에 의해 구하면 온도가 27℃이므로 K는 300이 된다. **1mol의 이산화황의 부피**를 구하면 된다.
공식은, $PV = \frac{W}{M} RT$ 이고, $\frac{W}{M}$ 은 몰수이므로 문제에서는 1mol에 해당한다.
계산하면 $V = 1 \times 0.082 \times 300 / 1$ 따라서, 24.6L가 된다.

008 벤젠에 대해 다음 물음에 답하시오.

> 가: 증기비중은? (계산식과 답을 쓰시오)
> 나: 완전연소반응식은?
> 다: 지정수량은?

답 가: **벤젠은 C_6H_6이고 분자량은 78이 된다.** 증기 비중은 29로 나누어서 구하므로 78/29 = 2.69
나: $2C_6H_6 + 15O_2 \rightarrow 12CO_2 + 6H_2O$
다: 200L

009 다음 Halon 번호의 화학식은?

> 가 : Halon2402
> 나 : Halon1211

답 가 : $C_2F_4Br_2$, 나 : CF_2ClBr

해 할론넘버의 각 숫자는 **순서대로 C, F, Cl, Br의 숫자**를 의미한다.

할론넘버	분자식	방사압력	소화기	소화효과	독성
1301	CF_3Br	0.9MPa	MTB 또는 BTM	▲ 좋음	▼ 강함
1211	CF_2ClBr	0.2MPa	**BCF**		
2402	$C_2F_4Br_2$	0.1MPa			
1011	CH_2ClBr				
104	CCl_4				

할론 1301은 **오존층을 가장 많이 파괴**하나, **소화효과가 가장 좋고, 독성이 가장 낮다, 공기보다 무겁다** (브롬의 원자량은 80이다.). 추가로 CH_3Br는 1001이다.

할론 104는 사염화탄소를 가지며, **포스겐가스($COCl_2$)를 발생시켜 환경을 오염**시키므로 사용하면 안 된다.

010 위험물 안전관리법령상 제4류 위험물과 같이 적재해서 운반가능한 위험물은? (단, 지정수량 10인 경우이다.)

답 제2류, 제3류, 제5류 위험물

해 423, 524, 61

011 다음 분말소화약제의 주성분은?

> 가 : 제1종
> 나 : 제2종
> 다 : 제3종

답 가 : 탄산수소나트륨, 나 : 탄산수소칼륨, 다 : 인산암모늄

해

종류	성분	적응화재	열분해반응식	색상
제1종 분말	$NaHCO_3$ (탄산수소나트륨)	B, C	$2NaHCO_3$ $\rightarrow Na_2CO_3 + CO_2 + H_2O$	백색
제2종 분말	$KHCO_3$ (탄산수소칼륨)	B, C	$2KHCO_3$ $\rightarrow K_2CO_3 + CO_2 + H_2O$	담회색
제3종 분말	$NH_4H_2PO_4$ (제1인산암모늄)	A, B, C	$NH_4H_2PO_4$ $\rightarrow HPO_3$(메타인산) $+ NH_3$(암모니아) $+ H_2O$	담홍색
제4종 분말	$KHCO_3 + (NH_2)_2CO$ (탄산수소칼륨+요소)	B, C	$2KHCO_3 + (NH_2)_2CO$ $\rightarrow K_2CO_3 + 2NH_3 + 2CO_2$	회색

012 다음 물질의 시성식은?

> 가 : 포름산메틸
> 나 : 메틸에틸케톤
> 다 : 톨루엔

답 가 : $HCOOCH_3$, 나 : $CH_3COC_2H_5$, 다 : $C_6H_5CH_3$

해 시성식은 물질의 특성을 알 수 있도록 표현한 것이다. 작용기 등을 별도로 표시해서 쓰는 것이다.

013 제6류 위험물의 운반용기 외부에 표시해야 하는 주의사항은?

답 가연물접촉주의

해 운반용기 외부 표시 사항
  가. **위험물의 품명, 위험등급, 화학명 및 수용성**(수용성 표시는 4류 위험물 중 수용성인 것에 한함)
  나. **위험물의 수량**
  다. 위험물에 따른 **주의사항**
  • 1류
   1) 알칼리금속과산화물의 경우 : **화기/충격주의, 물기엄금 및 가연물접촉주의**
   2) 그 밖의 것 : 화기/충격주의, 가연물 접촉주의
  • 2류
   1) **철분, 마그네슘, 금속분 : 화기주의 물기엄금**
   2) **인화성 고체 : 화기엄금**
   3) **그 밖의 것 : 화기주의**
  • 3류
   1) **자연발화성 물질 : 화기엄금 및 공기접촉엄금**
   2) **금수성물질 : 물기엄금**
  • 4류 : **화기엄금**
  • 5류 : **화기엄금, 충격주의**
  • 6류 : **가연물접촉주의**

4회 2017년 기출문제

001 위험물제조소의 옥외에 용량이 500L와 200L인 액체위험물(이황화탄소 제외)를 취급하는 탱크가 2기 있는 경우, 2기의 탱크 주위에 하나의 방유제를 설치하는 경우 그 용량은?

답 270L 이상

해 제조소 옥외에 있는 위험물저장탱크의 경우
- 탱크가 1개 때: 탱크용량의 50%
- 탱크가 2개 이상일 때: 최대 탱크 용량의 50% + 나머지 탱크 용량 합계의 10%

따라서 500L의 50%인 250L에 기타 용량의 10%인 20L를 합하면 270L가 된다.

002 다음에서 설명하는 위험물의 완전연소 반응식은?

- 은백색의 광택이 있는 경금속이다.
- 칼로 잘리는 무른 금속이다.
- 원자량은 39, 비중은 약 0.86이다.

답 $4K + O_2 \rightarrow 2K_2O$

해 칼륨이 연소되면 산화칼륨이 된다.

003 경유 600L, 중유 200L, 등유 300L, 톨루엔 400L를 보관하는 경우, 위험물안전관리법령상 각 위험물의 지정수량의 배수의 합은?

답 3배

해 지정수량은 순서대로 1000L, 2000L 1000L, 200L이다. 배수는 각 0.6, 0.1, 0.3, 2이다. 합하면 3이다.

004 트리에틸알루미늄이 물과 접촉하는 경우 발생하는 가연성 가스의 화학식은?

답 C_2H_6

해 트리에틸알루미늄이 물과 만나면 수산화알루미늄과 에탄이 발생한다.

$(C_2H_5)_3Al + 3H_2O \rightarrow Al(OH)_3 + 3C_2H_6$

005 불활성가스 소화약제 IG-541의 구성성분 3가지는?

답 질산, 아르곤, 이산화탄소

해 IG-541는 질소, 아르곤 이산화탄소가 52:40:8 비율로 섞인 기체이다. 질알탄으로 암기한다.

006 나프탈렌, 석탄, 금속분의 연소형태를 아래에서 각 고르시오.

표면연소, 분해연소, 증발연소, 자기연소, 예혼합연소, 확산연소

답 나프탈렌:증발연소, 석탄:분해연소, 금속분:표면연소

해 표면연소:목탄(숯), 코크스, 금속분 등
분해연소:석탄, 목재, 종이, 섬유, 플라스틱 등
증발연소:나프탈렌, 장뇌, 황(유황), 양초(파라핀), 왁스, 알코올
자기연소:주로 5류 위험물(이는 물질내에 산소를 가진 자기연소 물질이다, 주로 니트로기를 가지고 있다.)
참고로, 액체의 경우 증발연소가 가능하고, 예혼합연소는 기체의 연소이다.

007 다음 위험물 중 비수용성인 것은?

에틸알코올, 이황화탄소, 아세트알데히드, 벤젠, 아세트산

답 이황화탄소, 벤젠

해 나머지는 모두 수용성이다. 이황화탄소, 벤젠, 톨루엔 등은 대표적인 비수용성 물질이다.

008 물분무소화시설의 설치 기준에 대한 설명이다. 괄호를 채우시오

가:방호대상물의 표면적이 150m²인 경우 물분무소화시설의 방사구역은 (   )m² 이상으로 할 것
나:수원의 수량은 분무헤드가 가장 많이 설치된 방사구역의 모든 분무헤드를 동시에 사용할 경우 당해 방사구역의 표면적 1m²당 1분당 (   )L의 비율로 계산한 양으로 (   )분간 방사할 수 있는 양이 되도록 설치할 것

답 가:150, 나:20, 30

009 지정수량의 5배 이상의 위험물을 운송할 경우 제6류 위험물과 혼재할 수 없는 위험물은?

답 제2류, 제3류, 제4류, 제5류 위험물

해 423, 524, 61, 6류는 1류와만 혼재가 가능하다.

010 동식물류를 요오드값에 따라 분류할 경우, 야자유와 같이 요오드값이 100 이하인 것을 무엇이라 하는가?

답 불건성유

해 건성유(요오드값 130 이상), 반건성유(요오드값 100 ~ 130), 불건성유(요오드값 100이하)

011 제4류 위험물 중 특수인화물인 $C_2H_5OC_2H_5$의 위험도는? (연소범위는 1.9 ~ 48%)

답 24.26

해 디에틸에테르 위험도는 (H – L)/L로 구한다(H는 상한, L은 하한). 상한과 하한의 차이가 클수록 위험하다. (48 - 1.9) / 1.9

012 벤젠의 수소원자 1개를 메틸기로 치환하면 생성되는 물질에 대해 답하시오.

| 가 : 물질명 |
| 나 : 지정수량 |

답 가 : 톨루엔, 나 : 200L

해 벤젠 C_6H_6에서 H가 하나 빠지고, 메틸기 CH_3가 붙은 물질은 톨루엔 $C_6H_5CH_3$이다.

013 분말소화약제 $NH_4H_2PO_4$ 115g이 열분해하는 경우 HPO_3가 발생하는 열분해반응식을 쓰고, 몇 g의 HPO_3가 발생하는지 쓰시오.

답 $NH_4H_2PO_4 \rightarrow HPO_3 + NH_3 + H_2O$, 80g

해 $NH_4H_2PO_4 \rightarrow HPO_3 + NH_3 + H_2O$

인산암모늄과 메타인산은 몰 수 1:1로 반응한다. 인산암모늄의 115g은 1몰에 해당하므로 메타인산도 1몰만큼 발생한다. 메타인산 1몰의 질량은 80g에 해당한다. (1 + 31 + 16 × 3)

014 다음 위험물의 시성식은?

가. 에틸렌글리콜

나. 니트로벤젠

다. 아닐린

답 가 : $C_2H_4(OH)_2$, 나 : $C_6H_5NO_2$, 다 : $C_6H_5NH_2$

2018년 기출문제 1회

001 위험물안전관리법령상 고체 위험물과 액체 위험물의 운반용기의 수납률은 내용적의 몇 %이하여야 하는가?

🖹 **고체 위험물 : 95% 이하, 액체위험물 : 98% 이하**

002 위험물제조소 옥외에 있는 가솔린 취급탱크 2기 주위에 하나의 방유제를 설치하는 경우 방유제의 용량은? (탱크 용량은 각 200m³, 100m³이다.)

🖹 계산과정 : 200×0.5 + 100×0.1
　110L이상

해 **제조소 옥외에 있는 위험물저장탱크**의 경우
　• **탱크가 1개 때 : 탱크용량의 50%**
　• **탱크가 2개 이상일 때 : 최대 탱크 용량의 50% + 나머지 탱크 용량 합계의 10%**

003 과산화수소를 수납한 경우 운반용기 외부에 표시해야 하는 주의사항은?

🖹 가연물접촉주의

해 **운반용기 외부 표시** 사항
　가. **위험물의 품명, 위험등급, 화학명 및 수용성**(수용성 표시는 4류 위험물 중 수용성인 것에 한함)
　나. **위험물의 수량**
　다. 위험물에 따른 **주의사항**
　• 1류
　　1) 알칼리금속과산화물의 경우 : **화기/충격주의, 물기엄금 및 가연물접촉주의**
　　2) 그 밖의 것 : 화기/충격주의, 가연물 접촉주의
　• 2류
　　1) **철분, 마그네슘, 금속분 : 화기주의 물기엄금**
　　2) **인화성 고체 : 화기엄금**
　　3) **그 밖의 것 : 화기주의**
　• 3류
　　1) **자연발화성 물질 : 화기엄금 및 공기접촉엄금**
　　2) **금수성물질 : 물기엄금**
　• 4류 : **화기엄금**
　• 5류 : **화기엄금, 충격주의**
　• 6류 : **가연물접촉주의**
　과산화수소는 제6류 위험물이다.

004 위험물 운반 시 제6류 위험물과 혼재 가능한 위험물은?

📋 제1류 위험물

📖 423 524 61

005 다음 구조식을 가진 위험물의 품명과 지정수량은?

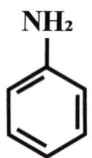

📋 제3석유류, 2000L

📖 위와 같은 구조식을 가진 물질은 아닐린이다.

006 다음 위험물에 대해 빈칸을 채우시오.

화학식	명칭	지정수량(kg)
NH_4ClO_4	가	나
$KMnO_4$	다	라
$K_2Cr_2O_7$	마	바

📋 가 : 과염소산암모늄, 나 : 50kg, 다 : 과망간산칼륨, 라 : 1000kg, 마 : 중크롬산칼륨, 바 : 1000kg

007 위험물안전관리법령에 따라 탱크시험자가 갖추어야 하는 가 : 필수장비와 나 : 필요한 경우에 두는 장비를 각각 두 가지 적으시오.

📋 가 : 자기탐상시험기, 초음파두께측정기와 영상초음파시험기, 방사선투과시험기 및 초음파시험기 중 하나
나 : 진공능력 53kPa 이상의 진공누설시험기, 기밀시험장치, 수직/수평도 측정기 중 2개

📖 탱크시험자가 갖추어야 할 장비
가 : 필수장비 : 자기탐상시험기, 초음파두께측정기 및 다음 중 하나
 1) 영상초음파시험기
 2) 방사선투과시험기 및 초음파시험기
나 : 필요한 경우에 두는 장비
 1) 충/수압시험, 진공시험, 기밀시험 또는 내압시험의 경우
  • 진공능력 53kPa 이상의 진공누설시험기
  • 기밀시험장치
 2) 수직/수평도 시험의 경우 : 수직/수평도 측정기

008 위험물안전관리법령상 이동탱크저장소의 방파판은 몇 mm 이상의 강철판이어야 하는가?

답 1.6mm

해 방파판은 1.6mm, 탱크 강철판, 칸막이는 3.2mm

---

009 다음에서 각 설명하는 제6류 위험물의 물질명과 화학식은?

> 가 : 피부접촉 시 크산토프로테인 반응이 일어난다.
> 나 : 가열 시 폭발우려가 있고 물과 반응하면 발열하며, 증기비중은 약 3.47이다.

답 가 : 질산, HNO_3, 나 : 과염소산, $HClO_4$

해 가 : 질산 화학식 : HNO_3, 분자량 : 63,
나 : 과염소산 화학식 : $HClO_4$, 분자량 : 100.5
질산은 크산토프로테인 반응을 떠올려야 한다.
제6류 위험물 중 증기비중이 약 3.47이 되는 것은 과염소산이다. 100.5/29

---

010 다음 할로겐 소화약제의 화학식은?

> 가 : Halon 1011
> 나 : Halon 1211

답 가 : CH_2ClBr, 나 : CF_2ClBr

해 할론넘버의 각 숫자는 순서대로 C, F, Cl, Br의 숫자를 의미한다.

할론 넘버	분자식	방사압력	소화기	소화효과	독성
1301	CF_3Br	0.9MPa	MTB 또는 BTM	▲ 좋음	▼ 강함
1211	CF_2ClBr	0.2MPa	BCF		
2402	$C_2F_4Br_2$	0.1MPa			
1011	CH_2ClBr				
104	CCl_4				

추가로 CH_3Br는 1001이다.

---

011 제1류 위험물인 질산칼륨 1mol의 질소함량은 몇 wt%인가?

답 13.86wt%

해 질소함량은 전체 질산칼륨의 분자량에서 질소의 함량을 구하면 된다.
질산칼륨 KNO_3의 분자량을 구하면 된다. K의 원자량은 39(원자번호 19이므로 2배하여 1을 더하면 된다), N의 원자량은 14, O의 원자량의 합은 16 × 3 모두 합해 구하면 101이다.
14/101 × 100 계산하면 된다.

012 다음에서 금속나트륨과 금속칼륨의 공통적인 성질을 고르면?

> 가. 무른 금속이다.
> 나. 알코올과 반응하여 수소를 발생시킨다.
> 다. 물과 반응하여 불연성기체를 발생시킨다.
> 라. 흑색의 고체이다.
> 마. 보호액속에 보관한다.

답 가, 나, 마

해 둘다 은백색의 무른금속이다. 물과 알코올과 반응식 수소를 발생시킨다. 수소는 불연성기체가 아니다. 이와 같이 물과 반응하면 폭발의 위험이 있으므로 석유 등에 습윤한다.

013 다음에서 설명하는 위험물은?

> • 분자량이 약 104.2이고, 지정수량이 1000L인 제2석유류이다.
> • 비점은 약 146℃이고 인화점은 약 32℃이다.
> • 에틸벤젠을 탈수소화 하여 얻을 수 있다.

답 스티렌

해 $C_6H_5CHCH_2$

014 분말 소화기 ABC의 열분해 반응식은?

답 $NH_4H_2PO_4 \rightarrow HPO_3 + NH_3 + H_2O$

해

종류	성분	적응화재	열분해반응식	색상
제1종 분말	$NaHCO_3$ (탄산수소나트륨)	B, C	$2NaHCO_3 \rightarrow Na_2CO_3 + CO_2 + H_2O$	백색
제2종 분말	$KHCO_3$ (탄산수소칼륨)	B, C	$2KHCO_3 \rightarrow K_2CO_3 + CO_2 + H_2O$	담회색
제3종 분말	$NH_4H_2PO_4$ (제1인산암모늄)	A, B, C	$NH_4H_2PO_4 \rightarrow HPO_3$(메타인산)$+ NH_3$(암모니아)$+ H_2O$	담홍색
제4종 분말	$KHCO_3 + (NH_2)_2CO$ (탄산수소칼륨+요소)	B, C	$2KHCO_3 + (NH_2)_2CO \rightarrow K_2CO_3 + 2NH_3 + 2CO_2$	회색

2회 2018년 기출문제

001 다음 제1류 위험물의 화학식은?

> 가. 과염소산칼륨
> 나. 과산화칼륨
> 다. 아염소산나트륨
> 라. 브롬산칼륨

답 가: $KClO_4$, 나: K_2O_2, 다: $NaClO_2$, 라: $KBrO_3$

002 탄화칼슘이 고온에서 질소와 반응하여 석회질소를 생성하는 화학식은?

답 $CaC_2 + N_2 \rightarrow CaCN_2 + C$

003 햇빛에 4몰의 질산이 완전 분해하여 산소 1몰을 생성하였다. 이 분해 반응식과 이때 발생하는 유독성 기체를 쓰시오.

답 $4HNO_3 \rightarrow 2H_2O + 4NO_2 + O_2$, 이산화질소

004 위험물안전관리법령상 정전기 제거를 위해서는 공기 중 상대습도를 몇도 이상으로 해야 하는가?

답 70% 이상

해 정전기 제거 방법
접지(땅에 접한다.)
실내공기 이온화
실내습도 상대습도 70% 이상으로 유지

005 위험물안전관리법령상 지정과산화물의 옥내저장소 저장창고 기준에 대해 답하시오.

> 가. 창은 바닥면으로부터 몇 m 이상 높이에 두어야 하는가?
> 나. 하나의 창의 면적은 몇 m^2 이내이어야 하는가?
> 다. 하나의 벽면에 설치하는 창의 면적의 합계는 그 벽의 면적의 얼마 이내가 되어야 하는가?

답 가: 2m, 나: 0.4m^2, 다: 1/80 이내

해 지정과산화물의 옥내저장 시 저장창고의 **창은 바닥면으로부터 2m 이상**의 높이에 두되, 하나의 벽면에 두는 창의 면적의 합계를 당해 벽면의 **면적의 80분의 1 이내**로 하고, 하나의 창의 **면적을 0.4m^2 이내**로 할 것

006 분말소화약제인 탄산수소칼륨이 190℃에서 열분해했을 경우의 분해반응식을 쓰고, 200kg의 탄산수소칼륨이 분해했을 경우 발생하는 탄산가스는 몇 m^3인지 쓰시오.
(1기압, 200℃기준)

답 $2KHCO_3 \rightarrow K_2CO_3 + CO_2 + H_2O$, **38.79$m^3$**

해

종류	성분	적응화재	열분해반응식	색상
제1종 분말	$NaHCO_3$ (탄산수소나트륨)	B, C	$2NaHCO_3$ $\rightarrow Na_2CO_3 + CO_2 + H_2O$	백색
제2종 분말	$KHCO_3$ (탄산수소칼륨)	B, C	$2KHCO_3$ $\rightarrow K_2CO_3 + CO_2 + H_2O$	담회색
제3종 분말	$NH_4H_2PO_4$ (제1인산암모늄)	A, B, C	$NH_4H_2PO_4$ $\rightarrow HPO_3$(메타인산) $+ NH_3$(암모니아) $+ H_2O$	담홍색
제4종 분말	$KHCO_3 +$ $(NH_2)_2CO$ (탄산수소칼륨 + 요소)	B, C	$2KHCO_3 + (NH_2)_2CO$ $\rightarrow K_2CO_3 + 2NH_3 + 2CO_2$	회색

탄산수소칼륨과 이산화탄소는 2:1의 비율로 반응식에서 나타난다.
탄산수소칼륨 200kg은 2kmol에 해당하고(탄산수소칼륨의 분자량은 100kg/kmol), 따라서 발생한 이산화탄소는 1kmol이 된다.
이산화탄소 1kmol의 부피를 이상기체방정식에 대입하여 풀면(절대온도는 273 + 200 = 473)
V = 1(kmol) × 0.082 × 473, 약 38.79가 된다.

007 다음 위험물의 품명에 대해 쓰시오.

( )이라 함은 이황화탄소, 디에틸에테르, 그밖에 1기압에서 발화점이 100℃ 이하인 것 또는 인화점이 섭씨 영하 ℃ 이하이고, 비점이 40℃ 이하인 것을 말한다.

답 특수인화물

008 알루미늄분에 대해 답하시오.

가. 흰 연기를 발생시키면서 연소하는 연소반응식
나. 염산과 반응해서 수소를 발생시키는 화학반응식
다. 위험물안전관리법령상의 품명

답 가: $4Al + 3O_2 \rightarrow 2Al_2O_3$
나: $2Al + 6HCl \rightarrow 2AlCl_3 + 3H_2$
다: 금속분

009 위험물안전관리법령상 제4류 위험물 운송 시 **위험물안전카드**를 휴대해야 하는 위험물의 품명 2가지는?

답 특수인화물, 제1석유류

010 제5류 위험물 중 트리니트로톨루엔, 트리니트로페놀(피크린산)의 구조식을 쓰시오.

답 트리니트로톨루엔

트리니트로페놀(피크린산)

011 주유취급소에 설치한 "주유 중 엔진정지" 표시 게시판의 바탕색과 문자색은?

답 황색바탕에 흑색문자

해

종류	바탕	문자
화기엄금	적색	백색
물기엄금	청색	백색
주유중엔진정지	황색	흑색
위험물제조소 등	백색	흑색
위험물	흑색	황색반사도료

012 제3종 분말소화약제의 열분해 시 메타인산, 암모니아, 물을 생성한다. 그 분해반응식은?

답 $NH_4H_2PO_4 \rightarrow HPO_3 + NH_3 + H_2O$

해

종류	성분	적응화재	열분해반응식	색상
제1종 분말	$NaHCO_3$ (탄산수소나트륨)	B, C	$2NaHCO_3 \rightarrow Na_2CO_3 + CO_2 + H_2O$	백색
제2종 분말	$KHCO_3$ (탄산수소칼륨)	B, C	$2KHCO_3 \rightarrow K_2CO_3 + CO_2 + H_2O$	담회색
제3종 분말	$NH_4H_2PO_4$ (제1인산암모늄)	A, B, C	$NH_4H_2PO_4 \rightarrow HPO_3$(메타인산) $+NH_3$(암모니아) $+H_2O$	담홍색
제4종 분말	$KHCO_3 + (NH_2)_2CO$ (탄산수소칼륨 + 요소)	B, C	$2KHCO_3 + (NH_2)_2CO \rightarrow K_2CO_3 + 2NH_3 + 2CO_2$	회색

013 분자량이 약 58, 인화점이 약 −37℃, 비점이 약 34℃인 무색의 휘발성 액체로 저장 시 불활성 기체를 봉입해야 하는 제4류 위험물의 명칭과 화학식은?

답 산화프로필렌, CH_3CH_2CHO

해 인화점이 −20℃ 이하이고, 비점이 40℃ 이하 또는 발화점이 100℃ 이하인 물질을 특수인화물이라 한다. 문제에서 특수인화물임을 알 수 있고, 그 중에 분자량이 58인 물질을 찾으면 산화프로필렌이다.

3회 2018년 기출문제 위험물기능사

001 고체 물질의 대표적인 연소형태 4가지는?

답 표면연소, 분해연소, 증발연소, 자기연소

해 고체의 연소
 표면연소:목탄(숯), 코크스, 금속분 등
 분해연소:석탄, 목재, 종이, 섬유, 플라스틱 등
 증발연소:나프탈렌, 장뇌, 황(유황), 양초(파라핀), 왁스, 알코올
 자기연소:주로 5류 위험물(이는 물질내에 산소를 가진 자기연소 물질이다, 주로 니트로기를 가지고 있다.)

002 삼산화크롬을 가열 분해하면 산소가 발생된다. 분해반응식은?

답 $4CrO_3 \rightarrow 2Cr_2O_3 + 3O_2$

해 가열분해되면 산화크롬과 산소가 발생한다.

003 지정수량 200kg인 제5류 위험물의 품명 4가지를 쓰시오.

답 니트로화합물(나이트로화합물), 니트로소화합물(나이트로소화합물), 디아조화합물(다이아조화합물), 히드라진유도체(하이드라진유도체), 아조화합물 중 4가지

암기법 십유질 / 백히히 이백니니 아히디질

004 디에틸에테르의 완전연소식을 쓰시오.

답 $C_2H_5OC_2H_5 + 6O_2 \rightarrow 4CO_2 + 5H_2O$

해 디에틸에테르는 산소와 반응하면 이산화탄소와 물이 생성된다.

005 다음 제2류 위험물의 착화온도가 낮은 것부터 쓰시오.

> 삼황화린, 적린, 마그네슘, 황

🔲 삼황화린, 황, 적린, 마그네슘

🔲 각 물질의 착화온도는 삼황화린은 100℃, 적린은 260℃, 마그네슘은 473℃, 황은 232℃

006 위험물안전관리법령상 질산이 위험물로 취급되기 위한 비중 기준의 최소값을 기준으로 질산의 지정수량을 L단위로 환산하면?

🔲 201.34L

🔲 고체 액체의 비중은 그 물질의 밀도를 물의 밀도로 나눈값이고, 물의 밀도는 1kg/L이므로 고체 액체의 비중은 곧 그 물질의 밀도이다. 질산은 비중이 1.49 이상일 경우에 위험물에 해당한다. 따라서 위험물이 되기 위한 비중의 최소값은 1.49이고, 곧 질산의 밀도가 1.49kg/L라는 뜻이 된다.
밀도는 질량/부피이므로 부피를 구하면 된다. 질량은 문제에서 지정수량이고 지정수량은 300kg이므로 곧, 1.49 = 300kg/구하는 부피
구하는 부피 = 300/1.49 = 201.34L

007 다음 중 위험물안전관리법령상 포소화설비에 적응성이 없는 것은?

> 철분, 인화성고체, 황린, 알킬알루미늄, TNT

🔲 철분, 알킬알루미늄

🔲 **포소화설비는 1류 중 알칼리금속과산화물, 2류 중 철분, 마그네슘, 금속분, 3류 중 금수성 물질에 적응성이 없다. 알킬알루미늄은 금수성 물질이다.**

008 표준상태에서 1몰의 아세톤이 완전연소하기 위해 필요한 산소의 부피는 몇 L인가?(표준상태)

🔲 89.6L

🔲 아세톤의 연소식은
$CH_3COCH_3 + 4O_2 \rightarrow 3CO_2 + 3H_2O$
1몰의 아세톤은 4몰의 산소와 반응한다.
산소 1몰의 부피는 표준상태에서 22.4L이므로 4몰인 경우 4배인 89.6L가 된다.

009 다음 위험물의 시성식은?

> 가. 아닐린
> 나. 스티렌
> 다. 아세톤
> 라. 아세트알데히드

답 가: $C_6H_5NH_2$, 나: $C_6H_5CHCH_2$,
다: CH_3COCH_3, 라: CH_3CHO

010 위험물안전관리법령상 제4류 위험물 중 위험등급 Ⅱ에 해당하는 위험물의 품명 2가지를 쓰시오.

답 제1석유류, 알코올류

해 제4류 위험물 중 특수인화물은 Ⅰ등급이고, 위의 제1석유류, 알코올류를 제외하고는 Ⅲ등급이다.

011 다음의 분말소화약제의 주성분을 화학식으로 쓰시오.

> 가. 열분해 하면 메타인산이 소화작용을 한다.
> 나. 기름화재에 사용 하면 비누화 현상이 나타난다.

답 가: $NH_4H_2PO_4$, 나: $NaHCO_3$

해

종류	성분	적응화재	열분해반응식	색상
제1종 분말	$NaHCO_3$ (탄산수소나트륨)	B, C	$2NaHCO_3$ → $Na_2CO_3 + CO_2 + H_2O$	백색
제2종 분말	$KHCO_3$ (탄산수소칼륨)	B, C	$2KHCO_3$ → $K_2CO_3 + CO_2 + H_2O$	담회색
제3종 분말	$NH_4H_2PO_4$ (제1인산암모늄)	A, B, C	$NH_4H_2PO_4$ → HPO_3(메타인산) $+ NH_3$(암모니아) $+ H_2O$	담홍색
제4종 분말	$KHCO_3 + (NH_2)_2CO$ (탄산수소칼륨+요소)	B, C	$2KHCO_3 + (NH_2)_2CO$ → $K_2CO_3 + 2NH_3 + 2CO_2$	회색

메타인산은 3종이며, 비누화 반응은 1종이다.

012 위험물안전관리법령상 제4류 위험물 취급 제조소 또는 일반취급소에는 지정수량 몇배 이상일 경우 자체소방대를 두는가?

답 3천 배 이상

해

사업소의 구분	화학소방 자동차	자체소방 대원의 수
최대수량의 합이 지정수량의 **3천 배 이상 12만 배 미만**인 사업소	1대	5인
최대수량의 합이 지정수량의 **12만 배 이상 24만 배 미만**인 사업소	2대	10인
최대수량의 합이 지정수량의 **24만 배 이상 48만 배 미만**인 사업소	3대	15인
최대수량의 합이 지정수량의 **48만 배 이상**인 사업소	4대	20인
옥외탱크저장소에 저장하는 제4류 위험물의 최대수량이 지정수량의 **50만 배 이상**인 사업소	2대	10인

013 1몰의 탄화알루미늄이 물과 반응 시의 반응식은?

답 $Al_4C_3 + 12H_2O \rightarrow 4Al(OH)_3 + 3CH_4$

014 위험물안전관리법령상의 위험물 운반과 관련해서, 피복 등의 기준에 따른 조치를 취하는 경우 다음 물음에 답하시오.

> 가. 제5류 위험물은 어떤 피복으로 가려야 하는가?
> 나. 제6류 위험물은 어떤 피복으로 가려야 하는가?
> 다. 제2류 위험물 중 철분은 어떤 피복으로 덮어야 하는가?

답 가:차광성이 있는 피복, 나:차광성이 있는 피복, 다:방수성이 있는 피복

해 피복조치
- **차광성 있는 피복**으로 가릴 위험물:**1류, 3류 중 자연발화성 물질, 4류 중 특수인화물, 5류, 6류**
- **방수성 있는 피복**으로 덮을 위험물(물을 피해야 하는 것):**1류 중 알칼리금속 과산화물** 또는 이를 함유한 것, **2류 중 철분, 마그네슘, 금속분** 또는 이를 함유한 것, **3류 중 금수성물질**
- **보냉 컨테이너**에 수납하는 등 온도 관리를 해야 하는 것:**5류 중 55℃ 이하에서 분해될 우려 있는 것**

4회 2018년 기출문제

001 톨루엔 9.2g을 완전연소시키는데 필요한 공기는 몇 리터 인가? (0℃, 1기압이며, 공기 중 산소는 21vol%이다.)

📋 계산과정 : **톨루엔의 연소반응식은**
$C_6H_5CH_3 + 9O_2 \rightarrow 7CO_2 + 4H_2O$ 이다.
답 : 96L

해 톨루엔 1몰은 산소 9몰과 반응한다.
톨루엔의 분자량은 92g/mol이고 9.2g은 0.1몰에 해당한다. 톨루엔 0.1몰은 산소 0.9몰과 반응하게 된다.
즉, **표준상태에서 산소 0.9몰의 부피는 22.4L × 0.9로 계산하면 20.16L**가 된다.
공기 중 산소는 21vol%이므로
21 : 100 = 20.16 : X(구하는 공기의 부피) 라는 식이 성립하고,
X = 20.16 × 100/21이 된다. 즉, 96L가 된다.

002 페놀을 진한 황산에 녹이고 이것을 질산에 작용시켜 만든 제5류 위험물의 명칭과 지정수량, 화학식은?

📋 트리니트로페놀, 200kg, $C_6H_2(NO_2)_3OH$

003 다음 위험물의 운반용기 외부에 표시해야 하는 주의 사항은? (원칙적인 경우이다.)

> 가. 제4류 위험물
> 나. 제5류 위험물
> 다. 제6류 위험물

📋 가 : 화기엄금, 나 : 화기엄금, 충격주의,
다 : 가연물접촉주의

해 위험물에 따른 **주의사항(운반용기 표시사항)**
- 1류
  1) 알칼리금속과산화물의 경우 : **화기/충격주의, 물기엄금 및 가연물접촉주의**
  2) 그 밖의 것 : 화기/충격주의, 가연물 접촉주의
- 2류
  1) **철분, 마그네슘, 금속분 : 화기주의 물기엄금**
  2) **인화성 고체 : 화기엄금**
  3) 그 밖의 것 : 화기주의
- 3류
  1) **자연발화성 물질 : 화기엄금 및 공기접촉엄금**
  2) **금수성물질 : 물기엄금**
- 4류 : **화기엄금**
- 5류 : **화기엄금, 충격주의**
- 6류 : **가연물접촉주의**

004 취급하는 위험물의 최대수량이 지정수량의 20배인 경우 위험물 제조소의 보유공지는?

📋 너비 5m 이상

📖 위험물제조소의 경우 보유공지

취급하는 위험물의 최대수량	공지의 너비
지정수량의 **10배 이하**	**3m 이상**
지정수량의 **10배 초과**	**5m 이상**

005 다음과 같은 원통형 저장탱크의 내용적은?

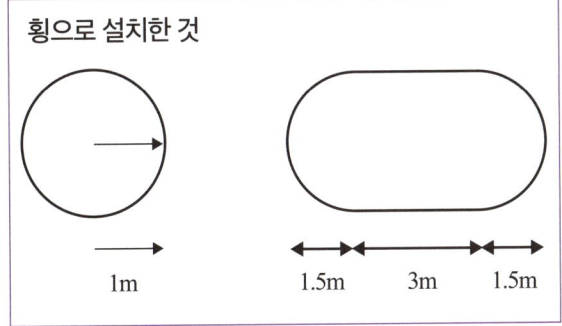

📋 12.57m³

📖 $\pi r^2 (l + \dfrac{l_1 + l_2}{3})$

각 대입하면 $\pi \times 1^2 \times [3 + (1.5 + 1.5)/3]$이 된다.

006 위험물제조소의 경우 외벽구조에 따라 몇 m²가 1소요단위에 해당하는가?

가. 외벽이 내화구조인 것
나. 외벽이 내화구조가 아닌 것

📋 가 : 100m², 나 : 50m²

📖

종류	내화구조	비내화구조
위험물	위험물의 지정수량×10	
제조소 및 취급소	100 m²	50 m²
저장소	150 m²	75 m²

007 다음 중 산화성고체 위험물에 해당하는 것을 고르시오.

산화칼슘, 리튬, 질산암모늄, 과산화나트륨, 과산화벤조일

📋 질산암모늄, 과산화나트륨

📖 **산화성고체란 제1류 위험물이다.**
리튬은 제3류 위험물, 과산화벤조일은 제5류 위험물이다.

008 다음은 제3석유류의 정의이다. 빈칸을 채우시오.

> 제3석유류 란 (가), (나), 그 밖에 1기압에서 인화점이 섭씨 (다)도 이상 섭씨 (라)도 미만인 것으로 말한다. 다만, 도료류 그밖에 물품은 가연성 액체량이 (마)중량퍼센트 이하인 것은 제외한다.

답 가:중유, 나:클레오소트유, 다:70, 라:200, 마:40

해 제4류 위험물의 분류 기준을 알아야 한다(1기압에서).
- 특수인화물:이황화탄소, 디에틸에테르 그밖에 **발화점 100℃ 이하 또는(or) 인화점이 -20℃ 이하이고(and) 비점 40℃ 이하**인 것
- 제1석유류:아세톤, 휘발유, 그밖에 **인화점이 21℃ 미만인 것**
- 제2석유류:등유, 경유, 그밖에 **인화점이 21℃ 이상 70℃ 미만인 것**
  (도료류 그 밖의 물품에 있어 가연성 액체량이 40 중량퍼센트 이하이고, 인화점이 섭씨 40도 이상인 동시에 연소점이 섭씨 60도 이상인 것은 제외)
- 제3석유류:중유, 클레오소트유 그밖에 **인화점이 70℃ 이상 200℃ 미만인 것**
  (도료류 그 밖의 물품에 있어 가연성 액체량이 40 중량퍼센트 이하인 것은 제외)
- 제4석유류:기어유, 실린더유 그밖에 **인화점이 200℃이상 250℃미만인 것**
  (도료류 그 밖의 물품에 있어 가연성 액체량이 40 중량퍼센트 이하인 것은 제외)
- 알코올류:알코올류 하나의 분자를 이루는 탄소 원자수가 1에서 3개까지인 포화1가 알코올류가 위험물에 해당함
- 동식물류:동물, 식물에서 추출한 것으로 인화점이 **250℃ 미만인 것**

009 제3종 분말소화약제의 주성분을 쓰고, 적용가능한 화재를 A, B, C 중에 고르시오.

답 $NH_4H_2PO_4$, A, B, C 모두 가능

해

종류	성분	적응화재	열분해반응식	색상
제1종 분말	$NaHCO_3$ (탄산수소나트륨)	B, C	$2NaHCO_3 \rightarrow Na_2CO_3 + CO_2 + H_2O$	백색
제2종 분말	$KHCO_3$ (탄산수소칼륨)	B, C	$2KHCO_3 \rightarrow K_2CO_3 + CO_2 + H_2O$	담회색
제3종 분말	$NH_4H_2PO_4$ (제1인산암모늄)	A, B, C	$NH_4H_2PO_4 \rightarrow HPO_3$(메타인산) $+ NH_3$(암모니아) $+ H_2O$	담홍색
제4종 분말	$KHCO_3 + (NH_2)_2CO$ (탄산수소칼륨+요소)	B, C	$2KHCO_3 + (NH_2)_2CO \rightarrow K_2CO_3 + 2NH_3 + 2CO_2$	회색

010 경유 500L, 중유 1000L, 에틸알코올 400L, 디에틸에테르 150L를 저장하는 경우 각 물질의 지정수량의 배수의 합은?

답 5배

해 순서대로 지정수량은 1000L, 2000L, 400L, 50L이다. 배수는 0.5, 0.5, 1, 3 이다. 합하면 5

011 질산이 피부에 닿으면 노란색으로 변하는 이 화학반응을 무엇이라고 하는가?

답 크산토프로테인 반응

해 **질산 하면 크산토프로테인 반응**을 기억해야 한다.

012 동식물유는 요오드값을 기준으로 건성유, 반건성유, 불건성유로 나눈다. 그 범위를 쓰시오.

가: 건성유
나: 반건성유
다: 불건성유

답 가: 요오드값 130 이상인 것, 나: 요오드값 100 ~ 130인 것, 다: 요오드값 100 이하인 것

2019년 기출문제 (1회)

001 금속칼륨과 탄산가스의 화학반응식은?

답 $4K + 3CO_2 \rightarrow 2K_2CO_3 + C$

해 칼륨과 이산화탄소가 반응하면 탄산칼륨과 탄소가 나온다.

002 제2류 위험물, 제5류 위험물 모두와 혼재 가능한 위험물은 몇 류인가? (지정수량의 10배 이상인 경우)

답 제4류 위험물

해 423 524 61

003 제조소 등에서 위험물을 취급함에 있어 정전기를 유효하게 제거할 수 있는 방법 3가지는?

답 접지, 공기 중의 상대습도를 70% 이상으로 유지, 공기 이온화

004 옥내저장소에서 다음의 경우 상호간의 간격은 몇 m 이상을 유지해야 하는가?

> 가. 옥내저장탱크와 탱크전용실의 벽과의 사이
> 나. 옥내저장탱크의 상호간의 간격

답 가 : 0.5m 이상, 나 : 0.5m 이상

005 위험물안전관리법령에서 규정하는 인화성 고체의 정의는?

답 고형알코올 그밖에 1기압에서 인화점이 섭씨 40도 미만인 고체

006 제4류 위험물 중 벤젠핵의 수소 1개가 아민기 1개로 치환된 것의 화학식은?

답 $C_6H_5NH_2$

해 아닐린에 대한 설명이다. 벤젠(C_6H_6)에서 H하나 빠지고 아민기($-NH_2$)가 치환된 것이다.

007 다음에서 불건성유를 모두 고르시오.

> 야자유, 아마인유, 해바라기유, 피마자유, 올리브유

답 야자유, 올리브유, 피마자유

암기법 **정상 동해 대아들, 참쌀면 청옥 채콩, 소돼재고래 피 올야땅**

008 위험물안전관리법령에 따라 주유취급소의 위험물 취급시 아래 빈칸을 채우시오.

> 자동차 등에 인화점 (   )℃ 미만의 위험물을 주유할 때에는 자동차 등의 원동기를 정지시킬 것. 다만, 연료탱크에 위험물을 주유하는 동안 방출되는 가연성 증기를 회수하는 설비가 부착된 고정주유설비에 의하여 주유하는 경우에는 그러하지 아니하다.

답 40

009 제5류 위험물인 니트로글리세린의 화학식은?

답 $C_3H_5(ONO_2)_3$

010 이황화탄소 12kg이 모두 증기가 되면 1기압 100℃에서 몇 L가 되는가?

답 4829.37L

해 이상기체방정식에 의해 풀면 된다.

공식은, $PV = \frac{W}{M}RT$, R은 0.082, T는 273 + 100이다.
V = 12000g/76g × 0.082 × (273 + 100) / 1
계산하면 4829.37L (구하는 부피가 L이므로 g으로 환산하여 푼다.)

011 과산화수소가 분해되어 산소를 발생시키는 화학반응식은?

답 $2H_2O_2 \rightarrow 2H_2O + O_2$

해 과산화수소가 분해되면 물과 산소가 발생한다.

012 아래의 소화방법은 연소의 3요소 중 무엇을 제거하는 것일까요?

> 가 : 제거소화
> 나 : 질식소화

답 가 : 가연물, 나 : 산소공급원

013 다음 제1류 위험물의 지정수량은?

가. 브롬산염류(브로민산염류)
나. 중크롬산염류
다. 무기과산화물
라. 아염소산염류

답 가 : 300kg, 나 : 1000kg, 다 : 50kg, 라 : 50kg

암기법 오(50)염과 무아 / 삼(300)질 요브 / 천(1000)과 중

014 $KClO_3$ 1Kg이 고온에서 완전 열분해 하는 경우의 화학반응식을 쓰고, 산소는 몇 g인가?

답 $2KClO_3 \rightarrow 2KCl + 3O_2$, 391.84g

해 염소산칼륨이 분해되는 경우 발생되는 산소와의 분자비는 2:3 비율이 된다.
염소산칼륨의 분자량은 122.5g/mol이므로 1kg의 몰수는 1000/122.5로 계산하여 8.1633mol이 된다. 그렇다면 몰수의 비는 2:3이므로
2:3 = 8.1633:X(발생하는 산소의 몰수)
X는 12.2450몰이 된다.
산소 1몰의 질량은 32g이므로 32 × 12.2450으로 계산하면 391.84g이다.

2019년 기출문제 (2회)

001 과산화수소 수용액의 저장 및 취급 시 분해 방지를 위해 넣는 안정제의 종류 2가지는?

답 인산, 요산

002 제4류 위험물을 저장하는 옥내저장소의 연면적이 450m²이고 외벽은 내화구조가 아닐 경우의 소화설비의 소요단위는?

답 6단위

해

종류	내화구조	비내화구조
위험물	위험물의 지정수량×10	
제조소 및 취급소	100 m²	50 m²
저장소	150 m²	75 m²

저장소의 경우 비내화구조인 경우 75m²가 1 소요단위이므로 450m²인 경우 6소요단위가 된다.

003 위험물은 운반용기 외부에 표시해야 하는 사항이 있다. 운반용기 외부 표시사항 3가지를 쓰시오.

답 가. 위험물의 품명, 위험등급, 화학명 및 수용성(수용성 표시는 4류 위험물 중 수용성인 것에 한함)
나. 위험물의 수량
다. 위험물에 따른 주의사항

해 **운반용기 외부 표시** 사항
가. **위험물의 품명, 위험등급, 화학명 및 수용성**(수용성 표시는 4류 위험물 중 수용성인 것에 한함)
나. **위험물의 수량**
다. 위험물에 따른 **주의사항**
  • 1류
    1) 알칼리금속과산화물의 경우 : **화기/충격주의, 물기엄금 및 가연물접촉주의**
    2) 그 밖의 것 : 화기/충격주의, 가연물 접촉주의
  • 2류
    1) **철분, 마그네슘, 금속분 : 화기주의 물기엄금**
    2) 인화성 고체 : **화기엄금**
    3) 그 밖의 것 : **화기주의**
  • 3류
    1) **자연발화성 물질 : 화기엄금 및 공기접촉엄금**
    2) **금수성물질 : 물기엄금**
  • 4류 : **화기엄금**
  • 5류 : **화기엄금, 충격주의**
  • 6류 : **가연물접촉주의**

004 옥외저장탱크를 강철판으로 제작하는 경우 강철판의 두께는 얼마 이상으로 해야 하는가? (단, 특정옥외탱크 및 준특정옥외탱크는 제외)

답 **3.2mm**

005 위험물안전관리법령상 위험물 취급소의 종류 4가지는?

답 **주유취급소, 판매취급소, 이송취급소, 일반취급소**

006 벤젠의 증기 비중은?

답 계산과정: 벤젠의 분자량은 12×6+1×6=78이다.
증기비중은 분자량을 29로 나누면 되는 것으로 나
누면 약 2.689≒2.69
답: 2.69

007 요오드값의 정의는?

답 유지 100g이 흡수하는 요오드(I_2)의 g수이다.

008 다음 할로젠화합물의 Halon 번호는?

CF_3Br
CF_2ClBr
$C_2F_4Br_2$

답 순서대로 1301, 1211, 2402

해 할론넘버의 각 숫자는 **순서대로 C, F, Cl, Br의 숫자를** 의미한다.

할론넘버	분자식	방사압력	소화기	소화효과	독성
1301	CF_3Br	0.9MPa	MTB 또는 BTM	▲ 좋음	▼ 강함
1211	CF_2ClBr	0.2MPa	BCF		
2402	$C_2F_4Br_2$	0.1MPa			
1011	CH_2ClBr				
104	CCl_4				

할론 1301은 **오존층을 가장 많이 파괴**하나, **소화효과가 가장 좋고, 독성이 낮다.**
추가로 CH_3Br는 1001이다.

009 니트로글리세린 제조방법을 원료를 중심으로 설명하시오.

답 글리세린을 질산, 황산과 반응시키면, 글리세린의 3개의 OH기의 수소가 니트로기(NO_2)로 치환되어 니트로글리세린이 만들어진다.

해

$$C_3H_5(OH)_3 + 3HNO_3 \xrightarrow{H_2SO_4} C_3H_5(ONO_2)_3 + 3H_2O$$

010 다음 제5류 위험물의 구조식은?

가: 트리니트로톨루엔(TNT)
나: 트리니트로페놀

답 가:

(구조식: 벤젠고리에 CH_3, 2,4,6 위치에 NO_2 3개)

나:

(구조식: 벤젠고리에 OH, 2,4,6 위치에 NO_2 3개)

011 제3류 위험물인 황린에 대해 답하시오.

가: 안전한 저장을 위해 사용하는 보호액은?
나: 수산화칼륨 수용액과 반응하는 경우 발생하는 독성 가스는?
다: 지정수량은?

답 가: pH9의 물, 나: 포스핀(PH_3), 다: 20kg

해 황린과 수산화칼륨 수용액의 반응식은
$P_4 + 3KOH + 3H_2O \rightarrow PH_3 + 3KH_2PO_2$이다.

012 제2류 위험물 중 지정수량이 100kg인 위험물의 품명은?

답 황화인, 황, 적린

암기법 백유황적 / 오철금마 천인 암기법, 백(100kg), 유(유황), 황(황화인), 적(적린)

013 금속칼륨과 이산화탄소의 반응식을 쓰시오.

답 $4K + 3CO_2 \rightarrow 2K_2CO_3 + C$

3회 2019년 기출문제 위험물기능사

001 산화프로필렌 200L, 벤즈알데히드 1000L, 아크릴산 4000L를 저장하는 경우 각 지정수량의 배수의 합은?

답 7

해 산화프로필렌은 4류 특수인화물로 지정수량은 50L이다.
벤즈알데히드는 4류 위험물 제2석유류로 비수용성이며 지정수량은 1000L이다.
아크릴산은 4류 위험물 제2석유류로 수용성이며, 지정수량은 2000L이다.

계산식 : 200/50 + 1000/1000 + 4000/2000 = 7

002 위험물안전관리법령상의 자기반응성 물질에 대한 다음 설명의 빈칸을 채우시오.

> 자기반응성 물질이라 함은 고체 또는 액체로서 (가)의 위험성 또는 (나)의 격렬함을 판단하기 위하여 고시로 정하는 시험에서 고시로 정하는 성질과 상태를 나타내는 것을 말한다.

답 가 : 폭발, 나 : 가열분해

003 위험물운송 시 운송책임자의 감독/지원을 받아야 하는 위험물 2가지를 쓰시오.

답 알킬알루미늄, 알킬리튬

004 아세트알데히드의 완전연소반응식은?

답 $2CH_3CHO + 5O_2 \rightarrow 4CO_2 + 4H_2O$

해 아세트알데히드가 연소되면 이산화탄소와 물을 발생시킨다. 미정계수 방정식에 의해 풀면 $2CH_3CHO + 5O_2 \rightarrow 4CO_2 + 4H_2O$를 알 수 있다.

005 인화칼슘와 물의 반응 시 발생되는 2가지 물질의 화학식은?

답 $Ca(OH)_2$, PH_3

해 $Ca_3P_2 + 6H_2O \rightarrow 3Ca(OH)_2 + 2PH_3$
수산화칼슘과 포스핀(인화수소)가 발생된다.

006 위험물안전관리법령상 위험물제조소의 환기설비 기준에 따르면 바닥면적이 130m²인 곳에 설치된 급기구의 면적은 얼마여야 하는가?

답 600cm² 이상

해 급기구는 당해 급기구가 설치된 실의 **바닥면적 150m²마다 1개 이상**으로 하되, 급기구의 **크기는 800cm² 이상**으로 할 것. 다만 바닥면적이 150m² 미만인 경우에는 다음의 크기로 하여야 한다.

바닥면적	급기구의 면적
60m² 미만	150cm² 이상
60m² 이상 90m² 미만	300cm² 이상
90m² 이상 120m² 미만	450cm² 이상
120m² 이상 150m² 미만	600cm² 이상

007 제2류 위험물 중 Al, Fe, Zn을 이온화 경향이 큰 것부터 작은 것의 순서대로 쓰시오.

답 Al, Zn, Fe

해 이온화 경향이 크다는 것은 다른 물질과 반응을 잘 일으킨다는 의미이고, 산화가 잘 된다는 의미이다. 칼륨(K) – 칼슘(Ca) – 나트륨(Na) – 마그네슘(Mg) – 알루미늄(Al) – 아연(Zn) – 철(Fe) – 니켈(Ni) – 주석(Sn) – 납(Pb) – 수소(H) – 구리(Cu) – 수은(Hg) – 은(Ag) – 백금(Pt) – 금(Au) 순서이다.

암기법 암기는 칼칼 나 막 **알아 철** 니주납 수구수은 백금

008 위험물안전관리법령상 아래 위험물의 운반용기외부 표시 주의사항을 쓰시오.

가. 제1류 위험물 중 알칼리금속 과산화물
나. 제2류 위험물 중 금속분
다. 제5류 위험물

답 가:화기/충격주의, 물기엄금 및 가연물접촉주의, 나:화기주의, 물기엄금, 다:화기엄금, 충격주의
위험물에 따른 **주의사항(운반용기 표시사항)**
• 1류
  1) 알칼리금속과산화물의 경우:**화기/충격주의, 물기엄금 및 가연물접촉주의**
  2) 그 밖의 것:화기/충격주의, 가연물 접촉주의
• 2류
  1) **철분, 마그네슘, 금속분:화기주의 물기엄금**
  2) **인화성 고체:화기엄금**
  3) 그 밖의 것:화기주의
• 3류
  1) 자연발화성 물질:화기엄금 및 공기접촉엄금
  2) 금수성물질:물기엄금
• 4류:화기엄금
• 5류:화기엄금, 충격주의
• 6류:가연물접촉주의

009 동식물유류 분류에 해당하는 건성유, 반건성유, 불건성유의 요오드값의 범위를 쓰시오.

> 가: 건성유
> 나: 반건성유
> 다: 불건성유

답 가: 130 이상인 것, 나: 100~130, 다: 100 이하인 것

010 하나의 옥내저장탱크 전용실에 2개의 옥내저장탱크를 설치하는 경우 탱크 상호간의 거리는 얼마 이상이어야 하는가?

답 0.5m 이상

해 옥내저장탱크와 탱크전용실 벽과의 거리 및 탱크와 탱크 상호간의 거리

011 크실렌(자일렌)의 이성질체 중 m-크실렌의 구조식은?

답

(m-크실렌 구조식)

해 크실렌은 3가지 형태의 이성질체가 있다.

Ortho-크실렌 Meta-크실렌 Para-크실렌

012 분말소화약제 탄산수소칼륨의 열분해 반응식은?

답 $2KHCO_3 \rightarrow K_2CO_3 + CO_2 + H_2O$

013 메타인산을 만들어서 화재 시 소화능력이 좋은 소화약제로 ABC소화약제로 불리는 이 약제의 주성분의 화학식은?

답 $NH_4H_2PO_4$

해

종류	성분	적응화재	열분해반응식	색상
제1종 분말	$NaHCO_3$ (탄산수소나트륨)	B, C	$2NaHCO_3$ $\rightarrow Na_2CO_3 + CO_2 + H_2O$	백색
제2종 분말	$KHCO_3$ (탄산수소칼륨)	B, C	$2KHCO_3$ $\rightarrow K_2CO_3 + CO_2 + H_2O$	담회색
제3종 분말	$NH_4H_2PO_4$ (제1인산암모늄)	A, B, C	$NH_4H_2PO_4$ $\rightarrow HPO_3$(메타인산) $+ NH_3$(암모니아) $+ H_2O$	담홍색
제4종 분말	$KHCO_3 +$ $(NH_2)_2CO$ (탄산수소칼륨+요소)	B, C	$2KHCO_3 + (NH_2)_2CO$ $\rightarrow K_2CO_3 + 2NH_3 + 2CO_2$	회색

014 위험물안전관리법령상 이동탱크저장소의 상치장소에 대한 설명이다. 빈칸을 채우시오.

옥외에 있는 상치장소는 화기를 취급하는 장소 또는 인근의 건축물로부터 (가)m 이상 (인근의 건축물이 1층인 경우에는 (나)m 이상)의 거리를 확보해야 한다. 다만, 하천의 공지나 수면, 내화구조 또는 불연재료의 담 또는 벽 그밖에 이와 유사한 것에 접하는 경우는 제외한다.

답 가: 5, 나: 3

4회 2019년 기출문제 위험물기능사

001 물과 반응하여 아세틸렌 가스를 발생시키며 고온 가열 시 질소와 반응하여 칼슘시안아미드(석회질소)를 발생시키는 물질의 명칭과 화학식을 쓰시오.

답 탄화칼슘, CaC_2

해 탄화칼슘과 물의 반응 시 수산화칼슘과 아세틸렌이 발생한다.

$CaC_2 + 2H_2O \rightarrow Ca(OH)_2 + C_2H_2$
질소와 반응하는 반응식은
$CaC_2 + N_2 \rightarrow CaCN_2 + C$ 이다.

002 질산이 햇빛에 분해되어 이산화질소를 발생하는 반응식은?

답 $4HNO_3 \rightarrow 2H_2O + 4NO_2 + O_2$

해 발생가스 중 독성가스는 이산화질소이다.

003 아세트알데히드가 산화되어 아세트산이 되는 과정과 환원되어 에탄올이 되는 과정의 화학식을 각각 쓰시오.

가. 산화반응
나. 환원반응

답 가: $2CH_3CHO + O_2 \rightarrow 2CH_3COOH$
나: $CH_3CHO + H_2 \rightarrow C_2H_5OH$

해

004 다음에서 위험물안전관리법령상 동식물유류의 정의에 대해 빈칸을 채우시오.

동물의 지육 등 또는 식물의 종자나 과육으로부터 추출한 것으로 1기압에서 인화점이 ( )℃ 미만인 것을 동식물유류라 한다.

답 250

005 위험물안전관리법령상 제6류 위험물의 운반용기 외부에 표시해야 하는 주의사항은?

답 가연물접촉주의

해 위험물에 따른 **주의사항(운반용기 표시사항)**
- 1류
  1) 알칼리금속과산화물의 경우: **화기/충격주의, 물기엄금 및 가연물접촉주의**
  2) 그 밖의 것: 화기/충격주의, 가연물 접촉주의
- 2류
  1) **철분, 마그네슘, 금속분: 화기주의 물기엄금**
  2) **인화성 고체: 화기엄금**
  3) **그 밖의 것: 화기주의**
- 3류
  1) **자연발화성 물질: 화기엄금 및 공기접촉엄금**
  2) **금수성물질: 물기엄금**
- 4류: **화기엄금**
- 5류: **화기엄금, 충격주의**
- 6류: **가연물접촉주의**

006 다음 위험물을 인화점이 낮은 것부터 쓰시오.

니트로벤젠, 아세트알데히드, 에탄올, 아세트산

답 아세트알데히드, 에탄올, 아세트산, 니트로벤젠

해 **아세트알데히드, 에탄올, 아세트산, 니트로벤젠은 순서대로 특수인화물, 알코올류, 제2석유류, 제3석유류이다.**

007 위험물안전관리법령상의 간이탱크저장소에 대해 답하시오

가: 1개의 간이탱크 저장소에 설치하는 간이저장탱크는 몇 개 이하여야 하는가?
나: 간이저장탱크의 용량은 몇 L 이하여야 하는가?
다: 간이저장탱크의 두께는 몇 mm 이상의 강판으로 해야 하는가?

답 가: 3개 이하, 나: 600L 이하, 다: 3.2mm 이상

해
- 간이저장탱크는 **그 수를 3 이하로 하고**, 동일한 품질의 위험물의 간이저장탱크를 2 이상 설치하지 아니하여야 한다.
- **두께 3.2mm 이상의 강판**으로 흠이 없도록 제작하여야 하며, **70kPa의 압력으로 10분간의 수압시험**을 실시하여 새거나 변형되지 아니하여야 한다.
- 간이저장탱크의 **용량은 600ℓ 이하이여야 한다.**

008 이산화탄소소화기로 이산화탄소를 20℃ 1기압에서 1kg을 방출할 때 그 부피는 몇 L인가?

답 546.05L

해 **공식은, $PV = \frac{W}{M}RT$ 이다.**
이산화탄소의 분자량은 44g(12 + 16 × 2)이고, T는 293이므로(273 + 20), 기체상수는 0.082이므로 대입하면 V = 1000/44 × 0.082 × 293/1 계산하면 약 546.05L이다.

009 제5류 위험물 중 위험등급 I 인 위험물의 품명 2가지를 쓰시오.

답 유기과산화물, 질산에스테르류

암기법 **십유질 / 백히히 이백니니 아히디질**
십(10kg) **유**기과산화물 **질**산에스테르류 / (등급) **백**(100kg) **히**드록실아민(하이드록실아민), **히**드록실아민염류(하이드록실아민염류) **이**백(200kg) **니**트로화합물(나이트로화합물), **니**트로소화합물(나이트로소화합물), **아**조화합물, **히**드라진유도체(하이드라진유도체), **디**아조화합물(다이아조화합물), **질**산구아니딘

010 벤젠 1몰의 완전연소 시 필요한 공기는 몇 몰인가? (공기 중의 산소는 21%)

답 35.71몰

해 벤젠의 연소식은
$2C_6H_6 + 15O_2 \rightarrow 12CO_2 + 6H_2O$ 이다.
벤젠과 산소의 분자 반응비는 2:15이다. 벤젠 1몰의 완전연소하려면, 산소는 7.5몰이 필요하다.
공기 중의 산소는 21% 이므로 21:100 = 7.5:X(구하는 공기의 몰수) 식이 성립하고 X를 구하면 35.71몰이 된다.

011 다음 각 물질의 구조식은?

가 : 초산에틸(아세트산에틸)
나 : 에틸렌글리콜
다 : 포름산(개미산)

답 가:

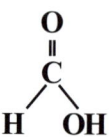

나:

H H
| |
H-C-C-H
| |
OH OH

다:

O
||
C
/ \
H   OH

012 제3류 위험물과 혼재 가능한 위험물은? (지정수량 10배 이상의 위험물을 운반하는 경우)

답 제4류 위험물

해 423 524 61

013 다음 할로젠화합물 소화약제의 화학식은?

가 : Halon 1211

나 : Halon 1301

답 가 : CF_2ClBr, 나 : CF_3Br

해 할론넘버의 각 숫자는 **순서대로 C, F, Cl, Br의 숫자**를 의미한다.

할론넘버	분자식	방사압력	소화기	소화효과	독성
1301	CF_3Br	0.9MPa	MTB 또는 BTM	▲ 좋음	▼ 강함
1211	CF_2ClBr	0.2MPa	BCF		
2402	$C_2F_4Br_2$	0.1MPa			
1011	CH_2ClBr				
104	CCl_4				

추가로 CH_3Br는 1001이다.

2020년 기출문제 1회 위험물기능사

001 제5류 위험물로 니트로화합물(나이트로화합물)이며, 독성이 있고, 물에 녹지 않고 알코올에 녹는 물질에 대해 다음에 답하시오.

> 가. 명칭
> 나: 지정수량
> 다: 구조식

답 가: 트리니트로페놀, 나: 200kg,
다:

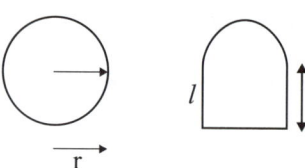

해 트리니트로페놀에 대한 설명이다. 독성이 있고 알코올, 벤젠에 녹는다.

002 TNT의 분자량은?

답 계산식: $C_6H_2(NO_2)_3CH_3$의 분자량은 구하면
$12\times6+1\times2+14\times3+16\times2\times3+12+1\times3$
답: 227g/mol

해 트리니트로톨루엔 TNT에 대한 분자량을 구하면 된다.

003 다음과 같이 종으로 설치한 원통형 탱크의 내용적은? (r = 5m, l = 10m)

답 785.40m³

해 공식은 $\pi r^2 l$ 이다. 대입하면 $\pi \times 5^2 \times 10$

004 다음 위험물의 지정수량은?

> 가. 아염소산염류
> 나. 질산염류
> 다. 중크롬산염류

답 가: 50kg, 나: 300kg, 다: 1000kg

005 적린에 대해 물음에 답하시오.

가 : 연소반응식은?
나 : 연소 시 발생기체의 색깔은?

답 가 : $4P + 5O_2 \rightarrow 2P_2O_5$, 나. 백색

해 적린 연소 시 오산화인이 발생하고 흰색의 연기이다.

006 다음 소화설비의 능력단위는?

가 : 소화전용물통 8L
나 : 마른모래 50L(삽 1개 포함)
다 : 팽창질석 160L(삽 1개 포함)

답 가 : 0.3, 나 : 0.5, 다 : 1

해

소화 설비	물통	수조와 물통3개	수조와 물통6개	마른 모래	팽창질석, 팽창진주암
용량	8L	80L	190L	50L	160L
능력 단위	0.3	1.5	2.5	0.5	1.0

007 과망간산칼륨의 분해반응에 대해 답하시오.

가 : 분해반응식은?
나 : 1몰 분해 시 발생하는 산소는 몇 g인가?

답 가 : $2KMnO_4 \rightarrow K_2MnO_4 + MnO_2 + O_2$, 나 : 16g

해 분해반응식에 의하면 과망간산칼륨과 산소 분자의 대응비는 2:1이다. 과망간산칼륨 2몰당 산소 1몰이 대응하므로, 과망간산칼륨 1몰에 대응하는 산소는 0.5몰이다.
산소 0.5몰의 질량은 16g이다.

008 물과 반응하였을 때 다음 물질이 발생시키는 인화성 가스의 명칭을 쓰시오. (없는 경우 없음으로 표시)

가 : 수소화칼륨
나 : 탄화리튬
다 : 탄화알루미늄
라 : 인화알루미늄
마 : 리튬

답 가 : 수소, 나 : 아세틸렌, 다 : 메탄, 라 : 포스핀, 마 : 수소

해 가 : $KH + H_2O \rightarrow KOH + H_2$
나 : $Li_2C_2 + 2H_2O \rightarrow 2LiOH + C_2H_2$
다 : $Al_4C_3 + 12H_2O \rightarrow 4Al(OH)_3 + 3CH_4$
라 : $AlP + 3H_2O \rightarrow Al(OH)_3 + PH_3$
마 : $2Li + 2H_2O \rightarrow 2LiOH + H_2$

009 메탄올에 대해 답하시오.

> 가 : 분자량
> 나 : 증기비중

📋 가 : 32, 나 : 1.10

📖 가 : 메탄올 CH_3OH의 분자량은
$12 + 1 \times 3 + 16 + 1 = 32g/mol$이다.
나 : 증기의 비중은 29로 나누면 된다. 약 1.10이다.

010 다음 동식물유류의 요오드값은?

> 가 : 건성유
> 나 : 반건성유
> 다 : 불건성유

📋 가 : 130 이상인 것, 나 : 100 ~ 130, 다 : 100 이하인 것

011 아연에 대해 답하시오.

> 가 : 물과의 반응식은?
> 나 : 아연과 염산의 반응 시 발생하는 기체는?

📋 가 : $Zn + 2H_2O \rightarrow Zn(OH)_2 + H_2$, 나 : 수소

📖 물과의 반응 시 수산화아연과 수소가 발생하고, 염산과 반응해도 수소가 발생한다. 반응식은 다음과 같다. $Zn + 2HCl \rightarrow ZnCl_2 + H_2$

012 탄화칼슘에 대해 답하시오.

> 가 : 물과 반응식 발생하는 물질은?
> 나 : 고온에서 질소와 반응 시의 반응식은?
> 다 : 지정수량은?

📋 가 : 수산화칼슘, 아세틸렌,
나 : $CaC_2 + N \rightarrow CaCN_2 + C$, 다 : 300kg

📖 가 : $CaC_2 + 2H_2O \rightarrow Ca(OH)_2 + C_2H_2$
나 : 탄화칼슘이 질소와 반응하면 석회질소가 발생된다.

013 다음 할론 번호의 화학식은?

> 가 : Halon 2402
> 나 : Halon 1301
> 다 : Halon 1211

📋 가 : $C_2F_4Br_2$, 나 : CF_3Br, 다 : CF_2ClBr

📖 할론넘버의 각 숫자는 **순서대로 C, F, Cl, Br의 숫자**를 의미한다.

할론넘버	분자식	방사압력	소화기	소화효과	독성
1301	CF_3Br	0.9MPa	MTB 또는 BTM		
1211	CF_2ClBr	0.2MPa	BCF	▲ 좋음	▼ 강함
2402	$C_2F_4Br_2$	0.1MPa			
1011	CH_2ClBr				
104	CCl_4				

추가로 CH_3Br는 1001이다.

014 탄산가스 1kg이 소화기에서 분출되는 경우 그 부피는? (0℃, 1기압)

답 508.77L

해 이상기체방정식에 의해 구하면 된다.

공식은, $PV = \frac{W}{M} RT$ 이다.

이산화탄소의 분자량은 44g/mol이므로 대입하면
V = 1000/44 × 0.082 × 273
약 508.77L이다.
위와 같이 구하지 않고, 기체 1mol은 22.4L이므로
1:1000/44 = 22.4:X의 식을 세우고 X를 구해도 된다.

015 알코올의 정의에 대해 빈칸을 채우시오.

1분자를 구성하는 탄소원자의 수가 (가)개 내지 (나)개인 포화 (다)가 알코올을 의미한다.
단, 다음의 경우는 제외한다.
- 1분자를 구성하는 탄소원자의 수가 1개 내지 3개의 포화1가 알코올의 함유량이 (라)중량 퍼센트 미만인 수용액
- 가연성 액체량이 (마)중량퍼센트 미만이고 인화점 및 연소점이 에틸알코올 (바)중량 퍼센트 수용액의 인화점 및 연소점을 초과하는 것

답 가:1, 나:3, 다:1 라:60, 마:60, 바:60

016 다음 화재의 1소요단위에 대하여 빈칸을 채우시오.

가: 제조소 및 취급소의 건축물은 외벽이 내화구조인 경우 연면적이 ( )m^2이다.
나: 제조소 및 취급소의 건축물은 외벽이 비내화구조인 경우 연면적이 ( )m^2이다.
다: 저장소의 건축물은 외벽이 내화구조인 경우 연면적이 ( )m^2이다.
라. 저장소의 건축물은 외벽이 비내화구조인 경우 연면적이 ( )m^2이다.
마. 위험물인 경우 지정수량의 ( ) 배

답 가:100, 나:50, 다:150, 라:75, 마:10

해

종류	내화구조	비내화구조
위험물	위험물의 지정수량×10	
제조소 및 취급소	100m^2	50m^2
저장소	150m^2	75m^2

옥외설치된 공작물은 외벽이 내화구조인 것으로 간주한다.

017 이동저장탱크의 장치에 대해 물음에 답하시오.

> 가 : 칸막이의 두께는?
> 나 : 방파판의 두께는?
> 다 : 방호틀의 두께는?

📋 가 : 3.2mm 이상, 나 : 1.6mm 이상, 다 : 2.3mm 이상

💡 **방파판은 1.6mm, 탱크 강철판, 칸막이는 3.2mm**, 방호틀은 2.3mm

018 액체를 운반하는 경우 수납율에 대해 아래 빈칸을 채우시오.

> 액체 위험물의 운반용기는 내용적의 (가)% 이하로 수납하고, (나)℃의 온도에서 누설되지 않도록 충분한 (다)를 두어야 한다.

📋 가 : 98, 나 : 55, 다 : 공간용적

💡 **고체위험물**은 운반용기 내용적의 **95% 이하**의 수납율로 수납할 것
액체위험물은 운반용기 내용적의 **98% 이하**의 수납율로 수납하되, **55도**의 온도에서 누설되지 아니하도록 충분한 공간용적을 유지하도록 할 것
알킬알루미늄 등(알킬리튬도)은 운반용기의 **내용적의 90% 이하**의 수납율로 수납하되, **50℃의 온도에서 5% 이상의 공간용적을 유지**하도록 할 것

019 다음 중 물보다 무겁고 수용성인 것은?

> 아세톤, 글리세린, 클로로벤젠, 이황화탄소, 아크릴산

📋 글리세린, 아크릴산

💡 모두 제4류 위험물 중 물보다 무거운 물질 기억해 두는 것이 좋다. 이황화탄소, 제2석유류 중 아크릴산, 아세트산, 히드라진, 포름산, 클로로벤젠, 제3석유류 등이다. 이 중에 수용성인 것 고르면 된다.

020 히드라진과 제6류 위험물 중 어떤 물질을 반응시키면 질소, 물이 발생된다. 다음에 답하시오.

> 가 : 위 반응에 대한 반응식은?
> 나 : 위 물질 중 위험물안전관리법령상 제6류 위험물의 기준에 해당하기 위한 기준은?

📋 가 : $N_2H_4 + 2H_2O_2 \rightarrow N_2 + 4H_2O$, 나 : 농도가 36중량 퍼센트 이상이어야 한다.

💡 히드라진과 과산화수소가 만나면 질소와 물이 발생하는데, 과산화수소의 위험물 기준은 농도가 36중량 퍼센트 이상이어야 한다.

2회 2020년 기출문제 (위험물기능사)

001 위험물안전관리법령상 위험물에 대해 다음 빈칸을 채우시오.

명칭	화학식	지정수량(kg)
과염소산나트륨	(가)	(나)
과망간산나트륨	(다)	(라)
질산칼륨	(마)	(바)

답 가: $NaClO_4$, 나: 50kg, 다: $NaMnO_4$, 라: 1000kg, 마: KNO_3, 바: 300kg

002 다음 제4류 위험물 중 위험등급 Ⅰ등급에 해당하는 것은?

이황화탄소, 메틸에틸케톤, 휘발유, 디에틸에테르, 아세톤, 에틸알코올, 아세트알데히드

답 이황화탄소, 디에틸에테르, 아세트알데히드

해 제4류 위험물 중 위험등급 Ⅰ등급은 특수인화물이다.

003 위험물안전관리법령상 BrF_5 6000kg은 몇 소요단위인가?

답 2소요단위

해

종류	내화구조	비내화구조
위험물	위험물의 지정수량×10	
제조소 및 취급소	100 m²	50 m²
저장소	150 m²	75 m²

옥외설치된 공작물은 외벽이 내화구조인 것으로 간주한다.
제6류 위험물 중 할로겐간화합물이다. 지정수량은 300kg이고 소요단위는 그 열 배인 3000kg이 된다.

004 다음 물질의 화학식은?

가: 시안화수소
나: 피리딘
다: 에틸알코올
라: 디에틸에테르
마: 에틸렌글리콜

답 가: HCN, 나: C_5H_5N, 다: C_2H_5OH, 라: $C_2H_5OC_2H_5$, 마: $C_2H_4(OH)_2$

005 특수인화물의 정의에 대해 빈칸을 채우시오.

특수인화물은 이황화탄소, 디에틸에테르, 그밖에 1기압에서 발화점이 (가)℃ 이하인 것 또는 인화점이 영하 (나)℃ 이하이고 비점이 (다)℃ 이하인 것을 말한다.

답 가: 100, 나: 20, 다: 40

해 제4류 위험물의 분류 기준을 알아야 한다(1기압에서).
- 특수인화물: 이황화탄소, 디에틸에테르 그밖에 **발화점 100℃ 이하 또는(or) 인화점이 -20℃ 이하이고(and) 비점 40℃ 이하**인 것
- 제1석유류: 아세톤, 휘발유, 그밖에 **인화점이 21℃ 미만인 것**
- 제2석유류: 등유, 경유, 그밖에 **인화점이 21℃ 이상 70℃ 미만인 것**
  (도료류 그 밖의 물품에 있어 가연성 액체량이 40 중량퍼센트 이하이고, 인화점이 섭씨 40도 이상인 동시에 연소점이 섭씨 60도 이상인 것은 제외)
- 제3석유류: 중유, 클레오소트유 그밖에 **인화점이 70℃ 이상 200℃ 미만인 것**
  (도료류 그 밖의 물품에 있어 가연성 액체량이 40 중량퍼센트 이하인 것은 제외)
- 제4석유류: 기어유, 실린더유 그밖에 **인화점이 200℃ 이상 250℃ 미만인 것**
  (도료류 그 밖의 물품에 있어 가연성 액체량이 40 중량퍼센트 이하인 것은 제외)
- 알코올류: 알코올류 하나의 분자를 이루는 탄소 원자수가 1에서 3개까지인 포화1가 알코올류가 위험물에 해당함
- 동식물류: 동물, 식물에서 추출한 것으로 인화점이 **250℃ 미만인 것**

006 금속칼륨에 대해 답하시오.

가: 물과의 화학반응식은?
나: 발생되는 기체는?

답 $2K + 2H_2O \rightarrow 2KOH + H_2$, 수소

해 알칼리금속은 물과 반응하여 수산화금속과 수소를 만든다. 암기해야 한다. 문제에서는 수산화칼륨과 수소를 만들며, 미정계수방정식에 의해 풀 수도 있다.

007 염소산칼륨($KClO_3$) 1kg 분해되는 경우 다음에 답하시오. (표준상태)

가: 발생하는 산소의 질량(g)
나: 발생하는 산소의 부피(L)

답 가: 391.84kg, 나: 274.29L

해 염소산칼륨의 분해되는 경우 반응식은
$2KClO_3 \rightarrow 2KCl + 3O_2$
염소산칼륨의 분자량을 계산하면
$39 + 35.5 + (16 \times 3) = 122.5$g/mol이므로 1kg은 약, 8.1633mol에 해당한다.
염소산칼륨과 산소의 반응비는 2:3 이므로
2:3 = 8.1633:X(발생하는 산소의 몰수)의 식이 성립하고
X는 약 12.2449몰이 된다.
표준상태에서 산소 1몰의 부피는 22.4L이므로 12.2449몰의 부피는 약 274.2858L이고, 산소 1몰의 질량은 32g이므로 12.2449몰의 질량은 391.8368g이 된다.

008 탄소 1kg이 완전연소하는데 필요한 산소의 부피를 구하시오. (750mmHg, 30℃)

답 약 2098.11L

해 반응식은 $C + O_2 \rightarrow CO_2$ 이다.

탄소와 산소의 분자는 1:1로 대응하므로, 탄소 1000g의 몰수는 83.3333이고, 산소도 83.3333몰만큼 반응한다는 의미이다.
이상기체 방정식에 의해 풀면 된다.

- 공식은, $PV = \frac{W}{M} RT$ 이다.
- P는 압력이고 단위는 atm이다(만약, 압력단위가 mmHg로 제시되었던 경우 제시된 압력에 1/760을 곱하면 atm 단위가 되므로 atm단위로 변환해서 대입하면 된다.).
- V는 부피이고 단위는 L 혹은 m^3(1L는 $0.001m^3$이다.)
- w는 질량이고 단위는 g 혹은 kg
- M은 분자량이고 단위는 g/mol 혹은 kg/kmol ($\frac{W}{M}$ 은 몰수이다(g or kg을 g/mol or kg/kmol로 나누면 mol만 남는다). 따라서 해당 물질의 분자량과 질량이 안 나오고 그냥 몰수가 나오면 몰수로 계산하면 된다.)
- 다만, 분자량과 질량의 단위를 맞추어야 한다. 분자량이 g이므로 질량 1kg을 1000g으로 바꾸어서 대입한다.
- R은 기체상수이고 0.082atm·L/mol·K 혹은 0.082atm·m^3/kmol·K(그냥 0.082로 하면 된다.)
- T는 절대온도이고 단위는 K이고 섭씨온도에 273을 더하면 된다.
- 단위를 g으로 맞출 경우 나오는 부피 단위는 리터인데, 1L는 $0.001m^3$이므로 m^3단위로 구해야 한다면 변환하면 된다. 단위를 kg으로 맞추면 나오는 부피단위는 m^3이다.

대입하면 되는데, $\frac{W}{M}$ 는 곧 몰 수 이므로, 1000/12 몰이고, 산소도 1000/12몰이 된다. P는 750mmHg로 주어졌으므로 1/760을 곱한값, 즉 atm으로 변환한 값을 대입하면 되고, 온도 T는 30 + 273이다. 1000/12 × 0.082 × 303 / (750/760) 계산하면 2098.11L이다.

009 다음 위험물의 지정수량의 배수의 합은?

가 : 질산에틸 5kg
나 : 셀룰로이드 150kg
다 : 피크린산 100kg

답 16배

해 지정수량은 순서대로 10kg, 10kg, 200kg이 된다.
지정수량의 배수는 각 0.5, 15, 0.5가 된다. 다 합하면 16이다.

010 2몰의 아세트산의 완전연소시 발생하는 이산화탄소의 몰수는?

답 4몰

해 $CH_3COOH + O_2 \rightarrow CO_2 + H_2O$ 형식의 반응식이 될 것이다. 이를 각 a, b, c, b의 미정계수방정식으로 풀면 각 1, 2, 2, 2 가 된다. 따라서 2몰의 아세트산에 대해서는 4몰의 산소가 반응한다.

반응식 : $2CH_3COOH + 4O_2 \rightarrow 4CO_2 + 4H_2O$

011 다음 물질의 연소 반응식은?

> 가 : 디에틸에테르
> 나 : 아세트알데히드
> 다 : 이황화탄소
> 라 : 메틸에틸케톤

답 가 : $C_2H_5OC_2H_5 + 6O_2 \rightarrow 4CO_2 + 5H_2O$
나 : $2CH_3CHO + 5O_2 \rightarrow 4CO_2 + 4H_2O$
다 : $CS_2 + 3O_2 \rightarrow CO_2 + 2SO_2$
라 : $2CH_3COC_2H_5 + 11O_2 \rightarrow 8CO_2 + 8H_2O$

012 니트로글리세린의 폭발, 분해 시, 이산화탄소, 수증기, 질소, 산소가 발생한다. 다음 물음에 답하시오

> 가 : 분해반응식은?
> 나 : 니트로글리세린 1kmol의 분해 시 생성되는 기체의 부피(m^3)는? (표준상태)

답 가 : $4C_3H_5(ONO_2)_3 \rightarrow 12CO_2 + 10H_2O + O_2 + 6N_2$
나 : $162.4m^3$

해 분해반응식을 먼저 떠올리면
$C_3H_5(ONO_2)_3 \rightarrow CO_2 + H_2O + O_2 + N_2$가 떠오른다. 미정계수 방정식에 의해 풀면
$4C_3H_5(ONO_2)_3 \rightarrow 12CO_2 + 10H_2O + O_2 + 6N_2$
이 된다.
니트로글리세린 분해시 발생하는 물질은 모두 기체이므로 대응 비는 4:29 이고 4:29 = 1:X(발생하는 기체의 몰수)의 식이 세우지고, X구하면 7.25kmol이 된다. 표준상태에서 기체 7.25kmol의 부피는 22.4m^3를 곱하면 된다. 162.4m^3이다.

013 다음 위험물의 연소 반응식은?

> 가 : 유황(황)
> 나 : 삼황화인
> 다 : 알루미늄

답 가 : $S + O_2 \rightarrow SO_2$, 나 : $P_4S_3 + 8O_2 \rightarrow 2P_2O_5 + 3SO_2$,
다 : $4Al + 3O_2 \rightarrow 2Al_2O_3$

014 다음 분말소화약제의 화학식은?

가. 제1종 분말소화약제
나. 제2종 분말소화약제
다. 제3종 분말소화약제

답 가: $NaHCO_3$, 나: $KHCO_3$, 다: $NH_4H_2PO_4$

해

종류	성분	적응화재	열분해반응식	색상
제1종 분말	$NaHCO_3$ (탄산수소나트륨)	B, C	$2NaHCO_3$ → $Na_2CO_3 + CO_2 + H_2O$	백색
제2종 분말	$KHCO_3$ (탄산수소칼륨)	B, C	$2KHCO_3$ → $K_2CO_3 + CO_2 + H_2O$	담회색
제3종 분말	$NH_4H_2PO_4$ (제1인산암모늄)	A, B, C	$NH_4H_2PO_4$ → HPO_3(메타인산) + NH_3(암모니아) + H_2O	담홍색
제4종 분말	$KHCO_3$ + $(NH_2)_2CO$ (탄산수소칼륨+요소)	B, C	$2KHCO_3 + (NH_2)_2CO$ → $K_2CO_3 + 2NH_3 + 2CO_2$	회색

015 다음의 제3류 위험물의 명칭과 물과의 반응식을 쓰시오.

적갈색의 고체, 물과 반응 시 인화수소를 발생, 비중이 2.5, 지정수량 300kg

답 인화칼슘, $Ca_3P_2 + 6H_2O$ → $3Ca(OH)_2 + 2PH_3$

016 위험물안전관리법령상 다음 위험물과 혼재 가능한 위험물은?(지정수량 1/10 초과한 경우이다.)

가: 제1류 위험물
나: 제2류 위험물
다: 제3류 위험물

답 가: 제6류, 나: 제4류, 제5류, 다: 제4류

해 423 524 61

017 다음에서 산의 세기가 작은 것부터 순서대로 쓰시오.

가: $HClO$, 나: $HClO_2$, 다: $HClO_3$, 라: $HClO_4$

답 가, 나, 다, 라

해 중심원자에 산소가 많이 결합할수록 강산이다.

018 다음은 제2류 위험물에 대해 답하시오.

원자량이 24, 은백색의 가벼운 금속
가: 품명은?
나: 염산과 반응 시 화학반응식은?

답 가: 마그네슘, 나: $Mg + 2HCl$ → $MgCl_2 + H_2$

해 원자량 24인 물질은 마그네슘임을 쉽게 알 수 있다. 염산과 반응 시 염화마그네슘과 수소를 생성한다.

019 하나의 옥내저장탱크 전용실에 메탄올을 저장하는 2개의 옥내저장탱크를 설치하는 경우에 다음의 질문에 답하시오.

> 가 : 탱크전용실 벽 사이의 거리
> 나 : 옥내저장탱크 상호 간의 간격
> 다 : 옥내저장탱크 용량

답 가 : 0.5m이상, 나 : 0.5m이상, 다 : 16000L

해
- 옥내탱크(이하 "옥내저장탱크"라 한다.)는 **단층건축물에 설치된 탱크전용실**에 설치할 것
- 옥내저장탱크와 **탱크전용실의 벽과의 사이** 및 **옥내저장탱크의 상호간**에는 **0.5m 이상의 간격**을 유지할 것
- 옥내저장탱크의 용량(동일한 탱크전용실에 옥내저장탱크를 2 이상 설치하는 경우에는 각 탱크의 용량의 합계를 말한다.)은 **지정수량의 40배 이하**일 것, **4석유류 및 동식물유류 외의 제4류 위험물**에 있어서 당해 수량이 20,000ℓ를 초과할 때에는 **20,000ℓ 이하**일 것

메탄올의 지정수량은 400L이고, 40배 이하면 16000L가 된다.

020 다음 각 위험물의 운반용기 외부에 표시해야 하는 주의사항은?

> 가 : 마그네슘
> 나 : 과산화벤조일
> 다 : 황린
> 라 : 아세톤
> 마 : 과산화수소

답 가 : 화기주의, 물기엄금, 나 : 화기엄금, 충격주의, 다 : 화기엄금, 공기접촉엄금, 라 : 화기엄금, 마 : 가연물접촉주의

해 마그네슘은 2류 중 철분, 마그네슘, 금속분에 해당하고, 과산화벤조일은 제5류, 황린은 제3류 자연발화성 물질, 아세톤은 제4류, 과산화수소는 제6류이다.

위험물에 따른 **주의사항(운반용기 표시사항)**
- 1류
  1) 알칼리금속과산화물의 경우 : **화기/충격주의, 물기엄금 및 가연물접촉주의**
  2) 그 밖의 것 : **화기/충격주의, 가연물 접촉주의**
- 2류
  1) **철분, 마그네슘, 금속분 : 화기주의 물기엄금**
  2) **인화성 고체 : 화기엄금**
  3) **그 밖의 것 : 화기주의**
- 3류
  1) **자연발화성 물질 : 화기엄금 및 공기접촉엄금**
  2) **금수성물질 : 물기엄금**
- 4류 : **화기엄금**
- 5류 : **화기엄금, 충격주의**
- 6류 : **가연물접촉주의**

001 탄화알루미늄과 탄화칼슘이 물과 반응하는 경우 발생하는 물질을 각각 쓰시오.

> 가: 탄화알루미늄
> 나: 탄화칼슘

답 가: 수산화알루미늄, 메탄 나: 수산화칼슘, 아세틸렌

해 가: $Al_4C_3 + 12H_2O \rightarrow 4Al(OH)_3 + 3CH_4$
나: $CaC_2 + 2H_2O \rightarrow Ca(OH)_2 + C_2H_2$

002 이황화탄소 76g의 연소 시 발생기체의 부피는 몇 리터인가? (표준상태이다.)

답 67.2L

해 이황화탄소의 연소반응식은
$CS_2 + 3O_2 \rightarrow CO_2 + 2SO_2$이다. 연소 시 발생하는 기체는 이산화탄소와 이산화황인데, 이황화탄소 1몰에 대해 이들 기체는 총 3몰이 발생한다.
이황화탄소의 분자량은 76g/mol이므로 질문은 이황화탄소 1몰 연소시 발생하는 기체의 부피를 묻는 문제이다. 발생기체는 총 3몰이고 기체 1몰의 부피는 표준상태에서 22.4리터이므로 발생기체는 67.2L이다.

003 다음 위험물의 지정수량은?

> 가: 마그네슘
> 나: 철분
> 다: 알루미늄분
> 라: 황
> 마: 인화성고체

답 가: 500kg, 나: 500kg, 다: 500kg, 라: 100kg, 마: 1000kg

해 100kg 유황(황) 황화인 적린 / 500kg 철분 금속분 마그네슘, 1000kg 인화성고체

암기법 백유황적 / 오철금마 천인 (백유황 장군이 적을 물리치기 위해 5섯 마리의 철금말(마)과 천명의 사람(인)을 준비하는 이야기로 기억한다.)

004 다음 물질의 증기비중은?

> 가: 이황화탄소
> 나: 글리세린
> 다: 아세트산

답 가: 2.62, 나: 3.17, 다: 2.07

해 증기비중은 각 물질의 분자량을 29로 나눈값이 된다. **각 물질의 분자량을 구하면 CS_2는 76, $C_3H_5(OH)_3$는 92, CH_3COOH은 60이고, 각각 29로 나누면 된다.**

005 다음에서 세가지 기체 A, B, C가 혼합되어 있는 경우 이 기체의 폭발범위를 구하라.

> 혼합농도는 A : B : C = 5 : 3 : 2이고, 각 기체의 폭발범위는 A는 5 ~ 15%, B는 3 ~ 12%, C는 2 ~ 10%

답 3.33 ~ 12.77%

해 혼합기체의 폭발범위(연소범위)를 구하는 공식은 아래와 같다.

$100/L = V_1/L_1 + V_2/L_2 + V_3/L_3 + \cdots$
$100/H = V_1/H_1 + V_2/H_2 + V_3/H_3 + \cdots$
(V는 각 물질의 비율(vol%), Ln은 각 물질의 폭발범위 하한, Un은 각 물질의 폭발범위 상한)
하한은 $100/L = 50/5 + 30/3 + 20/2$
상한은 $100/H = 50/15 + 30/12 + 20/10$
L = 3.33, H = 12.77

006 다음 물질의 연소생성물의 화학식은?

> 가: 적린
> 나: 삼황화인
> 다: 황린

답 가: P_2O_5, 나: P_2O_5, SO_2, 다: P_2O_5

해 가: $4P + 5O_2 \rightarrow 2P_2O_5$
나: $P_4S_3 + 8O_2 \rightarrow 2P_2O_5 + 3SO_2$
다: $P_4 + 5O_2 \rightarrow 2P_2O_5$

007 소화난이도 I 등급에 해당하는 제조소에 대해 답하시오.

> 가: 제조소의 연면적은 얼마 이상인가?
> 나: 지정수량의 몇 배 이상의 양을 취급하는가?(4류 위험물을 취급하는 경우)
> 다: 지반적으로부터 얼마 이상의 높이에 위험물 취급설비가 있는가?

답 가: 1000m² 이상, 나: 100배, 다: 6m

해
- 연면적 1,000m² 이상인 것
- 지정수량의 100배 이상인 것(고인화점위험물만을 100℃ 미만의 온도에서 취급하는 것 및 제48조의 위험물을 취급하는 것은 제외)
- 지반면으로부터 6m 이상의 높이에 위험물 취급설비가 있는 것(고인화점위험물만을 100℃ 미만의 온도에서 취급하는 것은 제외)

008 옥외저장탱크에 대해 물음에 답하시오.

가: 옥외저장탱크의 강철판 두께는? (특정옥외저장탱크 및 준특정옥외저장탱크는 제외)
나: 밸브 없는 통기관의 지름은? (제4류 위험물 저장 시)

답 가: 3.2mm, 나: 30mm

해 옥외저장탱크는 특정옥외저장탱크 및 준특정옥외저장탱크 외에는 **두께 3.2mm** 이상의 **강철판**으로 하는 것 기억해야 한다. 밸브 없는 통기관의 지름은 30mm이다.

009 판매취급소에 대해 답하시오.

가: 제2종 판매취급소의 경우 위험물의 지정수량의 몇 배 이하를 취급하는가?
나: 배합실의 바닥면적은 범위는 어떠한가?
다: 출입구 문턱의 높이는 바닥면으로부터 얼마 이상으로 해야 하는가?

답 가: 40배, 나: 6m² 이상 15m² 이하, 다: 0.1m

해 2종 판매취급소의 경우 40배 이하, 1종은 20배 이하이다.
위험물을 **배합하는 실은 다음에 의할 것**
- **바닥면적은 6m² 이상 15m² 이하**로 할 것
- **출입구 문턱의 높이는 바닥면으로부터 0.1m 이상**으로 할 것

010 다음 위험물에 대해 답하시오.

이황화탄소, 아세톤, 아세트알데히드, 벤젠, 아세트산
가: 비수용성인 물질은?
나: 인화점이 가장 낮은 물질은?
다: 비점이 가장 높은 물질은?

답 가: 벤젠, 이황화탄소, 나: 아세트알데히드, 다: 아세트산

해 각물질의 인화점은 순서대로 −30℃, −18℃, −38℃, −11℃, 40℃이다.
비점은 순서대로 46℃, 56.5℃, 21℃, 80℃, 118℃

011 다음 각 물질의 명칭은?

가: $CH_3COC_2H_5$
나: C_6H_5Cl
다: $CH_3COOC_2H_5$

답 가: 메틸에틸케톤, 나: 클로로벤젠, 다: 아세트산에틸

012 다음 위험물의 운반용기 외부에 표시해야 하는 주의사항은?

> 가: 인화성 고체
> 나: 제5류 위험물
> 다: 제6류 위험물

답 가: 화기엄금, 나: 화기엄금, 충격주의, 다: 가연물접촉주의

해 위험물에 따른 **주의사항(운반용기 표시사항)**
- 1류
  1) 알칼리금속과산화물의 경우: **화기/충격주의, 물기엄금 및 가연물접촉주의**
  2) 그 밖의 것: **화기/충격주의, 가연물 접촉주의**
- 2류
  1) **철분, 마그네슘, 금속분: 화기주의 물기엄금**
  2) **인화성 고체: 화기엄금**
  3) **그 밖의 것: 화기주의**
- 3류
  1) **자연발화성 물질: 화기엄금 및 공기접촉엄금**
  2) **금수성물질: 물기엄금**
- 4류: **화기엄금**
- 5류: **화기엄금, 충격주의**
- 6류: **가연물접촉주의**

013 비중 0.79의 에틸알코올 200mL를 물 150mL와 혼합하는 경우 다음 질문에 답하시오.

> 가: 에틸알코올의 농도(wt%)는?
> 나: "가"의 에틸알코올은 위험물안전관리법령상의 알코올류에 속하는지 말하고, 이유를 서술하시오.

답 가: 51.3wt%, 나: 속하지 않는다. 농도가 60wt% 이하이기 때문이다.

해 가: 전체 물질에서 에틸알코올의 중량퍼센트를 구하기 위해서는 전체 물질의 중량과 각물질의 중량을 알아야 한다. 중량퍼센트는 전체 물질의 중량에 비해 특정물질의 중량이 얼마만큼 차지하는가이기 때문이다.
- 액체의 비중은 그 물질의 밀도와 같다. 따라서 비중이 0.79인 에틸알코올의 밀도도 그와 같으므로 밀도는 질량/부피 (kg/L, g/mL)이므로 질량 = 부피 × 밀도가 된다. 알코올 200mL의 질량은 0.79 × 200 = 158g이 된다.
- 물의 경우 밀도가 1(1리터당 1kg)이므로 150mL의 질량은 150g이 된다.
- 두 물질을 합한 물질에서 에틸알코올의 중량퍼센트는 158/(158 + 150) × 100 이 된다.

나: 알코올의 경우 1분자를 구성하는 탄소원자의 수가 1개 내지 3개의 포화1가 알코올의 함유량이 60중량퍼센트 이상이어야 한다.

014 다음 제5류 위험물 중 질산에스테르류에 속하는 것은?

> 피크린산, 테트릴, 트리니트로톨루엔, 니트로셀룰로오스, 니트로글리세린, 질산메틸

답 질산메틸, 니트로셀룰로오스, 니트로글리세린

해 질산에스테르류는 주로 질산으로 시작하는 것, 니트로로 시작하는 것과 셀룰로오스이다.

015 다음 시설물이 제조소 등으로부터 이격해야 하는 안전거리에 대해 답하시오.

> 가: 노인복지시설, 나: 고압가스시설, 다: 35000V초과 특고압가공전선

답 가: 30m, 나: 20m, 다: 5m

해 가. **유형문화재와 지정문화재: 50m 이상**
  나. **학교, 병원, 극장 등 다수인 수용 시설(극단, 아동복지시설, 노인보호시설, 어린이집 등): 30m 이상**
  다. **고압가스**, 액화석유가스 또는 도시가스를 저장 또는 취급하는 시설: 20m 이상
  라. **주거용인 건축물 등: 10m 이상**
  마. **사용전압이 35,000V를 초과하는 특고압가공전선: 5m 이상**
  바. 사용전압이 7,000V 초과 35,000V 이하의 특고압가공전선: 3m 이상

[암기법] 암기는 532153이고, 문학가주사사로 암기(문학가가 주사 부리다 사망하는 이야기)

016 다음 1류 위험물이 물과 반응하여 산소를 발생시키는 화학반응식은?

> 가: 과산화나트륨
> 나: 과산화마그네슘

답 가: $2Na_2O_2 + 2H_2O \rightarrow 4NaOH + O_2$
  나: $2MgO_2 + 2H_2O \rightarrow 2Mg(OH)_2 + O_2$

017 다음 물질의 화학식과 분자량은?

> 가: 질산
> 나: 과염소산

답 가: 질산 화학식: HNO_3, 분자량: 63,
  나: 과염소산 화학식: $HClO_4$, 분자량: 100.5

해 $HClO_4$ 분자량은 $1 + 35.5 + 16 \times 4$, HNO_3 분자량은 $1 + 14 + 16 \times 3$

018 히드록실아민(하이드록실아민) 등의 제조소의 특례기준에 따르는 경우, 아래의 질문에 답하시오.

> 가:(가) 등의 혼입에 의한 위험을 방지하기 위한 조치를 취해야 한다.
> 나:(나) 및 (다)의 상승에 의한 위험을 방지하기 위한 조치를 취해야 한다.

답 가:철 이온 등, 나:온도, 다:농도

019 니트로글리세린에 대해 답하시오.

> 가:상온에서 고체, 액체, 기체 중 어떤 상태인가?
> 나:이 물질을 제조하기 위해 글리세린에 혼합하는 물질 2가지는?
> 다:이 물질을 규조토에 흡수시켰을 경우 만들어지는 화약은?

답 가:액체, 나:황산, 질산, 다:다이너마이트

020 다음 표의 빈칸을 채우시오.

명칭	화학식	지정수량
과망간산칼륨	(가)	(나)
(다)	NH_4ClO_4	(라)
중크롬산칼륨	(마)	(바)

답 가:$KMnO_4$, 나:1000kg, 다:과염소산암모늄, 라:50kg, 마:$K_2Cr_2O_7$, 바:1000kg

2020년 기출문제 4회

001 다음 위험물과 지정수량이 바르게 연결된 것을 모두 고르시오.

> 가: 아닐린 – 2000L
> 나: 아마인유 – 6000L
> 다: 피리딘 – 400L
> 라: 실린더유 – 4000L
> 마: 산화프로필렌 – 200L

답 가, 다

해 실린더유는 6000L, 산화프로필렌은 50L, 아마인유는 10000L이다.

002 다음 중 1기압에서 인화점이 21℃ 이상 70℃미만인 수용성의 물질을 모두 고르시오.

> 테레핀유, 니트로벤젠, 아세트산, 포름산

답 아세트산, 포름산

해 문제는 제2석유류에 대한 설명이다. 제2석유류 중 수용성인 물질은 아세트산, 포름산이다.
테페린유는 제2석유류 중 비수용성, 니트로벤젠은 제3석유류이다.

003 다음에서 설명하는 제4류 위험물에 대해 답하시오.

> 분자량이 58, 비점이 56.5℃, 요오드포름반응을 한다.
> 가: 명칭은?
> 나: 시성식은?
> 다: 위험등급은?

답 가: 아세톤, 나: CH_3COCH_3, 다: II

해 제4류 위험물 중 아세톤에 대한 설명이다. 요오드포름 반응을 하고, 수용성이다.

004 다음 위험물의 지정수량은?

> 가: 무기과산화물
> 나: 요오드산염류(아이오딘산염류)
> 다: 질산염류
> 라: 염소산염류
> 마: 중크롬산염류

답 가: 50kg, 나: 300kg, 다: 300kg, 라: 50kg, 마: 1000kg

005 트리니트로톨루엔의 제조 방법을 설명하시오.

답 톨루엔에 질산, 황산 반응(니트로화)시켜서 만든다.

006 알루미늄에 대해 다음에 답하시오.

가 : 연소반응식
나 : 염산과의 반응식
다 : 물과 반응식

답 가 : $4Al + 3O_2 \rightarrow 2Al_2O_3$
나 : $2Al + 6HCl \rightarrow 2AlCl_3 + 3H_2$
다 : $2Al + 6H_2O \rightarrow 2Al(OH)_3 + 3H_2$

007 다음 물질의 연소반응식을 쓰시오.

가 : 톨루엔
나 : 벤젠
다 : 이황화탄소

답 가 : $C_6H_5CH_3 + 9O_2 \rightarrow 7CO_2 + 4H_2O$
나 : $2C_6H_6 + 15O_2 \rightarrow 12CO_2 + 6H_2O$
다 : $CS_2 + 3O_2 \rightarrow CO_2 + 2SO_2$

008 다음 제5류 위험물에 대해 다음을 답하시오.

가 : 과산화벤조일의 구조식은?
나 : 분자량은?

답 가 :

$$O = C - O - O - C = O$$
(벤젠고리 두 개가 각각 C에 결합)

나 : 242

해 과산화벤조일의 구조식은 암기해야 한다. 출제되는 구조식이다.
분자량은 $(C_6H_5CO)_2O_2$
$= (12 \times 6 + 1 \times 5 + 12 + 16) \times 2 + 16 \times 2$

009 과산화수소와 히드라진이 반응하면 로켓의 추진연료가 된다. 이 화학반응식은?

답 $N_2H_4 + 2H_2O_2 \rightarrow N_2 + 4H_2O$

010 이산화탄소소화기의 소화작용 2가지는?

답 질식소화, 냉각소화

011 과산화칼륨 1몰이 이산화탄소와 반응하는 경우 발생되는 산소의 부피는? (표준상태이다.)

답 11.2L

해 반응식은 $2K_2O_2 + 2CO_2 \rightarrow 2K_2CO_3 + O_2$이다.
과산화칼륨과 산소의 대응 몰수의 비는 2:1이다.
과산화칼륨 1몰 반응 시, 산소는 0.5몰이 발생한다.
기체 1몰은 22.4L이므로 0.5몰은 11.2L이다.

012 지하탱크의 압력탱크 외에 탱크는 (가) kPa의 압력으로, 압력탱크에 있어서는 최대상용압력의 (나)배의 압력으로 각각 (다) 분간 수압시험을 한다. 이 경우 수압시험은 (라)과 비파괴시험을 동시에 실시하는 방법으로 대신할 수 있다.

답 가: 70, 나: 1.5, 다: 10, 라: 기밀시험

013 고체 가연물의 연소형태에 대해 답하시오.

가: 연소형태 4가지를 쓰시오.
나: 유황(황)의 연소형태는?

답 가: 표면연소, 증발연소, 분해연소, 자기연소
나: 증발연소

014 다음 탱크의 용량은?

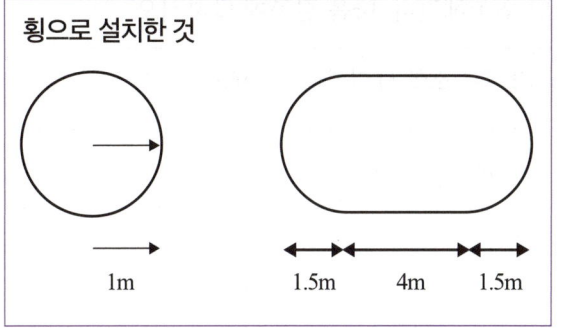
횡으로 설치한 것
1m   1.5m 4m 1.5m

답 약 15.71m³

해 $\pi r^2 (l + \dfrac{l_1 + l_2}{3})$
각 대입하면 $\pi \times 1^2 \times [4 + (1.5 + 1.5)/3]$이 된다.

015 위험물안전관리법령상 다음 내용에 대해 빈칸을 채우시오.

가: 위험물이란 (   ) 또는 (   ) 등의 성질을 가지는 것으로서 대통령령으로 정하는 물품을 말한다.
나: (   )이라 함은 위험물의 종류별로 위험성을 고려하여 대통령령이 정하는 수량으로 제조소 등의 설치허가 등에 있어 최저의 기준이 되는 수량을 말한다.

답 가: 인화성, 발화성, 나: 지정수량

016 트리에틸알루미늄 화재 시 주수소화를 하면 위험해진다. 다음 질문에 답하시오.

> 가: 주수소화 시 발생하는 기체는?
> 나: 주수소화 시 발생하는 발생하는 가연성 기체의 연소반응식은?

답 가: 에탄, 나: $2C_2H_6 + 7O_2 \rightarrow 4CO_2 + 6H_2O$

017 제2류 위험물과 혼재할 수 없는 위험물은? (지정수량의 10배 이상을 운반하는 경우다.)

답 제1류, 제3류, 제6류 위험물

해 423 524 61

018 디에틸에테르 37g이 모두 기화되어서 2L가 되었다. 압력은 얼마인가? (온도는 100℃)

답 7.65atm

해 이상기체 방정식을 이용하여 풀면 된다. $PV = \frac{W}{M}RT$

$C_2H_5OC_2H_5$의 분자량은 74g/mol이다.
$P = 37/74 \times 0.082 \times 373 / 2$

019 다음 물질이 물과 반응하여 발생시키는 기체는?

> 가: 수소화나트륨
> 나: 과산화마그네슘
> 다: 질산나트륨
> 라: 칼륨
> 마: 과염소산나트륨

답 가: 수소, 나: 산소, 다: 없음, 라: 수소, 마: 없음

해 1류 위험물 중 무기과산화물이 아닌 질산나트륨, 과염소산나트륨은 물과 반응하지 않는다.
무기과산화물인 과산화마그네슘은 산소를 발생시킨다.
칼륨은 금속으로 수소를 발생시키고
3류 위험물인 경우 잘 알아 두어야 하는데, 수소화나트륨은 아래에서 "그 외"에 해당하여 수소를 발생시킨다.

- 트리에틸알루미늄은 에탄(C_2H_6)
- 트리메틸알루미늄은 메탄(CH_4)
- 메틸리튬은 메탄
- **황린은 물과 수산화칼륨을 만나면 포스핀(PH_3) (황린은 물과는 원칙적으로 반응하지 않는다.)**
- 인화칼슘은 포스핀
- 인화알루미늄은 포스핀
- 탄화칼슘은 아세틸렌(C_2H_2)
- **탄화알루미늄은 메탄**
- **탄화망간은 수소와 메탄**
- 그 외는 수소

"그 외의"부분 기억할 것은 금속은 수소 금속수소화합물로 수소를 주로 발생시킨다는 것을 기억한다.

020 다음 분말소화약제의 1차 열분해 반응식은?

> 가 : 제1인산암모늄
> 나 : 탄산수소칼륨

답 가 : $NH_4H_2PO_4 \rightarrow NH_3 + H_3PO_4$
  나 : $2KHCO_3 \rightarrow K_2CO_3 + CO_2 + H_2O$

해

종류	성분	적응화재	열분해반응식	색상
제1종 분말	$NaHCO_3$ (탄산수소나트륨)	B, C	$2NaHCO_3$ $\rightarrow Na_2CO_3 + CO_2 + H_2O$	백색
제2종 분말	$KHCO_3$ (탄산수소칼륨)	B, C	$2KHCO_3$ $\rightarrow K_2CO_3 + CO_2 + H_2O$	담회색
제3종 분말	$NH_4H_2PO_4$ (제1인산암모늄)	A, B, C	$NH_4H_2PO_4$ $\rightarrow HPO_3$(메타인산) $+ NH_3$(암모니아) $+ H_2O$	담홍색
제4종 분말	$KHCO_3 +$ $(NH_2)_2CO$ (탄산수소칼륨+요소)	B, C	$2KHCO_3 + (NH_2)_2CO$ $\rightarrow K_2CO_3 + 2NH_3 +$ $2CO_2$	회색

제3종 분말소화약제의 경우 여러 차례 열분해 반응이 나타난다.

1차는 $NH_4H_2PO_4 \rightarrow NH_3 + H_3PO_4$
2차는 $2H_3PO_4 \rightarrow H_4P_2O_7 + H_2O$
3차는 $H_4P_2O_7 \rightarrow 2HPO_3 + H_2O$
최종으로 $NH_4H_2PO_4 \rightarrow HPO_3$(메타인산) $+ NH_3$(암모니아) $+ H_2O$

2021년 기출문제 1회

001 트리니트로페놀(피크린산)과 트리니트로톨루엔(TNT)의 구조식을 각각 그리시오.

답 트리니트로페놀:

[구조식: 페놀 고리에 OH(1위치), NO₂(2,4,6위치)]

트리니트로톨루엔:

[구조식: 톨루엔 고리에 CH₃(1위치), NO₂(2,4,6위치)]

002 제2류 위험물인 적린에 대해 답하시오.

가: 지정수량은?
나: 연소 시 발생하는 기체는?
다: 제3류 위험물 중 동소체는?

답 가: 100kg, 나: 오산화인, 다: 황린

해 연소반응식은 $4P + 5O_2 \rightarrow 2P_2O_5$
황린과 동소체이다.

003 다음 위험물의 품명과 지정수량은?

가: $(C_6H_5CO)_2O_2$
나: $C_6H_2(NO_2)_3CH_3$

답 가: 유기과산화물, 10kg, 나: 니트로화합물(나이트로화합물), 200kg

해 각 과산화벤조일과 트리니트로톨루엔이다.

004 에틸알코올과 칼륨이 반응하는 경우에 대해 답하시오.

> 가: 반응식은?
> 나: 에틸알코올 92g, 칼륨 78g이 반응하는 경우 발생되는 수소의 부피는? (표준상태이다.)

답 가: $2K + 2C_2H_5OH \rightarrow 2C_2H_5OK + H_2$
　　나: 22.4L

해 칼륨과 에틸알코올이 반응하면 칼륨에틸라이드와 수소를 발생시킨다.

에틸알코올, 칼륨, 수소의 몰 수 비율은 2:2:1이다. 에틸알코올 92g, 칼륨 78g은 2몰에 해당하고, 따라서 발생하는 수소는 1몰이다. 기체 1몰의 부피는 표준상태에서 22.4L이다.

005 위험물 안전관리법령상의 주유취급소 게시판에 대해 답하시오.

> 가: 주유취급소 게시판의 바탕색과 글자의 색깔은?
> 나: 주유 중 엔진정지 표지판의 바탕색과 글자의 색깔은?

답 가: 백색바탕, 흑색문자, 나: 황색바탕, 흑색문자

해

종류	바탕	문자
화기엄금	적색	백색
물기엄금	청색	백색
주유중엔진정지	황색	흑색
위험물제조소 등	백색	흑색
위험물	흑색	황색반사도료

주유취급소는 위험물제조소와 동일하게 표시한다.

006 다음 설명하는 물질에 대해 답하시오.

> • 제4류 위험물로 분자량이 58
> • 일광으로 과산화물을 생성
> • 피부 접촉 시 탈지작용
> 　가: 이 물질의 화학식은?
> 　나: 이 물질의 지정수량은?

답 가: CH_3COCH_3, 나: 400L

해 아세톤에 대한 설명이다. **탈지작용하면 아세톤**을 떠올려야 한다.

분자량은 $12 + 1 \times 3 + 12 + 16 + 12 + 1 \times 3$

007 다음 각 물질의 소요단위는?

> 가: 질산 90000kg
> 나: 아세트산 20000L

답 가: 30, 나: 1

해

종류	내화구조	비내화구조
위험물	위험물의 지정수량×10	
제조소 및 취급소	100 m²	50 m²
저장소	150 m²	75 m²

옥외설치된 공작물은 외벽이 내화구조인 것으로 간주한다.
질산의 지정수량은 300kg, 아세트산의 지정수량은 2000L이다.
각 10배 한 것이 소요단위이므로 위의 수량을 소요단위로 나누면 된다.

008 위험물안전관리법령상 다음 위험물과 같이 적재하여 운반이 가능한 위험물은?

> 가: 제4류 위험물
> 나: 제5류 위험물
> 다: 제6류 위험물

답 가: 제2류, 제3류, 제5류 위험물, 나: 제2류, 제4류 위험물, 다: 제1류 위험물

해 423 524 61

009 다음 원통형 탱크의 내용적의 계산공식을 쓰시오.

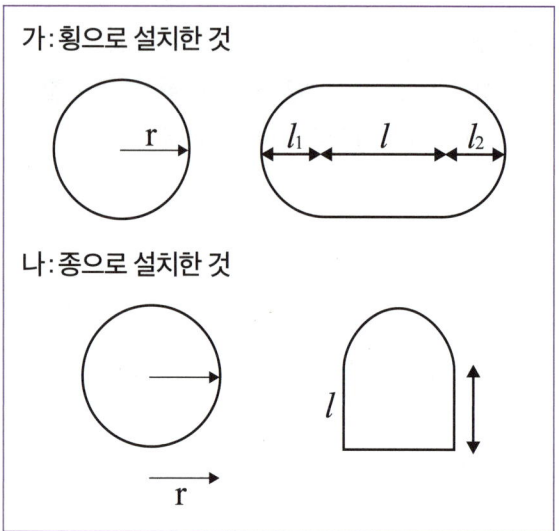

답 가: $\pi r^2 (l + \dfrac{l_1 + l_2}{3})$
　나: $\pi r^2 l$

010 다음 제1류 위험물의 지정수량을 각 쓰시오.

> 가: $K_2Cr_2O_7$
> 나: $KMnO_4$
> 다: KNO_3
> 라: $KClO_3$
> 마: K_2O_2

답 가: 1000kg, 나: 1000kg, 다: 300kg, 라: 50kg, 마: 50kg

해 순서대로 중크롬산칼륨, 과망간산칼륨, 질산칼륨, 염소산칼륨, 과산화칼륨

011 다음에서 아래 질문의 답을 찾으시오.

> 삼황화인, 오황화인, 유황(황), 적린, 황린, 마그네슘, 알루미늄분, 나트륨
> 가: 물과 반응하여 수소를 발생하는 물질은?
> 나: 제2류 위험물은?
> 다: 1족 원소는?

답 가: 마그네슘, 알루미늄분, 나트륨
나: 삼황화인, 오황화인, 유황(황), 적린, 마그네슘, 알루미늄분
다: 나트륨

해 마그네슘, 알루미늄분, 나트륨 등의 금속류는 물과 반응하면 수소를 발생시킨다.

012 위험물안전관리법령상 옥내저장소 옥내소화전설비를 4개 설치한 경우 수원의 양은?

답 31.2m³ 이상

해 수원의 수량은 옥내소화전이 **가장 많이 설치된 층의 설치개수에 7.8m³**을 곱한양이 되어야 한다(**설치개수가 5이상인 경우 5에 7.8 m³**을 곱한다.).
옥외소화전일 경우 수원의 양은 설치개수에 13.5m³를 곱한다(4개이상일 경우 4개가 기준이다.).

013 위험물안전관리법령상의 위험물의 저장, 취급의 공통기준에 대해 다음 빈칸을 채우시오.

> 가. ( ) 위험물은 가연물과의 접촉·혼합이나 분해를 촉진하는 물품과의 접근 또는 과열·충격·마찰 등을 피하는 한편, 알칼리금속의 과산화물 및 이를 함유한 것에 있어서는 물과의 접촉을 피하여야 한다.
> 나. ( ) 위험물은 산화제와의 접촉·혼합이나 불티·불꽃·고온체와의 접근 또는 과열을 피하는 한편, 철분·금속분·마그네슘 및 이를 함유한 것에 있어서는 물이나 산과의 접촉을 피하고 인화성 고체에 있어서는 함부로 증기를 발생시키지 아니하여야 한다.
> 다. ( ) 위험물 중 자연발화성물질에 있어서는 불티·불꽃 또는 고온체와의 접근·과열 또는 공기와의 접촉을 피하고, 금수성물질에 있어서는 물과의 접촉을 피하여야 한다.
> 라. ( ) 위험물은 불티·불꽃·고온체와의 접근 또는 과열을 피하고, 함부로 증기를 발생시키지 아니하여야 한다.
> 마. ( ) 위험물은 가연물과의 접촉·혼합이나 분해를 촉진하는 물품과의 접근 또는 과열을 피하여야 한다.

답 가: 제1류, 나: 제2류, 다: 제3류, 라: 제4류, 마: 제6류

해 읽어보면 모두 각 위험물의 특성을 설명한 것으로 이해할 수 있다.
참고로 제5류 위험물은 불티·불꽃·고온체와의 접근이나 과열·충격 또는 마찰을 피하여야 한다.

014 다음 중 위험물의 명칭과 화학식이 틀린 것은?

> 가: 벤젠: C_6H_6
> 나: 톨루엔: $C_6H_2CH_3$
> 다: 아세트알데히드: CH_3CHO
> 라: 아닐린: $C_6H_2N_2H_2$
> 마: 메틸알코올: CH_3OH
> 바: 트리니트로톨루엔: $C_6H_2(NO_2)_3CH_3$

답 나, 라

해 나: $C_6H_5CH_3$, 라: $C_6H_5NH_2$

015 제4류 위험물인 벤젠의 위험도를 구하시오.
(연소범위는 1.4 ~ 7.1%)

답 4.07

해 위험도는 (H - L)/L이므로 (7.1 - 1.4)/1.4 = 4.071 이다.

016 마그네슘 1몰의 연소 시 143.7kcal의 발열량의 발생하는 경우 다음 질문에 답하시오.

> 가: 마그네슘의 연소반응식은?
> 나: 마그네슘 4몰의 연소 시의 발열량은?

답 가: $2Mg + O_2 \rightarrow 2MgO$, 나: 574.8kcal

해 연소반응식은 위와 같고, 1몰당 발열량이 143.7kcal 이므로 4배하면 된다.

017 다음 물질의 연소반응식은?

> 가: 삼황화인
> 나: 오황화인

답 가: $P_4S_3 + 8O_2 \rightarrow 2P_2O_5 + 3SO_2$
나: $2P_2S_5 + 15O_2 \rightarrow 2P_2O_5 + 10SO_2$

해 **둘다 연소 시 오산화인과 이산화황**을 발생시킨다.

018 다음 운반용기 외부의 표시사항 중 주의사항에 대해 쓰시오.

> 가 : 제2류 위험물 중 인화성 고체
> 나 : 제4류 위험물
> 다 : 제6류 위험물

답 가 : 화기엄금, 나 : 화기엄금, 다 : 가연물접촉주의

해 위험물에 따른 **주의사항(운반용기 표시사항)**
- 1류
  1) 알칼리금속과산화물의 경우 : **화기/충격주의, 물기엄금 및 가연물접촉주의**
  2) 그 밖의 것 : 화기/충격주의, 가연물 접촉주의
- 2류
  1) **철분, 마그네슘, 금속분 : 화기주의 물기엄금**
  2) **인화성 고체 : 화기엄금**
  3) **그 밖의 것 : 화기주의**
- 3류
  1) **자연발화성 물질 : 화기엄금 및 공기접촉엄금**
  2) **금수성물질 : 물기엄금**
- 4류 : **화기엄금**
- 5류 : **화기엄금, 충격주의**
- 6류 : **가연물접촉주의**

019 탄화알루미늄, 탄화칼슘, 수소화칼슘, 인화칼슘, 칼슘 중에 물과 반응하여 메탄을 발생시키는 물질을 쓰고 그 물질의 물과의 반응식을 쓰시오.

답 탄화알루미늄 : $Al_4C_3 + 12H_2O \rightarrow 4Al(OH)_3 + 3CH_4$

해
- 1류위험물 중 **알칼리금속과산화물의 경우 산소(O_2)**
- 금속류는 대부분 수소(H_2)
- 금속수소화합물 수소(H_2)
- 인화칼슘(인화석회)은 포스핀(PH_3, 인화수소라고도 함)
- 탄화칼슘은 아세틸렌(C_2H_2)
- 탄화알루미늄은 메탄(CH_4)
- 탄화망간은 메탄(CH_4)
- 트리메틸알루미늄은 메탄
- 트리에틸알루미늄은 에탄

수소화칼슘은 금속수소화합물로 수소를 발생시킨다.

암기법 암기 요령은 비교적 간단하다.
산소는 알칼리금속과산화물만이다. 수소는 금속류, 금속수소화합물(산알금, 수금을 먼저 암기하고), 특이한 것 두가지 인화칼슘은 인화수소(포스핀), 탄화칼슘은 아세틸렌 암기하고, 나머지는 메탄과 에탄인데, 탄알과 탄망은 메탄이고(망속에서 까맣게 탄 알에서 나는 메탄 냄새를 연상한다), 트리메틸알은 메탄이고, 트리에틸알은 에탄이다.

020 다음 위험물을 인화점이 낮은 것부터 쓰시오.

> 니트로벤젠, 에틸알코올, 아세톤, 아세트산

답 아세톤, 에틸알코올, 아세트산, 니트로벤젠

해 각 물질의 품명을 알고 있으면 풀 수 있다.

아세톤은 제1석유류, 에틸알코올은 알코올류, 아세트산은 제2석유류, 니트로벤젠은 제3석유류이다. 제4류 위험물의 분류 기준을 알아야 한다(1기압에서).

- 특수인화물:이황화탄소, 디에틸에테르 그밖에 **발화점 100℃ 이하 또는(or) 인화점이 -20℃ 이하이고(and) 비점 40℃ 이하**인 것
- 제1석유류:아세톤, 휘발유, 그밖에 **인화점이 21℃ 미만인 것**
- 제2석유류:등유, 경유, 그밖에 **인화점이 21℃ 이상 70℃ 미만인 것**
  (도료류 그 밖의 물품에 있어 가연성 액체량이 40 중량퍼센트 이하이고, 인화점이 섭씨 40도 이상인 동시에 연소점이 섭씨 60도 이상인 것은 제외)
- 제3석유류:중유, 클레오소트유 그밖에 **인화점이 70℃ 이상 200℃ 미만인 것**
  (도료류 그 밖의 물품에 있어 가연성 액체량이 40 중량퍼센트 이하인 것은 제외)
- 제4석유류:기어유, 실린더유 그밖에 **인화점이 200℃이상 250℃미만인 것**
  (도료류 그 밖의 물품에 있어 가연성 액체량이 40 중량퍼센트 이하인 것은 제외)
- 알코올류:알코올류 하나의 분자를 이루는 탄소 원자수가 1에서 3개까지인 포화1가 알코올류가 위험물에 해당함
- 동식물류:동물, 식물에서 추출한 것으로 인화점이 **250℃ 미만인 것**

알코올류는 인화점이 10℃ 언저리이다. 문제에 나오는 제1석유류는 알코올류 보다 대부분 인화점이 낮다.

2021년 기출문제
2회 위험물기능사

001 아세트산, 에틸벤젠, 아세톤, 클로로벤젠 중에 제1석유류를 모두 쓰시오.

답 에틸벤젠, 아세톤

002 철 1kg의 연소 반응 시 필요한 산소의 부피는 몇 리터인가?
(표준상태이며, 철의 원자량은 55.85이다.)

답 약 300.81L

해 철과 연소반응식을 먼저 구하여, 철과 산소의 반응비를 구한 다음, 철 1kg에 해당하는 몰수에 대응하는 산소의 몰수를 구하여 그 부피를 구하면 된다. 철의 연소반응식은 $4Fe + 3O_2 \rightarrow 2Fe_2O_3$이다. 철과 산소의 대응 몰수의 비는 4:3이다. 철 1000g은 17.9051몰에 해당하고, 4:3비율로 반응하므로 산소는 13.4288몰에 한다. 1몰의 부피는 22.4L이므로 필요한 산소의 부피는 약 300.81L이다.

003 제1종 분말소화약제에 대해 답하시오.

가: 1차 분해반응식은?
나: 이산화탄소 200m³가 발생하였다면 분해된 탄산수소나트륨은 몇 kg인가? (표준상태이다.)

답 가: $2NaHCO_3 \rightarrow Na_2CO_3 + CO_2 + H_2O$
나: 1500kg

해 분해반응식은
$2NaHCO_3 \rightarrow Na_2CO_3 + CO_2 + H_2O$
탄산수소나트륨과 이산화탄소의 반응 몰수의 비는 2대 1이다. 표준상태에서 기체 1kmol은 22.4m³이므로 이산화탄소 200m³는 약 8.9286kmol이고, 몰수의 비는 2:1이므로 2:1 = X:8.9286이라는 식이 성립한다. X를 구하면 약 17.8571kmol이고 탄산수소나트륨의 분자량은 84kg/kmol이므로 17.8571 × 84 = 1500이 된다.

004 시안화수소에 대해 답하시오.

> 가: 화학식은?
> 나: 증기비중은?
> 다: 품명은?

📋 가: **HCN**, 나: 0.93, 다: 제1석유류

📖 증기비중은 분자량을 29로 나누면 된다. 분자량은 27이므로 29로 나누면 0.93이다.

005 벤젠 30kg이 완전연소하는 경우 필요한 공기의 부피는? (표준상태이다.)

📋 307.69m³

📖 벤젠의 연소식은

$2C_6H_6 + 15O_2 \rightarrow 12CO_2 + 6H_2O$ 이다.

벤젠과 산소의 반응 비율은 2:15이다. 벤젠의 분자량은 78kg/kmol(계산: $12 \times 6 + 1 \times 6$)이므로 30kg은 약 0.3846kmol이 된다. 2:15 = 0.3846:X라는 식이 만들어지고, X는 2.8846이므로 산소는 2.8846kmol이 필요하고 부피는 22.4m³를 곱하면 된다. 구하면 64.6153이 된다.

공기와 산소의 비는 100:21 이므로
100:21 = X:64.6153이라는 식이 만들어지고 X를 구하면 307.6923m³

006 위험물안전관리법령상 다음의 위험물과 혼재 운반이 불가능한 위험물은?

> 가: 제2류 위험물
> 나: 제5류 위험물
> 다: 제6류 위험물

📋 가: 제1류, 제3류, 제6류 위험물, 나: 제1류, 제3류, 제6류 위험물, 다: 제2류, 제3류, 제4류, 제5류 위험물

📖 423 524 61

007 다음에서 설명하는 제6류 위험물의 물질명과 분자식을 쓰시오.

> 가: 피부접촉 시 크산토프로테인 반응이 나타난다.
> 나: 증기비중은 약 3.47이고 가열 시 폭발위험과 물과 반응식 발열한다.

📋 가: 질산, **HNO₃**, 나: 과염소산, **HClO₄**

📖 **크산토프로테인** 반응하면 질산을 떠올려야 한다. 과염소산의 분자량은 100.5이고 증기비중은 29로 나누면 된다.

008 다음 물질의 연소형태는?

> 가 : 마그네슘분
> 나 : 유황(황)
> 다 : 니트로셀룰로오스

답 가 : 표면연소, 나 : 증발연소, 다 : 자기연소

해 고체의 연소
  표면연소 : 목탄(숯), 코크스, 금속분 등
  분해연소 : 석탄, 목재, 종이, 섬유, 플라스틱 등
  증발연소 : 나프탈렌, 장뇌, 황(유황), 양초(파라핀), 왁스, 알코올
  자기연소 : 주로 5류 위험물(이는 물질내에 산소를 가진 자기연소 물질이다. 주로 니트로기를 가지고 있다.) 니트로셀룰로오스는 제5류 위험물이다.

009 위험물안전관리법령상 제2류 위험물에 대해 다음 빈칸을 채우시오.

> • 인화성 고체란 (가) 그밖에 1기압에서 인화점이 섭씨 (나) 미만인 고체를 말한다.
> • 가연성 고체란 고체로서 화염에 의한 (다)의 위험성 또는 (라)의 위험성을 판단하기 위해 고시로 정하는 시험에서 고시로 정하는 성질과 상태를 나타내는 것을 말한다.
> • 유황(황)은 순도가 (마) 중량퍼센트 이상인 것을 말한다.

답 가 : 고형알코올, 나 : 40, 다 : 발화, 라 : 인화, 마 : 60

010 위험물안전관리법령상 휘발유를 저장하는 옥외탱크의 방유제에 대해 답하시오.

> 가. 방유제의 높이는?
> 나 : 방유제의 면적은?
> 다 : 하나의 방유제 안에 설치할 수 있는 탱크의 수는?

답 가 : 0.5m 이상 3m 이하, 나 : 80000L 이하, 다 : 10개

해 옥외저장탱크의 경우
  • **방유제는 높이 0.5m 이상 3m 이하, 두께 0.2m 이상**, 지하매설깊이가 1m 이상으로 할 것
  • 방유제내의 **면적은 8만 m² 이하**로 할 것
  • 방유제내의 설치하는 옥외저장탱크의 **수는 10 이하**로 할 것

011 다음 물질이 물과 반응하여 생성되는 가연성 기체의 화학식을 쓰시오(없을 경우 없음으로 쓰시오).

> 가 : 트리에틸알루미늄
> 나 : 과산화칼슘
> 다 : 메틸리튬

답 가 : C_2H_6, 나 : 없음, 다 : CH_4

해 가 : $(C_2H_5)_3Al + 3H_2O \rightarrow Al(OH)_3 + 3C_2H_6$
  나 : $2CaO_2 + 2H_2O \rightarrow 2Ca(OH)_2 + O_2$
  다 : $CH_3Li + H_2O \rightarrow LiOH + CH_4$

012 다음 할론번호의 화학식은?

가: 할론 1011
나: 할론 1301
다: 할론 2402

답 가: CH_2ClBr, 나: CF_3Br, 다: $C_2F_4Br_2$

해 할론넘버의 각 숫자는 **순서대로 C, F, Cl, Br의 숫자**를 의미한다.

할론넘버	분자식	방사압력	소화기	소화효과	독성
1301	CF_3Br	0.9MPa	MTB 또는 BTM	▲ 좋음	▼ 강함
1211	CF_2ClBr	0.2MPa	BCF		
2402	$C_2F_4Br_2$	0.1MPa			
1011	CH_2ClBr				
104	CCl_4				

013 다음 각 물질의 지정수량은?

가: K_2O_2
나: CrO_3
다: $KClO_3$

답 가: 50kg, 나: 300kg, 다: 50kg

014 다음 동식물유류에 대한 설명에 대해 답하시오.

가: 유지 100g이 흡수하는 요오드(I_2)의 g수로 높을수록 불포화지방산의 이중결합의 수가 높다는 것을 의미한다.
나: 야자유, 아마인유는 각 동식물유류 중 건성유, 반건성유, 불건성유 중 어디에 포함되는가?

답 가: **요오드값**
나: **야자유는 불건성유, 아마인유 건성유**

015 황린의 동소체인 제2류 위험물에 대해 답하시오.

가: 명칭은?
나: 황린으로 해당 물질을 만드는 방법은?
다: 해당 물질의 연소반응식은?

답 가: 적린, 나: **황린을 공기를 차단하고 약 260°C에서 가열**하여 만든다, 다: $4P + 5O_2 \rightarrow 2P_2O_5$

016 다음에서 설명하는 위험물에 대해 답하시오.

- 분자량인 약 104이고 지정수량이 1000L인 제2석유류이다.
- 비점은 146℃이고 인화점은 32℃이다.
- 에틸벤젠을 탈수소화 처리하여 만든다.

가 : 명칭
나 : 화학식
다 : 위험등급

답 가 : 스티렌, 나 : $C_6H_5CHCH_2$, 다 : III등급

017 다음 물질의 시성식을 각 쓰시오.

가 : 질산메틸
나 : 트리니트로톨루엔
다 : 니트로글리세린

답 가 : CH_3ONO_2, 나 : $C_6H_2(NO_2)_3CH_3$,
다 : $C_3H_5(ONO_2)_3$

018 아래 그림처럼 양쪽이 볼록한 횡형탱크의 내용적을 구하는 공식은?

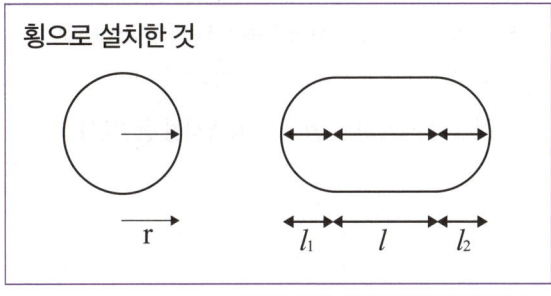

횡으로 설치한 것

답 $\pi r^2 (l + \dfrac{l_1 + l_2}{3})$

019 다음에서 설명하는 위험물에 대해 답하시오.

- 흑자색의 결정으로 분자량이 158인 제1류 위험물이다.
- 물, 알코올과 반응하며 보라색으로 변한다.

가 : 품명
나 : 화학식
다 : 열분해반응식

답 가 : 과망간산염류(과망가니즈산염류), 나 : $KMnO_4$,
다 : $2KMnO_4 \rightarrow K_2MnO_4 + MnO_2 + O_2$

해 과망간산칼륨에 대한 설명이다.

020 단층건물에 설치한 옥내탱크저장소에 대해 답하시오.

> 가 : 옥내저장탱크와 탱크전용실 벽과의 거리는?
> 나 : 옥내저장탱크 상호간의 거리는?
> 다 : 경유를 저장하는 탱크의 최대저장 용량은?

답 가 : 0.5m 이상, 나 : 0.5m 이상, 다 : 20000L

해
- 옥내탱크(이하 "옥내저장탱크"라 한다.)는 **단층건축물에 설치된 탱크전용실**에 설치할 것
- 옥내저장탱크와 **탱크전용실의 벽과의 사이** 및 **옥내저장탱크의 상호간**에는 **0.5m 이상의 간격**을 유지할 것
- 옥내저장탱크의 용량(동일한 탱크전용실에 옥내저장탱크를 2 이상 설치하는 경우에는 각 탱크의 용량의 합계를 말한다.)은 **지정수량의 40배 이하**일 것, **4석유류 및 동식물유류 외의 제4류 위험물**에 있어서 당해 수량이 20,000ℓ를 초과할 때에는 **20,000ℓ 이하**일 것

경유의 지정수량은 1000L이고, 40배 이하이면 40000L가 되나, 제2석유류이므로 20000L가 최대치이다.

2021년 기출문제 (3회)

001 위험물안전관리법령상 지정수량이 500kg인 제2류 위험물 2가지를 쓰시오.

답 **철분, 마그네슘, 금속분** 중 2가지

002 제3류 위험물 중 위험등급이 Ⅰ등급으로 분류되는 품명을 3가지 쓰시오.

답 칼륨, 알킬리튬, 알킬알루미늄, 나트륨, 황린 중 3가지

암기법 십알칼알나 이황 / 오 알알유 / 삼 금금탄규
십(10kg)알킬알루미늄, 칼륨, 알킬리튬, 나트륨 이(20kg)황린 / 오 알알유, / 삼 금금탄규 에서, "/"표시는 위험물등급 분류이다.

003 다음 중 제3석유류를 모두 고르면?

니트로톨루엔, 글리세린, 아세톤, 포름산, 니트로벤젠

답 니트로톨루엔, 글리세린, 니트로벤젠

해 니트로톨루엔도 제3석유류이다.

004 다음과 같이 원형 저장탱크의 내용적은?

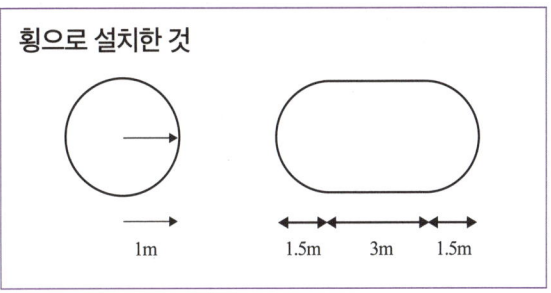
횡으로 설치한 것
1m | 1.5m 3m 1.5m

답 $12.57m^3$

해 $\pi r^2 (l + \dfrac{l_1 + l_2}{3})$

각 대입하면 $\pi \times 1^2 \times [3 + (1.5 + 1.5)/3]$이 된다.

005 다음 제4류 위험물의 지정수량 배수의 총합은?

메틸에틸케톤 400L, 아세톤 1200L, 등유 2000L

답 7

해 각 물질의 지정수량은 순서대로 200L, 400L, 1000L이다. 지정수량의 배수는 각 2배, 3배, 2배이다.

006 다음 설명하는 위험물에 대해 답하시오.

- 2가의 알코올이며 단맛이 나는 제4류 위험물이다.
- 비중은 약 1.1이고 증기비중은 약 2.14이다.
- 부동액의 원료로 쓰인다.

가: 명칭?
나: 화학식?
다: 구조식?

답 가: 에틸렌글리콜
나: $C_2H_4(OH)_2$
다:

$$\begin{array}{c} \text{H} \quad \text{H} \\ | \quad | \\ \text{H}-\text{C}-\text{C}-\text{H} \\ | \quad | \\ \text{OH} \quad \text{OH} \end{array}$$

007 다음 위험물의 인화점이 낮은 것부터 순서대로 쓰시오.

에틸알코올, 시안화수소, 아세트산, 아닐린, 아세트알데히드

답 아세트알데히드, 시안화수소, 에틸알코올, 아세트산, 아닐린

해 아세트알데히드는 특수인화물로, 인화점이 −38℃이고, 시안화수소는 제1석유류이며, 에틸알코올은 알코올류, 아세트산은 제2석유류, 아닐린은 제3석유류이다.

008 에틸알코올과 나트륨이 반응하는 경우에 대해 다음 물음에 답하시오.

가: 반응식은?
나: 에틸알코올 46g에 나트륨이 반응하여 발생하는 기체의 부피는? (1기압, 25℃)

답 가: $2C_2H_5OH + 2Na \rightarrow 2C_2H_5ONa + H_2$
나: 12.22L

해 에틸알코올과 발생하는 기체인 수소의 비율은 2:1입니다. 알코올의 분자량은 46이므로 46g은 곧 1몰에 대응한다. 따라서 발생하는 수소는 0.5mol이다. 1기압 25℃에서의 부피는 이상기체 방정식에 따라 구하면 된다.
V = 0.5 × 0.082 × 298 / 1
약, 12.22L

009 황린에 대해 답하시오.

가: 안전하게 보관하는 방법은?
나: 공기 차단 후 약 260℃로 가열하면 얻어지는 동소체의 물질은?
다: 연소 시 생성되는 물질의 화학식은?
라: 수산화칼륨 수용액과 반응하는 경우 발생하는 독성 가스의 화학식은?

답 가: pH9의 물속에 저장, 나: 적린, 다: P_2O_5, 라: PH_3

해 연소반응식은 $P_4 + 5O_2 \rightarrow 2P_2O_5$ 이고 수산화칼륨 수용액과 반응식은
$P_4 + 3KOH + 3H_2O \rightarrow PH_3 + 3KH_2PO_2$

010 다음 그림을 보고 답하시오.

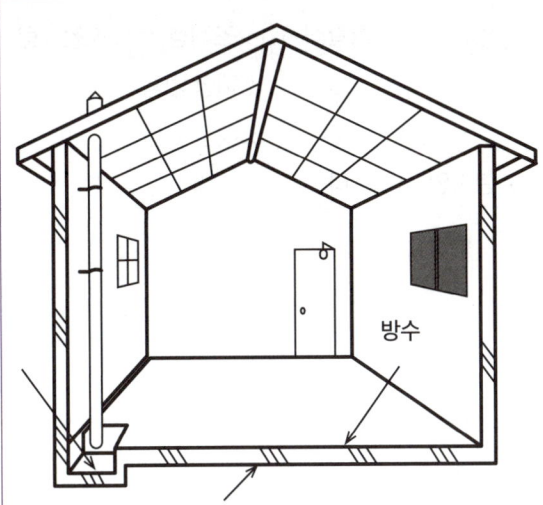

가 : 위 시설의 명칭은?
나 : 위 시설에 제4석유류를 저장하는 경우 최대 수량이 지정수량의 (　) 배 미만일 때 안전거리를 두지 않을 수 있다.
다 : 지면에서 처마까지의 높이는?

답 가 : 옥내저장소, 나 : 20, 다 : 6m 미만

해 **제4석유류 또는 동식물유류**의 위험물을 저장 또는 취급하는 옥내저장소로서 그 최대수량이 **지정수량의 20배 미만인 경우** 안전거리를 안 둘 수 있다.

011 불활성가스 소화약제 IG – 541의 성분 3가지는?

답 질소, 아르곤, 이산화탄소

012 제5류 위험물과 제6류 위험물에 대해 각 운반용기 외부에 표시해야 하는 주의사항과 게시판의 표시내용을 쓰시오.

답 제5류 위험물 : 운반용기외부표시항은 화기엄금, 충격주의, 게시판 표시내용은 화기엄금
제6류 위험물 : 운반용기외부표시항은 가연물접촉주의, 게시판 표시내용은 없음

해 위험물에 따른 **주의사항(운반용기 표시사항)**
- 1류
  1) 알칼리금속과산화물의 경우 : **화기/충격주의, 물기엄금 및 가연물접촉주의**
  2) 그 밖의 것 : 화기/충격주의, 가연물 접촉주의
- 2류
  1) **철분, 마그네슘, 금속분 : 화기주의 물기엄금**
  2) **인화성 고체 : 화기엄금**
  3) **그 밖의 것 : 화기주의**
- 3류
  1) **자연발화성 물질 : 화기엄금 및 공기접촉엄금**
  2) **금수성물질 : 물기엄금**
- 4류 : **화기엄금**
- 5류 : **화기엄금, 충격주의**
- 6류 : **가연물접촉주의**

게시판 표시사항
ⅰ) 1류 알칼리금속의 과산화물 : 물기엄금
　그 밖에 : 없음
ⅱ) 2류 인화성 고체 : 화기엄금
　철분, 마그네슘, 금속분 및 그 밖에 : 화기주의
ⅲ) 3류 자연발화성 물질 : 화기엄금
　금수성물질 : 물기엄금
ⅳ) 4류 : 화기엄금
ⅴ) 5류 : 화기엄금
ⅵ) 6류 : 없음

013 제1류 위험물인 과망간산칼륨에 대해 답하시오.

> 가:화학식?
> 나:물과 반응하는지 여부
> 다:물과 반응하는 경우 화학식? (반응하지 않는 경우 없음으로 표시)
> 라:아세톤에 용해되는지 여부

답 가:$KMnO_4$, 나:반응하지 않는다, 다:없음, 라:용해된다.

014 메틸알코올에 대해 답하시오.

> 가:연소반응식은?
> 나:비중 0.8인 메탄올을 50L 완전연소하기 위한 이론 산소량은? (표준상태이다.)

답 가:$2CH_3OH + 3O_2 \rightarrow 2CO_2 + 4H_2O$
나:60kg

해 액체의 비중은 "해당 액체의 밀도/물의 밀도" 이므로 곧 그 물질의 밀도가 된다. 밀도가 0.8인 경우 부피가 50L이면, 질량은 40kg이 된다. (물의 밀도는 1kg/L) 메틸알코올의 분자량은 32kg/kmol이므로 40kg은 약 1.25kmol이 된다.
위와 같이 반응비는 2:3이므로 2:3 = 1.25:X라는 식이 만들어지고, X는 1.875kmo이 된다.
산소의 분자량은 1kmol 당 32kg 이므로1.875kmol의 질량은 60kg이 된다.

015 황화인에 대해 빈칸을 채우시오.

명칭	화학식	조해성	지정수량
삼황화인	나	조해성 없음	마
가	P_2S_5	조해성 있음	
칠황화인	다	라	

답 가:오황화린, 나:P_4S_3, 다:P_4S_7, 라:조해성 있음, 마:100kg

016 다음 시설과 제조소와의 안전거리를 쓰시오.

> 가:병원
> 나:주거용으로 사용되는 주택
> 다:문화재
> 라:학교
> 마:사용전압 35000V 초과 특고압가공전선

답 가:30m 이상, 나:10m 이상, 다:50m 이상, 라:30m 이상, 마:5m 이상

해 가. **유형문화재와 지정문화재:50m 이상**
나. **학교, 병원, 극장 등 다수인 수용 시설(극단, 아동복지시설, 노인보호시설, 어린이집 등):30m 이상**
다. 고압가스, 액화석유가스 또는 도시가스를 저장 또는 취급하는 시설:20m 이상
라. **주거용인 건축물 등:10m 이상**
마. **사용전압이 35,000V를 초과하는 특고압가공전선:5m 이상**
바. 사용전압이 7,000V 초과 35,000V 이하의 특고압가공전선:3m 이상

017 다음 물질이 위험물안전관리법령상 제6류 위험물이 되기 위한 조건은?

> 가: 질산
> 나: 과산화수소
> 다: 과염소산

📋 가: 비중이 1.49이상이어야 한다.
　　나: 36 중량퍼센트 이상이어야 한다.
　　다: 기준 없다.

018 다음 물질 중 물과 반응 시 산소를 발생시키는 물질을 고르면?

> 과산화칼륨, 과산화나트륨, 과염소산나트륨

📋 과산화칼륨, 과산화나트륨

📖 제1류 위험물 중 무기과산화물은 물과 반응 시 산소를 발생시킨다.

019 다음 제5류 위험물에 대해 답하시오.

> 가: 질산에틸의 화학식을 쓰고 20℃에서 고체, 액체, 기체 중 어떤 상태인지 쓰시오.
> 나: 트리니트로페놀의 화학식을 쓰고 20℃에서 고체, 액체, 기체 중 어떤 상태인지 쓰시오.

📋 가: $C_2H_5ONO_2$, 액체, 나: $C_6H_2(NO_2)_3OH$, 고체

020 벤젠에서 수소 하나가 메틸기로 치환된 위험물에 대해 답하시오.

> 가: 품명
> 나: 화학식
> 다: 증기비중

📋 가: 제1석유류, 나: $C_6H_5CH_3$, 다: 3.17

📖 톨루엔의 분자량은 92이고, 증기비중은 29로 나누면 된다.

4회 2021년 기출문제

001 다음 설명하는 위험물에 대해 답하시오.

> 강산화제로 열분해 시 아질산칼륨과 산소가 발생되며 흑색화약 제조의 원료가 된다.
> 가 : 품명
> 나 : 화학식
> 다 : 지정수량

답 가 : 질산염류, 나 : **KNO₃**, 다 : 300kg

해 **흑색화약 하면 질산칼륨**을 떠올려야 한다. 강산화제인 제1류 위험물이다.

002 유황(황)에 대해 답하시오.

> 가 : 연소반응식
> 나 : 위험물이 되기 위한 기준
> 다 : 순도측정에 불순물이 되는 물질은?

답 가 : $S + O_2 \rightarrow SO_2$, 나 : 순도 60중량퍼센트 이상, 다 : 활석 등 불연성물질, 수분

해 유황(황)이 위험물도 분류되는 기준은 순도 60중량퍼센트 이상이어야 한다. 이 경우 활석 등 불연성물질, 수분 등은 불순물이다.

003 주유취급소의 고정주유설비의 펌프기기 주유관 끈부분에서의 최대배출량을 아래의 경우 각 쓰시오.

> 가 : 휘발유
> 나 : 경유
> 다 : 등유

답 가 : 분당 50ℓ 이하, 나 : 분당 180ℓ 이하, 다 : 분당 80ℓ 이하

해 펌프기기는 주유관 끝부분에서의 최대배출량이 **제1석유류의 경우에는 분당 50ℓ 이하, 경유의 경우에는 분당 180ℓ 이하, 등유의 경우에는 분당 80ℓ 이하**인 것으로 할 것. 다만, 이동저장탱크에 주입하기 위한 고정급유설비의 펌프기기는 최대배출량이 분당 300ℓ 이하다.

004 아세트산에 대해 답하시오.

가: 화학식은?
나: 증기비중은?

답 가: **CH_3COOH**, 나: **2.07**

해 아세트산의 분자량은
60($12 + 1 \times 3 + 12 + 16 + 16 + 1$)각 29로 나누면 증기비중을 구할 수 있다.

005 다음 위험물의 연소반응식을 쓰시오.

가: 삼황화인
나: 오황화인

답 가: **$P_4S_3 + 8O_2 \rightarrow 2P_2O_5 + 3SO_2$**
나: **$2P_2S_5 + 15O_2 \rightarrow 2P_2O_5 + 10SO_2$**

006 표준상태에서 탄소 100kg을 완전연소시키기 위한 공기의 부피는? (공기 중 산소는 21vol%이다.)

답 $888.89m^3$

해 탄소의 연소반응식은 $C + O_2 \rightarrow CO_2$이다. 탄소와 산소는 1:1로 반응하고, 탄소 100kg은 8.3333kmol에 해당한다. 그렇다면 산소도 8.3333kmol만큼 반응을 한 것이다. 산소 8.3333kmol의 부피는 $22.4m^3$를 곱하면 된다 (1kmol의 부피는 $22.4m^3$이므로). 그 값은 $186.6667m^3$이고
산소와 공기의 부피 비율은 21:100이므로 21:100 = 186.6667:X라는 식이 만들어 진다. X를 구하면 $888.8889m^3$

007 과산화수소 수용액 90wt%가 1kg 있는 경우 10wt%로 만들기 위해서 첨가해야 하는 물의 질량은?

답 8kg

해 90wt%가 있다는 의미는 전체 물질의 무게 중에 90%가 있다는 뜻이다. 즉 위 수용액에 과산화수소가 0.9kg, 물이 0.1kg있다는 의미이다. X kg 만큼 물을 추가해서 전체 10wt%로 만드는 경우, 다음과 같은 식이 만들어진다.

0.9 / (1 + X) × 100 = 10 여기서 X를 구하면 8이 된다.

008 아세톤의 증기밀도는? (1기압 30℃)

답 2.33g/L

해 CH_3COCH_3, 분자량은 58이다.

(12 + 1 × 3 + 12 + 16 + 12 + 1 × 3)

밀도는 질량/부피이므로 이상기체방정식

$PV = \dfrac{W}{M}RT$ 에서 질량/부피인 w/V를 구하면 된다.

w/V = pM/RT이고, 계산하면 p는 1기압, M = 58, R = 0.082, T = 303 대입하면 2.3344g/L가 된다.

009 아세트알데히드, 디에틸에테르 등의 저장기준에 대해 빈칸을 채우시오.

가 : 옥외저장탱크·옥내저장탱크 또는 지하저장탱크 중 압력탱크에 저장하는 아세트알데히드 등 또는 디에틸에테르 등의 온도는 (   )℃ 이하로 유지할 것

나 : 보냉장치가 있는 이동저장탱크에 저장하는 아세트알데히드 등 또는 디에틸에테르 등의 온도는 당해 위험물의 (   ) 이하로 유지할 것

다 : 보냉장치가 없는 이동저장탱크에 저장하는 아세트알데히드 등 또는 디에틸에테르 등의 온도는 (   )℃ 이하로 유지할 것

답 가 : 40, 나 : 비점, 다 : 40

010 트리니트로톨루엔에 대해 다음에 답하시오.

가 : 물, 벤젠 중에 용해되는 물질을 쓰시오.
나 : 지정수량은?
다 : 트리니트로톨루엔을 제조하는 경우 필요한 물질 2가지를 쓰시오.

답 가 : 벤젠, 나 : 200kg, 다 : 톨루엔, 진한 질산, 진한 황산 중 2가지

해 트리니트로톨루엔은 비수용성이며, 아세톤, 벤젠 등에 녹는다.

$C_6H_5CH_3 + 3HNO_3$ $C_6H_2(NO_2)_3CH_3 + 3H_2O$

H_2SO_4

011 다음 동식물유류의 구분을 쓰시오.

가: 건성유
나: 불건성유

답 가: 요오드값이 130 이상인 것
   나: 요오드값이 100 이하인 것

해 건성유(요오드값 130 이상), 반건성유(요오드값 100 ~ 130), 불건성유(요오드값 100 이하)

012 피리딘에 대해 쓰시오.

가: 구조식은?
나: 증기비중은?

답 가:

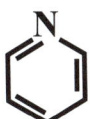

나: 2.72

해 피리딘(C_5H_5N)의 증기비중은 분자량을 29로 나누면 되므로 분자량은 79이므로 29로 나누면, 약 2.72가 된다.

013 위험물안전관리법령상의 위험물제조소의 환기설비 설치시의 급기구에 관한 기준이다. 빈칸을 채우시오.

바닥면적	급기구의 면적
(가)m² 미만	150cm² 이상
(가)m² 이상 (나)m² 미만	300cm² 이상
(나)m² 이상 120m² 미만	450cm² 이상
120m² 이상 150m² 미만	(다)cm² 이상

답 가: 60, 나: 90, 다: 600

해 급기구는 당해 급기구가 설치된 실의 **바닥면적 150m²마다 1개 이상**으로 하되, 급기구의 **크기는 800cm² 이상**으로 할 것. 다만 바닥면적이 150m² 미만인 경우에는 다음의 크기로 하여야 한다.

바닥면적	급기구의 면적
60m² 미만	150cm² 이상
60m² 이상 90m² 미만	300cm² 이상
90m² 이상 120m² 미만	450cm² 이상
120m² 이상 150m² 미만	600cm² 이상

014 다음 위험물의 화학식은?

가: 과산화칼슘
나: 과망간산칼륨
다: 질산암모늄

답 가: CaO_2, 나: $KMnO_4$, 다: NH_4NO_3

015 나트륨에 대해 답하시오.

가 : 물과 반응 화학식은?
나 : "가"의 반응 결과 생성된 기체의 연소반응식은?

답 가 : $2Na + 2H_2O \rightarrow 2NaOH + H_2$
나 : $2H_2 + O_2 \rightarrow 2H_2O$

016 옥외탱크저장소의 밸브없는 통기관의 설치기준 3가지를 쓰시오.

답 통기관의 지름을 30mm 이상으로 할 것, 선단은 수평면보다 45도 이상 구부려 빗물 등을 막는 구조로 할 것, 가는 눈의 구리망 등으로 인화방지장치를 할 것

017 다음 설명하는 물질에 대해 답하시오.

비중이 1.49 이상일 경우만 위험물에 해당하고, 위험등급이 I등급이다.
가 : 단백질과 반응하여 노란색으로 변하는 반응의 이름은?
나 : 햇빛에 분해되는 화학반응식을 쓰시오.

답 가 : 크산토프로테인반응
나 : $4HNO_3 \rightarrow 2H_2O + 4NO_2 + O_2$

해 위 설명은 질산에 대한 설명이다. 질산 하면 크산토프로테인반응 기억해야 한다. 질산의 분해 반응식도 잘 기억해야 한다.

018 다음 시설물의 1소요단위를 쓰시오.

```
가: 외벽이 내화구조인 제조소
나: 외벽이 비내화구조인 제조소
다: 외벽이 내화구조인 저장소
라: 외벽이 비내화구조인 저장소
마: 외벽이 비내화구조인 취급소
```

답 가: 100m², 나: 50m², 다: 150m², 라: 75m², 마: 50m²

해

종류	내화구조	비내화구조
위험물	위험물의 지정수량×10	
제조소 및 취급소	100m²	50m²
저장소	150m²	75m²

옥외설치된 공작물은 외벽이 내화구조인 것으로 간주한다.

019 다음 화학반응식의 빈칸의 위험물에 대해 답하시오.

```
(    ) + 2H₂O → Ca(OH)₂ + 2H₂
가: 품명
나: 지정수량
다: 위험등급
```

답 가: 금속의 수소화합물, 나: 300kg, 다: III등급

해 수소화칼슘의 물과 반응식이다. 금속의 수소화물에 해당한다. 금속의 수소화물은 물과 반응 시 수소를 발생시킨다.

020 다음 위험물의 지정수량 배수의 총합은?

```
질산에스테르류 50k, 히드록실아민(하이드록실아민) 300kg, 니트로화합물(나이트로화합물) 400kg
```

답 10배

해 질산에스테르류 지정수량은 10kg, 히드록실아민(하이드록실아민) 지정수량은 100kg, 니트로화합물(나이트로화합물) 지정수량은 200kg이다.

1회 2022년 기출문제 (위험물기능사)

001 다음 해당 위험물 제조소의 보유공지의 너비는 몇 m이상으로 해야하는가?

> 가 : 지정수량 5배 이하를 취급하는 제조소
> 나 : 지정수량 10배 이하를 취급하는 제조소
> 다 : 지정수량 100배 이하를 취급하는 제조소

답 가 : 3m, 나 : 3m, 다 : 5m

해 위험물제조소의 경우 보유공지

취급하는 위험물의 최대수량	공지의 너비
지정수량의 **10배 이하**	**3m 이상**
지정수량의 **10배 초과**	**5m 이상**

002 아닐린에 대해 답하시오.

> 가 : 품명
> 나 : 분자량
> 다 : 지정수량

답 가 : 제3석유류, 나 : 93, 다 : 2000L

해 3석유류이고, $C_6H_5NH_2$로
분자량은 $12 \times 6 + 1 \times 5 + 14 + 1 \times 2$

003 과산화칼륨에 대해 답하시오.

> 가 : 물과의 반응식은?
> 나 : 이산화탄소와의 반응식은?

답 가 : $2K_2O_2 + 2H_2O \rightarrow 4KOH + O_2$
나 : $2K_2O_2 + 2CO_2 \rightarrow 2K_2CO_3 + O_2$

해 무기과산화물은 물과 반응 시 수산화물질과 산소를 발생 시킨다.

004 다음과 같이 위험물을 보관하는 경우 지정수량 배수의 총합은?

> 경유 600L, 중유 200L, 톨루엔 400L, 등유 300L

답 3배

해 지정수량은 순서대로 1000L, 2000L, 200L, 1000L 이고 지정수량의 배수는 0.6, 0.1, 2, 0.3이다. 합하면 3이다.

005 다음 물질의 Halon 번호를 쓰시오.

가: CF_3Br
나: CF_2ClBr
다: $C_2F_4Br_2$

답 가: 1301, 나: 1211, 다: 2402

해 할론넘버의 각 숫자는 <u>순서대로 C, F, Cl, Br의 숫자를</u> 의미한다.

할론 넘버	분자식	방사압력	소화기	소화 효과	독성
1301	CF_3Br	0.9MPa	MTB 또는 BTM	▲ 좋음	▼ 강함
1211	CF_2ClBr	0.2MPa	BCF		
2402	$C_2F_4Br_2$	0.1MPa			
1011	CH_2ClBr				
104	CCl_4				

추가로 CH_3Br는 1001이다.

006 적린에 대해 답하시오.

가: 연소반응식은?
나: "가"에서 생성되는 기체는?

답 가: $4P + 5O_2 \rightarrow 2P_2O_5$, 나: 오산화인

해 $4P + 5O_2 \rightarrow 2P_2O_5$

007 에틸알코올에 대해 답하시오.

가: 1차적으로 산화되는 경우 생성되는 특수인화물은?
나: "가"에 의해 생성된 위험물이 공기 중에서 산화되는 경우 생성되는 제2석유류는?
다: 에틸알코올의 위험도는? (연소범위는 4.3 ~ 19%)

답 가: 아세트알데히드, 나: 아세트산, 다: 3.42

해 3.419

위험도의 계산은 "(연소범위 상한 - 연소범위 하한) / 연소범위하한" 이다. 계산하면 3.419

008 나트륨에 대해 답하시오.

> 가 : 물과의 반응식은?
> 나 : 나트륨 1kg이 물과 반응하는 경우 생성되는 기체의 부피(m^3)는? (표준상태)

답 가 : $2Na + 2H_2O \rightarrow 2NaOH + H_2$, 나 : $0.49m^3$

해 나트륨은 물과 반응하여 수산화물질과 수소를 발생시킨다.

나트륨과 수소의 반응몰수의 비는 2:1 이므로 나트륨 1kg은 43.4782mol이므로 수소는 21.7391mol이 발생한다. 표준상태에서 기체 1mol의 부피는 22.4L이므로 21.7391mol의 부피는 486.9565L이다. m^3로 환산하면, 약 $0.487m^3$이 된다.

009 마그네슘에 대해 답하시오.

> 가 : 연소반응식은?
> 나 : 마그네슘 1mol이 연소하는 경우 필요한 산소의 부피(L)는? (표준상태)

답 가 : $2Mg + O_2 \rightarrow 2MgO$, 나 : 11.2L

해 마그네슘과 산소의 반응 몰 수 비는 2:1이다. 마그네슘 1mol에 대해 산소는 0.5mol이 반응한다. 표준상태에서 기체 1몰의 부피는 22.4L이므로 0.5몰은 11.2L이다.

010 탄화알루미늄에 대해 답하시오.

> 가 : 물과의 화학반응식은?
> 나 : "가"의 반응으로 발생된 기체의 연소반응식은?

답 가 : $Al_4C_3 + 12H_2O \rightarrow 4Al(OH)_3 + 3CH_4$
나 : $CH_4 + 2O_2 \rightarrow CO_2 + 2H_2O$

011 위험물안전관리법령상 이동탱크저장소의 위험물 운송 시의 관련 내용이다. 빈칸을 채우시오.

> 위험물운송자는 장거리(고속국도에 있어서는 (가) km이상, 그 밖의 도로에 있어서는 (나)km이상을 말한다.)에 걸치는 운송을 하는 때에는 2명 이상의 운전자로 할 것. 다만 다음의 에 해당하는 경우에는 그러하지 아니하다(예외).
> ⅰ) 운송책임자를 동승시킨 경우
> ⅱ) 운송하는 위험물이 제2류 위험물, 제3류 위험물(칼슘 또는 알루미늄의 탄화물과 이것 만을 함유한 것에 한한다.) 또는 (다) 위험물(특수인화물을 제외한다.) 인 경우)
> ⅲ) 운송도중에 (라)시간 이내 마다 (마)분 이상씩 휴식하는 경우

답 가 : 340, 나 : 200, 다 : 제4류, 라 : 2, 마 : 20

012 다음 소화설비의 적응성에 대해 빈칸을 채우시오.

소화설비의 구분	대상물 구분									
	건축물 그 밖의 공작물	전기설비	제1류 위험물		제2류 위험물			제3류 위험물		제4류 위험물	제5류 위험물	제6류 위험물
			알칼리금속과산화물 등	그 밖의 것	철분, 마그네슘, 금속분 등	인화성 고체	그 밖의 것	금수성 물품	그 밖의 것			
물분무 소화설비												

답

소화설비의 구분	대상물 구분									
	건축물 그밖의 공작물	전기설비	제1류위험물		제2류위험물			제3류위험물		제4류위험물	제5류위험물	제6류위험물
			알칼리금속과산화물 등	그 밖의 것	철분, 마그네슘 금속분 등	인화성 고체	그 밖의 것	금수성 물품	그 밖의 것			
물분무 소화설비	○	○		○		○	○		○	○	○	○

013 다음 위험물의 운반용기 외부 표시사항 중 주의사항을 모두 쓰시오.

> 가 : 제1류 중 알칼리금속과산화물
> 나 : 제2류 중 철분, 마그네슘, 금속분
> 다 : 제3류 중 자연발화성 물질
> 라 : 제4류
> 마 : 제6류

답
가 : 화기/충격주의, 물기엄금 및 가연물접촉주의
나 : 화기주의 물기엄금
다 : 화기엄금 및 공기접촉엄금
라 : 화기엄금
마 : 가연물접촉주의

해 위험물에 따른 **주의사항(운반용기 표시사항)**
- 1류
  1) 알칼리금속과산화물의 경우 : **화기/충격주의, 물기엄금 및 가연물접촉주의**
  2) 그 밖의 것 : 화기/충격주의, 가연물 접촉주의
- 2류
  1) **철분, 마그네슘, 금속분 : 화기주의 물기엄금**
  2) 인화성 고체 : 화기엄금
  3) 그 밖의 것 : 화기주의
- 3류
  1) **자연발화성 물질 : 화기엄금 및 공기접촉엄금**
  2) **금수성물질 : 물기엄금**
- 4류 : **화기엄금**
- 5류 : **화기엄금, 충격주의**
- 6류 : **가연물접촉주의**

014 다음 중 물보다 비중이 큰 것을 고르시오.

> 이황화탄소, 글리세린, 피리딘, 클로로벤젠, 산화프로필렌

🅣 클로로벤젠, 이황화탄소, 글리세린

🅗 **이황화탄소, 2석유류중 아, 히, 포, 클로로벤젠, 3석유류는 비중이 1보다 크다.**

015 다음 위험물에 대해 답하시오.

> - 독성이 있으며 포름알데히드의 재료이다.
> - 비점은 약 65℃, 인화점은 약 11℃
> - 비중은 약 0.79
>   가 : 연소반응식은?
>   나 : 위험등급은?
>   다 : 구조식은?

🅣 가 : $2CH_3OH + 3O_2 \rightarrow 2CO_2 + 4H_2O$,
　나 : II등급
　다 :
```
      H
      |
  H - C - O - H
      |
      H
```

🅗 메탄올에 대한 설명이다. 인화점 약 11℃인 물질이므로 인화점이 약 10℃ 언저리에 있으면 알코올류를 떠올려야 한다.

 산화⇌환원  산화⇌환원

CH₃OH 메탄올 → HCHO 포름알데히드 → HCOOH 포름산

016 디에틸에테르에 대해 답하시오.

> 가 : 증기비중을 계산하시오.
> 나 : 과산화물이 생성되었는지 확인할 수 있는 방법은?
> 다 : 지정수량은?

🅣 가 : 2.55, 나 : 10% 요오드화칼륨 용액으로 색상이 황색으로 변색되는지 확인한다, 다 : 50L

🅗 증기비중은 분자량은 29로 나누어 계산한다.
$C_2H_5OC_2H_5$의 분자량을 계산하면 74이므로
74/29 = 2.552

017 다음은 위험물안전관리법령상 이동탱크저장소의 기준에 관한 설명이다. 빈칸을 채우시오.

> 내부에 (가)ℓ 이하마다 (나)mm 이상의 강철판 또는 이와 동등 이상의 강도 내열성 및 내식성이 있는 금속성의 것으로 칸막이를 설치한다.
> 칸막이로 구획된 부분의 용량이 (다)L미만인 경우 방파판을 설치 아니할 수 있다.
> 안전장치는 상용압력이 20kPa 이하인 탱크에 있어서는 (라)kPa 이상 (마)kPa 이하의 압력에서, 상용압력이 20kPa를 초과하는 탱크에 있어서는 상용압력의 (바)배 이하의 압력에서 작동하는 것으로 설치

🅣 가 : 4000, 나 : 3.2, 다 : 2000, 라 : 20, 마 : 24, 바 : 1.1

018 다음 원통형 저장탱크의 내용적은?

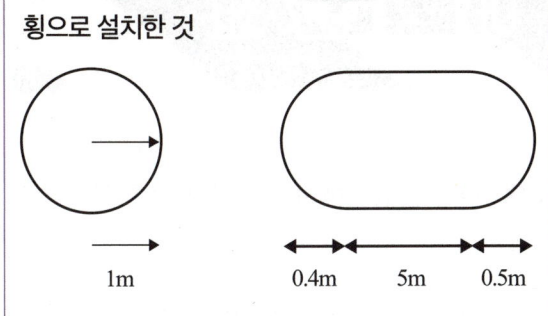

답 16.65m³

해 $\pi r^2 (l + \frac{l_1 + l_2}{3})$

각 대입하면 $\pi \times 1^2 \times [5 + (0.4 + 0.5)/3]$이 된다.

019 이황화탄소 20kg이 모두 증기가 된 경우 그 부피(L)는? (3기압 120℃)

답 2826.84L

해 이상기체 방정식을 풀면 된다.

공식은, $PV = \frac{W}{M} RT$이다.

기압 P는 3이고, 온도 T는 393이다.
이황화탄소의 분자량은 76 (CS₂ = 12 + 32 × 2)
계산하면 20000/76 × 0.082 × 393 / 3
2826.8421L

020 질산에 대해 답하시오.

가: 햇빛에 의해 완전분해되는 경우의 분해반응식은?
나: "가" 반응에 의해 발생되는 독성 기체는?

답 가: $4HNO_3 \rightarrow 2H_2O + 4NO_2 + O_2$, 나: 이산화질소

해 열분해 반응식은 $4HNO_3 \rightarrow 2H_2O + 4NO_2 + O_2$, 발생가스 중 독성가스는 이산화질소이다.

2022년 기출문제

2회 위험물기능사

001 탄산가스 1kg을 소화기로 방출한 경우 그 부피는 몇 리터인가? (표준상태)

답 508.77L

해 이상기체 방정식을 풀면 된다.

공식은, $PV = \frac{W}{M}RT$ 이다.

기압 P는 1이고, 온도 T는 273이다.
이산화탄소의 분자량은 44 ($CO_2 = 12 + 16 \times 2$)
계산하면 $1000/44 \times 0.082 \times 273 / 1$
508.7727L

002 크실렌의 이성질체 3가지의 구조식과 명칭은?

답

명칭은 순서대로 O – 크실렌, m – 크실렌, p – 크실렌이라고 한다.

003 다음 위험물에서 발화점이 낮은 점부터 쓰시오.

이황화탄소, 휘발유, 아세톤, 디에틸에테르

답 이황화탄소, 디에틸에테르, 휘발유, 아세톤

해 발화점을 순서대로 쓰면, 90℃, 160℃, 300℃, 465℃

004 다음 위험물의 연소반응식은?

가: 삼황화인
나: 오황화인

답 가: $P_4S_3 + 8O_2 \rightarrow 2P_2O_5 + 3SO_2$
나: $2P_2S_5 + 15O_2 \rightarrow 2P_2O_5 + 10SO_2$

005 제4류 위험물 중 위험등급Ⅱ등급에 해당하는 품명을 쓰시오.

답 제1석유류, 알코올류

해 특수인화물은 1등급, 제1석유류, 알코올류는 2등급, 그 외는 3등급이다.

006 위험물안전관리법령상 알코올류에 해당하지 않는 조건 2가지는?

답 1분자를 구성하는 탄소원자의 수가 1개 내지 3개의 포화1가 알코올의 함유량이 60중량퍼센트 미만인 수용액, 가연성액체량이 60중량퍼센트 미만이고 인화점 및 연소점이 에틸알코올 60중량퍼센트 수용액의 인화점 및 연소점을 초과하는 것

해 알코올류:알코올류 하나의 분자를 이루는 탄소 원자수가 1에서 3개까지인 포화1가 알코올류가 위험물에 해당하나, 2가지의 예외가 있다.
  가. 1분자를 구성하는 탄소원자의 수가 1개 내지 3개의 포화1가 알코올의 함유량이 60중량퍼센트 미만인 수용액
  나. 가연성액체량이 60중량퍼센트 미만이고 인화점 및 연소점(태그개방식인화점측정기에 의한 연소점을 말한다. 이하 같다)이 에틸알코올 60중량퍼센트 수용액의 인화점 및 연소점을 초과하는 것

007 다음과 같이 위험물을 취급하는 경우 지정수량 배수의 총합은?

이황화탄소 150L, 디에틸에테르 100L, 휘발유 400L, 아세톤 200L

답 7.5배

해 지정수량은 각 순서대로 50L, 50L, 200L, 400L이고 지정수량의 배수는 각 순서대로 3배, 2배, 2배, 0.5배이다. 합하면 7.5이다.

008 다음 분말소화약제의 1차 열분해반응식을 쓰시오.

> 가: $NaHCO_3$
> 나: $NH_4H_2PO_4$

답 가: $2NaHCO_3 \rightarrow Na_2CO_3 + CO_2 + H_2O$
　　나: $NH_4H_2PO_4 \rightarrow NH_3 + H_3PO_4$

해

종류	성분	적응화재	열분해반응식	색상
제1종 분말	$NaHCO_3$ (탄산수소나트륨)	B, C	$2NaHCO_3$ $\rightarrow Na_2CO_3 + CO_2 +$ H_2O	백색
제2종 분말	$KHCO_3$ (탄산수소칼륨)	B, C	$2KHCO_3$ $\rightarrow K_2CO_3 + CO_2 +$ H_2O	담회색
제3종 분말	$NH_4H_2PO_4$ (제1인산암모늄)	A, B, C	$NH_4H_2PO_4$ $\rightarrow HPO_3$(메타인산) $+ NH_3$(암모니아) $+ H_2O$	담홍색
제4종 분말	$KHCO_3 +$ $(NH_2)_2CO$ (탄산수소칼륨+ 요소)	B, C	$2KHCO_3 + (NH_2)_2CO$ $\rightarrow K_2CO_3 + 2NH_3 +$ $2CO_2$	회색

제3종 분말소화약제의 경우 여러 차례 열분해 반응이 나타난다.
1차는 $NH_4H_2PO_4 \rightarrow NH_3 + H_3PO_4$
2차는 $2H_3PO_4 \rightarrow H_4P_2O_7 +$ H_2O
3차는 $H_4P_2O_7 \rightarrow 2HPO_3 + H_2O$
최종으로 $NH_4H_2PO_4 \rightarrow HPO_3$(메타인산) $+ NH_3$(암모니아) $+ H_2O$

---

009 위험물안전관리법령상 다음 위험물을 취급하는 위험물 제조소의 설치해야 하는 주의사항 게시판의 색상은?

> 가: 인화성 고체
> 나: 금수성 물질

답 가: 적색바탕에 백색문자, 나: 청색바탕에 백색문자

해 인화성 고체의 경우 화기엄금, 금수성 물질의 경우 물기엄금을 주의사항 게시판에 기재해야 하고, 그 색상은 아래 표와 같다.

제조소의 게시판에 게시할 내용
ⅰ) 1류 알칼리금속의 과산화물: 물기엄금
　　그 밖에: 없음
ⅱ) 2류 인화성 고체: 화기엄금
　　철분, 마그네슘, 금속분 및 그 밖에: 화기주의
ⅲ) 3류 자연발화성 물질: 화기엄금
　　금수성물질: 물기엄금
ⅳ) 4류: 화기엄금
ⅴ) 5류: 화기엄금
ⅵ) 6류: 없음

암기방법은 **물기엄금**은 **알칼리금속과산화물과 금수성 물질 두 가지**
화기주의는 **2류 중 인화성 고체를 제외한 물질**
없음은 **1류 중 알칼리금속과산화물 그외의 물질과 6류**
나머지는 모두 화기엄금이다.
운반용기 외부 표시사항은 일단 게시판 내용이 그대로 있고 거기에 내용이 추가된다고 생각하여 암기한다.

주요 게시판 색상은 다음과 같다.

종류	바탕	문자
화기엄금	적색	백색
물기엄금	청색	백색
주유중엔진정지	황색	흑색
위험물 제조소등	백색	흑색
위험물	흑색	황색반사도료

010 아세톤에 대해 답하시오.

> 가: 연소반응식은?
> 나: 1kg이 완전연소하는 경우 필요한 공기의 부피(m^3)는? (표준상태이고, 공기 중 산소의 농도는 21vol%)

답 가: $CH_3COCH_3 + 4O_2 \rightarrow 3CO_2 + 3H_2O$, 나: $7.36m^3$

해 위의 연소식에서 아세톤과 산소의 몰 수 반응비는 1:4이다. 아세톤의 분자량이 58g/mol이므로 1kg의 몰 수는 17.2413몰이고, 산소의 경우 그 4배인 68.9655몰이 반응하게 된다.

1몰의 부피는 22.4리터이므로 68.9655몰의 부피는 22.4 × 68.9655 = 1544.8275리터에 해당한다. 이를 m^3 단위로 환산하면 $1.5448 m^3$가 된다. 공기중 산소는 21vol%의 비율의 부피로 존재하므로 100:21 = X:$1.5448 m^3$의 식이 만들어지고, X를 구하면 된다.

011 다음 각 제4류 위험물의 화학식과 지정수량은?

> 가: 톨루엔
> 나: 메틸알코올
> 다: 클로로벤젠

답 가: $C_6H_5CH_3$, 200L, 나: CH_3OH, 400L,
다: C_6H_5Cl, 1000L

012 다음은 위험물 저장탱크의 용적에 관한 서술이다. 빈칸을 채우시오.

- 탱크의 용량은 해당 탱크의 내용적에서 공간용적을 뺀 용적으로 한다.
- 탱크의 공간용적은 탱크용적의 100분의 (가) 이상 100분의 (나) 이하로 한다.
- 소화설비를 설치한 것에 있어서는 당해 소화설비의 소화약제 방출구로부터 (다)미터 이상 (라)미터 미만 사이의 용적으로 한다.

답 가: 5, 나: 10, 다: 0.3, 라: 1

013 다음 제5류 위험물의 화학식은?

> 가 : 질산메틸
> 나 : 니트로글리콜
> 다 : 과산화벤조일

답 가 : **CH₃ONO₂**, 나 : C₂H₄(ONO₂)₂,
   다 : (C₆H₅CO)₂O₂

014 다음의 동식물유류를 건성유, 반건성유, 불건성유로 분류하시오.

> 들기름, 참기름, 야자유, 동유, 아마인유

답 건성유 : 들기름, 동유, 아마인유, 반건성유 : 참기름, 불건성유 : 야자유

015 다음은 이동탱크저장소의 기준이다. 빈칸을 채우시오.

> • 압력탱크(최대상용압력이 46.7kPa 이상인 탱크를 말한다) 외의 탱크는 (가)kPa의 압력으로, 압력탱크는 최대상용압력의 (나)배의 압력으로 각각 10분간의 수압시험을 실시하여 새거나 변형되지 아니할 것. 이 경우 수압시험은 용접부에 대한 비파괴시험과 기밀시험으로 대신할 수 있다.
> • 내부에 (다)ℓ 이하마다 (라)mm 이상의 강철판 또는 이와 동등 이상의 강도 내열성 및 내식성이 있는 금속성의 것으로 칸막이를 설치한다.
> • 탱크(맨홀 및 주입관의 뚜껑을 포함한다)는 두께 (마)mm 이상의 강철판 또는 이와 동등 이상의 강도 내식성 및 내열성이 있다고 인정하여 소방청장이 정하여 고시하는 재료 및 구조로 위험물이 새지 아니하게 제작할 것

답 가 : 70, 나 : 1.5, 다 : 4000, 라 : 3.2 마 : 3.2

016 다음에서 제6류 위험물인 질산, 과염소산, 과산화수소의 공통적인 특성이 아닌 것을 고르고, 바르게 고치시오.

> 가 : 산화성 액체
> 나 : 수용성
> 다 : 비중이 1보다 작다.
> 라 : 유기화학물
> 마 : 불연성

답 틀린 부분은 "다, 라"이고, 수정하면 비중이 1보다 크고, 무기화학물이다.

해 유기화합물은 주로 제5류 위험물이다. 물보다 무거우므로 비중이 1보다 크다.

017 다음은 위험물안전관리법령상의 위험물제조소에 대한 설명이다. 답하시오.

> 가 : 제조소 등의 관계인은 연간 (　　)회 이상의 정기점검을 실시해야 한다.
> 나 : 제조소 등의 설치자의 지위승계에 해당하는 사유로 맞는 것을 모두 고르면
> 　1) 설치자가 사망한 경우
> 　2) 제조소 등을 양도한 경우
> 　3) 법인제조소 등의 설치자가 합병한 경우
> 다 : 제조소 등의 폐지에 대한 설명으로 틀린 것은?
> 　1) 폐지는 장래에 대해 위험물 시설로서의 기능을 완전히 상실시키는 것을 의미한다.
> 　2) 용도폐지는 제조소 등의 관계인이 한다.
> 　3) 시/도지사는 신고 후 14일 이내에 폐지한다.
> 　4) 폐지를 위한 서류는 용도폐지신고서, 완공검사합격확인증이다.

답 가 : 1회, 나 : 1), 2), 3), 다 : 3)

해 다 : 폐지 후 14일 이내에 시도지사에게 신고해야 한다.

018 다음 중 수용성인 것을 모두 고르면?

> 벤젠, 이황화탄소, 시클로헥산, 아세톤, 아세트산, 이소프로필알코올

🖹 아세톤, 아세트산, 이소프로필알코올

🔍 이소프로필알코올은 생소하나 알코올류는 수용성인 것을 기억하면 풀 수 있다.

019 다음의 제2류 위험물에 대해 답하시오.

> - 2족 원소로 은백색의 무른 금속이다.
> - 비중은 1.74이고, 녹는점은 650℃ 이다.
>   가 : 연소반응식은?
>   나 : 물과의 반응식은?

🖹 가 : $Mg + 2H_2O \rightarrow Mg(OH)_2 + H_2$
  나 : $2Mg + O_2 \rightarrow 2MgO$

🔍 주기율표에서 2족 하면 베릴륨, 마그네슘, 칼슘을 떠올린다. 이 중에서 은백색의 무른금속하면 마그네슘이다.

020 다음 Halon소화약제의 번호를 쓰시오.

> 가 : $C_2F_4Br_2$
> 나 : CF_2ClBr
> 다 : CH_3I

🖹 가 : **2402**, 나 : **1211**, 다 : **10001**

🔍 할론넘버의 각 숫자는 **순서대로 C, F, Cl, Br의 숫자를** 의미한다. 다섯번째는 I의 숫자이다. 즉, 원래는 5자리인데, I가 없는 경우 그냥 다섯번째는 생략한다.

할론 넘버	분자식	방사압력	소화기	소화 효과	독성
1301	CF_3Br	0.9MPa	MTB 또는 BTM	▲ 좋음	▼ 강함
1211	CF_2ClBr	0.2MPa	BCF		
2402	$C_2F_4Br_2$	0.1MPa			
1011	CH_2ClBr				
104	CCl_4				

추가로 CH_3Br는 1001이다.

3회 2022년 기출문제

001 다음 물질의 구조식은?

> 가: 트리니트로톨루엔
> 나: 트리니트로페놀

답 가:

구조식 (CH₃, NO₂ 3개가 붙은 벤젠)

나:

구조식 (OH, NO₂ 3개가 붙은 벤젠)

002 금속칼륨에 대해 답하시오.

> 가: 물과의 반응식은?
> 나: 에틸알코올과의 반응식은?

답 가: $2K + 2H_2O \rightarrow 2KOH + H_2$

해 나: $2K + 2C_2H_5OH \rightarrow 2C_2H_5OK + H_2$

003 유황(황)에 대해 답하시오.

> 가: 연소반응식은?
> 나: 고온에서 수소와 반응하는 경우 화학반응식은?

답 가: $S + O_2 \rightarrow SO_2$
나: $S + H_2 \rightarrow H_2S$

004 에틸알코올에 대해 답하시오.

> 가: 에틸알코올의 1차 산화 시 발생되는 특수인화물의 화학식은?
> 나: "가"의 특수인화물의 연소반응식은?
> 다: "가"의 위험물의 2차 산화 시 발생되는 제2석유류의 화학식은?

답 가: CH_3CHO, 나: $2CH_3CHO + 5O_2 \rightarrow 4CO_2 + 4H_2O$, 다: CH_3COOH

해

005 다음 각 물질의 운반시 운반용기 외부에 표시하는 주의사항을 쓰시오.

> 가:제1류 중 염소산염류
> 나:제5류 중 니트로화합물(나이트로화합물)
> 다:제6류 중 과산화수소

답 가:화기/충격주의, 가연물 접촉주의
나:화기엄금, 충격주의
다:가연물접촉주의

해 염소산염류는 제1류 중 알칼리금속과산화물 그 외의 것이다.

위험물에 따른 **주의사항(운반용기 표시사항)**
- 1류
  1) 알칼리금속과산화물의 경우:**화기/충격주의, 물기엄금 및 가연물접촉주의**
  2) 그 밖의 것:**화기/충격주의, 가연물 접촉주의**
- 2류
  1) **철분, 마그네슘, 금속분:화기주의 물기엄금**
  2) **인화성 고체:화기엄금**
  3) **그 밖의 것:화기주의**
- 3류
  1) **자연발화성 물질:화기엄금 및 공기접촉엄금**
  2) **금수성물질:물기엄금**
- 4류:**화기엄금**
- 5류:**화기엄금, 충격주의**
- 6류:**가연물접촉주의**

006 다음 각 물질의 물과 반응 시 발생하는 기체를 쓰시오.

> 가:황린
> 나:리튬
> 다:수소화칼슘
> 라:트리에틸알루미늄
> 마:트리메틸알루미늄

답 가:없음, 나:수소, 다:수소, 라:에탄, 마:에탄

해 황린은 물과 반응하지 않는다. 금속은 수소를 발생시키고, 금속수소화합물도 수소를 발생시킨다. 트리에틸(알루미늄)은 에탄, 트리메틸(알루미늄)은 메탄을 발생시킨다.

007 다음 제4류 위험물의 품명 결정 기준을 쓰시오.

> 가:제1석유류
> 나:제3석유류
> 다:제4석유류

답 가:1기압에서 **인화점이 21℃ 미만인 것**
나:1기압에서 **인화점이 70℃ 이상 200℃ 미만인 것**
다:1기압에서 **인화점이 200℃ 이상 250℃ 미만인 것**

008 제2종 분말소화약제에 대해 쓰시오.

가 : 주성분은?
나 : 분해반응식은?

답 가 : $KHCO_3$, 나 : $2KHCO_3 \rightarrow K_2CO_3 + CO_2 + H_2O$

해

종류	성분	적응화재	열분해반응식	색상
제1종 분말	$NaHCO_3$ (탄산수소나트륨)	B, C	$2NaHCO_3 \rightarrow Na_2CO_3 + CO_2 + H_2O$	백색
제2종 분말	$KHCO_3$ (탄산수소칼륨)	B, C	$2KHCO_3 \rightarrow K_2CO_3 + CO_2 + H_2O$	담회색
제3종 분말	$NH_4H_2PO_4$ (제1인산암모늄)	A, B, C	$NH_4H_2PO_4 \rightarrow HPO_3$(메타인산) $+ NH_3$(암모니아) $+ H_2O$	담홍색
제4종 분말	$KHCO_3 + (NH_2)_2CO$ (탄산수소칼륨+요소)	B, C	$2KHCO_3 + (NH_2)_2CO \rightarrow K_2CO_3 + 2NH_3 + 2CO_2$	회색

제3종 분말소화약제의 경우 여러 차례 열분해 반응이 나타난다.
1차는 $NH_4H_2PO_4 \rightarrow NH_3 + H_3PO_4$
2차는 $2H_3PO_4 \rightarrow H_4P_2O_7 + H_2O$
3차는 $H_4P_2O_7 \rightarrow 2HPO_3 + H_2O$
최종으로 $NH_4H_2PO_4 \rightarrow HPO_3$(메타인산) $+ NH_3$(암모니아) $+ H_2O$

009 다음 각 위험물의 지정수량?

가 : 적린
나 : 철분
다 : 황화인

답 가 : 100kg, 나 : 500kg, 다 : 100kg

010 아세톤에 대해 답하시오.

가 : 품명
나 : 화학식
다 : 증기비중

답 가 : 제1석유류, 나 : CH_3COCH_3, 다 : 2

해 아세톤의 분자량은
$12 + 1 \times 3 + 12 + 16 + 12 + 1 \times 3 = 58$이고, 29로 나누면 2이다.

011 다음 위험물의 화학식은?

가 : 염소산칼슘
나 : 중크롬산칼륨
다 : 과망간산나트륨

답 가 : $Ca(ClO_3)_2$, 나 : $K_2Cr_2O_7$, 다 : $NaMnO_4$

012 지정수량 10배 이상의 위험물을 저장하는 제조소(이동탱크저장소는 제외) 등에 설치하는 경보설비를 3가지 쓰시오.

답 자동화재탐지설비, 자동화재속보설비, 비상경보설비, 확성장치 및 비상방송설비 중 3가지

해 지정수량 10배 시 반드시 자동화탐지설비만 설치하는 것이 아니라, 위의 경보설비 중 하나를 설치하면 된다.

013 다음 제1류 위험물에 대해 답하시오.

> 강산화제로 유황(황), 목탄 등과 함께 흑색화약의 원료가 되며, 분자량은 101이다.
> 가: 화학식
> 나: 위험등급
> 다: 분해반응식

답 가: **KNO₃**, 나: II등급, 다: $2KNO_3 \rightarrow 2KNO_2 + O_2$

해 질산칼륨에 대한 설명이다.

014 제4류 위험물 중 위험등급 III등급에 해당하는 품명은?

답 제2석유류, 제3석유류, 제4석유류, 동식물유류

해 특수인화물은 I등급, 제1석유류, 알코올류는 II등급이다.

015 다음 원통형탱크의 내용적은?

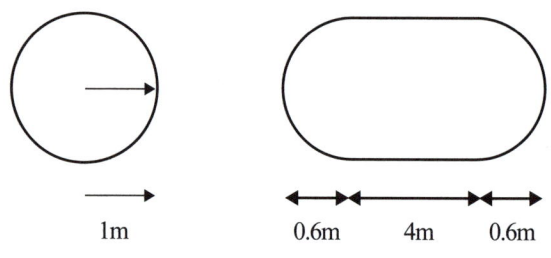

1m   0.6m 4m 0.6m

답 13.82m³

해 $\pi r^2 (l + \dfrac{l_1 + l_2}{3})$

각 대입하면 $\pi \times 1^2 \times [4 + (0.6 + 0.6)/3]$이 된다.

016 제4류 위험물을 저장하는 옥내저장소의 외벽이 내화구조가 아닌 경우 연면적이 450m²이면 소화설비의 소요단위는?

답 6단위

해

종류	내화구조	비내화구조
위험물	위험물의 지정수량×10	
제조소 및 취급소	100m²	50m²
저장소	150m²	75m²

옥외설치된 공작물은 외벽이 내화구조인 것으로 간주한다.
저장소의 경우 비내화구조면 75m²가 1소요단위이다.

017 다음 중 에테르에 녹고 비수용성인 것을 고르면?

아세트알데히드, 아세톤, 스틸렌, 클로로벤젠, 이황화탄소

답 클로로벤젠, 스틸렌, 이황화탄소

해 제4류 위험물 중 비수용성인 것 기억해 둬야 한다. 에테르에 녹는 물질은 대부분 비수용성일 가능성이 크다.

018 다음처럼 위험물을 취급하고 있는 경우 지정수량 배수의 총합은?

아크릴산 4000L, 산화프로필렌 200L, 벤즈알데히드 1000L

답 7배

해 아크릴산은 제2석유류로 지정수량이 2000L이고 벤즈알데히드도 제2석유류로 지정수량이 1000L이다. 산화프로필렌은 특수인화물로 지정수량이 50L이다. 각 배수는 2, 4, 1이므로 합하면 7이다.

019 질산 4몰이 완전분해되어 산소 1몰이 발생하는 경우 물음에 답하시오.

가: 이 분해반응에서 발생되는 유독가스는?
나: 질산의 분해반응식은?

답 가: 이산화질소
　나: $4HNO_3 \rightarrow 2H_2O + 4NO_2 + O_2$

020 이산화탄소 6kg의 완전 기화 시의 부피(L)는? (1기압, 25℃)

답 3332.18L

해 이상기체 방정식을 풀면 된다.

공식은, PV = $\frac{W}{M}$ RT이다.

기압 P는 1이고, 온도 T는 298이다(273 + 25).
이산화탄소의 분자량은 44 (CO_2 = 12 + 16 × 2)
계산하면 6000/44 × 0.082 × 298 / 1
3332.1818L

4회 2022년 기출문제

001 탄산수소나트륨에 대해 답하시오.

가: 열분해반응식
나: 100kg이 완전분해 시 발생하는 이산화탄소의 부피(m^3)는? (1기압 100℃)

답 가: $2NaHCO_3 \rightarrow Na_2CO_3 + CO_2 + H_2O$, 나: $18.20m^3$

해 탄산수소나트륨과 이산화탄소의 대응 분자비는 2:1이다.

탄산수소나트륨의 분자량은 84kg/kmol이므로 100kg은 약 1.1904kmol이 된다.
따라서 2:1 = 1.1904:X가 된다. X 즉 이산화탄소의 몰 수는 약 0.5952kmol이 되고
이를 이상기체방정식에 대입하면 부피를 구할 수 있다.
공식은, PV = $\frac{W}{M}$RT이다. $\frac{W}{M}$ 즉, 몰수는 0.5952이고,
기압 P는 1이고, 온도 T는 373이다(273 + 100).
대입하면 0.5952 × 0.082 × 373 / 1
약 $18.2047m^3$가 된다.

002 인화칼슘에 대해 답하시오.

가: 물과의 반응식
나: 염산과의 반응식

답 가: $Ca_3P_2 + 6H_2O \rightarrow 3Ca(OH)_2 + 2PH_3$
나: $Ca_3P_2 + 6HCl \rightarrow 3CaCl_2 + 2PH_3$

003 에틸렌글리콜에 대해 답하시오.

가: 구조식:
나: 위험등급
다: 증기비중

답 가:

```
  H   H
  |   |
H-C - C-H
  |   |
  OH  OH
```

나: III등급, 다: 약 2.14

해 $C_2H_4(OH)_2$의 분자량은 62이다. 29로 나누면 2.137

004 다음 Halon소화약제의 번호는?

> 가: CH_2ClBr
> 나: CH_3Br
> 다: CF_3Br

답 가: Halon 1011, 나: Halon 1001, 다: Halon 1301

해 할론넘버의 각 숫자는 순서대로 C, F, Cl, Br의 숫자를 의미한다.

할론 넘버	분자식	방사압력	소화기	소화 효과	독성
1301	CF_3Br	0.9MPa	MTB 또는 BTM		
1211	CF_2ClBr	0.2MPa	BCF	▲ 좋음	▼ 강함
2402	$C_2F_4Br_2$	0.1MPa			
1011	CH_2ClBr				
104	CCl_4				

할론 1301은 **오존층을 가장 많이 파괴**하나, **소화효과가 가장 좋고, 독성이 가장 낮다, 공기보다 무겁다** (브롬의 원자량은 80이다.).
CH_3Br는 1001이다.

005 다음 위험물의 지정수량의 배수의 합은?

> 아세트알데히드 300L, 등유 2000L,
> 클레오소트유 2000L

답 9배

해 지정수량은 각 50L, 1000L, 2000L이다. 배수는 6배, 2배, 1배이다.

006 위험물안전관리법령상 혼재가 불가능한 위험물의 유별을 각 쓰시오.
(지정수량 10배 이상인 경우이다.)

> 가: 제2류 위험물
> 나: 제3류 위험물
> 다: 제6류 위험물

답 가: 제1, 3, 6류 위험물, 나: 제1, 2, 5, 6류 위험물,
다: 제2, 3, 4, 5류 위험물

해 423 524 61

007 다음 위험물의 분해시 산소발생하는 분해반응식을 쓰시오.

> 가: 질산칼륨
> 나: 삼산화크롬

답 가: $2KNO_3 \rightarrow 2KNO_2 + O_2$
나: $4CrO_3 \rightarrow 2Cr_2O_3 + 3O_2$

008 다음 옥내탱크저장소의 옥내저장탱크가 설치된 모습이다. 다음 괄호의 거리를 채우시오.

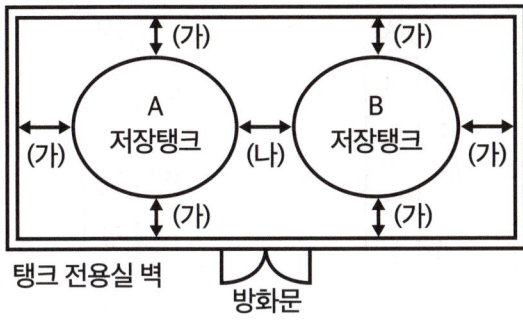

답 가 : 0.5m, 나 : 0.5m

해 옥내저장탱크와 탱크전용실 벽과의 거리 및 탱크와 탱크 상호간의 거리는 모두 0.5m이다.

009 다음 중 연소 시 오산화인이 발생하는 것은?

적린, 황, 삼황화린, 오황화린, 칠황화린

답 적린, 삼황화린, 오황화린, 칠황화린

해 적린 : $4P + 5O_2 \rightarrow 2P_2O_5$ (오산화인, 흰색의 연기)
삼황화린 : $P_4S_3 + 8O_2 \rightarrow 2P_2O_5 + 3SO_2$
오황화린 : $2P_2S_5 + 15O_2 \rightarrow 2P_2O_5 + 10SO_2$
칠황화린 : $P_4S_7 + 12O_2 \rightarrow 2P_2O_5 + 7SO_2$
유황(황) : $S + O_2 \rightarrow SO_2$

010 다음 중 가연물인 동시에 산소 없이 자체 연소가 가능한 위험물을 모두 고르시오.

과산화벤조일, 니트로글리세린, 과산화수소, 과산화나트륨, 디에틸아연

답 과산화벤조일, 니트로글리세린

해 산소 없이 자체 연소가 가능한 위험물은 제5류 위험물이다.

011 다음 빈칸을 채우시오.

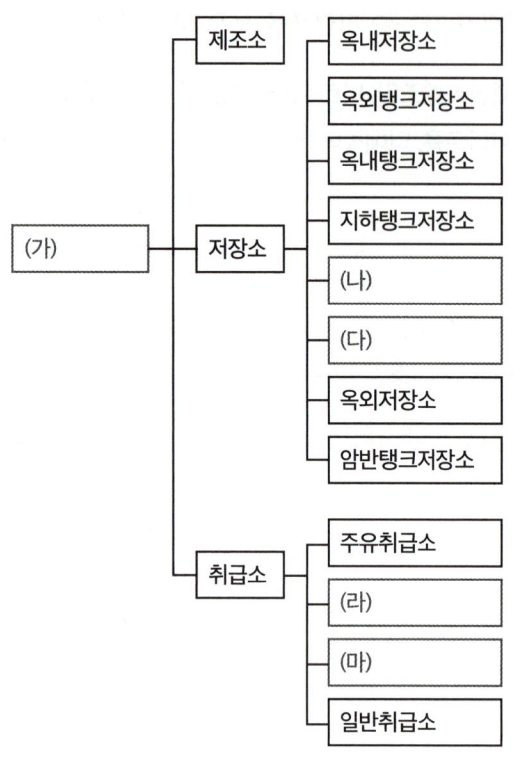

답 가:저장소 등, 나:이동탱크저장소,
다:간이탱크저장소, 라:판매취급소, 마:이송취급소

012 주유취급소의 경우 주의사항 표지에 대해 답하시오.

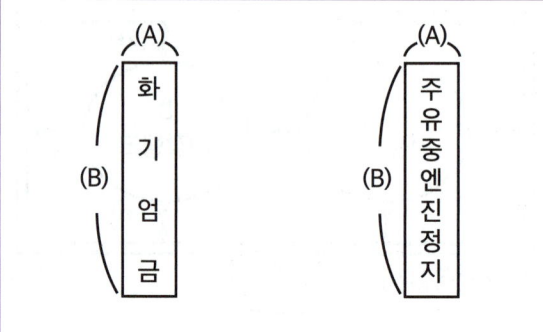

가:게시판의 크기 기준과 관련하여 (A), (B)에 맞는 기준을 쓰시오.
나:화기엄금 게시판의 바탕색과 문자색은?
다:주유중엔진정지 게시판의 바탕색과 문자색은?

답 가:(A):0.3m 이상, (B):0.6m 이상
나:적색바탕 백색문자, 다:황색바탕 흑색문자

해 게시판의 크기는 **60cm × 30cm 이상, 흑색 바탕에 황색도료로 위험물**이라고 표시해야 한다.

종류	바탕	문자
화기엄금	적색	백색
물기엄금	청색	백색
주유중엔진정지	황색	흑색
위험물제조소 등	백색	흑색
위험물	흑색	황색반사도료

013 탱크시험자가 갖추어야 할 장비에 대해 답하시오.

> 가: 필수장비 2가지는?
> 다: 필요한 경우에 두는 장비 2가지 쓰시오.

답 가: 자기탐상시험기, 초음파두께측정기와 영상초음파시험기, 방사선투과시험기 및 초음파시험기 중 하나
나: 진공능력 53kPa 이상의 진공누설시험기, 기밀시험장치, 수직/수평도 측정기 중 2개

해 탱크시험자가 갖추어야 할 장비
가: 필수장비: 자기탐상시험기, 초음파두께측정기 및 다음 중 하나
  1) 영상초음파시험기
  2) 방사선투과시험기 및 초음파시험기
나: 필요한 경우에 두는 장비
  1) 충/수압시험, 진공시험, 기밀시험 또는 내압시험의 경우
    • 진공능력 53kPa 이상의 진공누설시험기
    • 기밀시험장치
  2) 수직/수평도 시험의 경우: 수직/수평도 측정기

014 이산화탄소 소화기에서 이산화탄소 1kg을 방사하는 경우 이산화탄소의 부피(L)는? (표준상태이다.)

답 509.09L

해 이산화탄소의 분자량은 44g/mol이다. 구하는 부피가 L단위이므로 모두 g으로 변형하고 계산해야 한다. 따라서 1kg은 1000g이고, 이산화탄소 1000g은 약 22.7273mol이다.
1mol의 부피는 22.4L이므로 22.7273에 22.4L를 곱하면 509.0909L가 된다.

015 다음 원통형 탱크의 내용적을 구하시오.

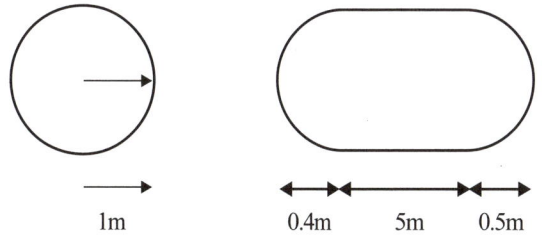

답 16.65m³

해 $\pi r^2 (l + \dfrac{l_1 + l_2}{3})$

각 대입하면 $\pi \times 1^2 \times [5 + (0.4 + 0.5)/3]$이 된다.
약 16.642m³

016 금속나트륨과 금속칼륨의 공통적인 성질에 해당하는 것을 모두 고르면?

> 가: 경금속이다.
> 나: 흑색 고체이다.
> 다: 물과 반응 시 불연성 기체를 발생시킨다.
> 라: 알코올과 반응 시 수소를 발생시킨다.
> 마: 보호액 속에 보관한다.

답 가, 라, 마

해 둘다 물과 반응 시 수소를 발생시킨다.

나트륨: $2Na + 2H_2O \rightarrow 2NaOH + H_2$
칼륨: $2K + 2H_2O \rightarrow 2KOH + H_2$
알코올과 반응하면 모두 수소를 발생시킨다.
$2Na + 2C_2H_5OH \rightarrow 2C_2H_5Ona$(나트륨에틸라이드) $+ H_2$
$2K + 2C_2H_5OH \rightarrow 2C_2H_5OK$(칼륨에틸라이드) $+ H_2$
보호액(등유, 경유 파라핀 등) 속에 보관한다.

017 다음 물질의 위험물이 되는 기준은?

> 가: 철분
> 나: 마그네슘
> 다: 과산화수소

답 가: **53마이크로미터 표준체**를 통과한 것이 **50중량 퍼센트 이상**, 나: 직경 2밀리미터 이상 막대모양은 제외하고, 2밀리미터 체를 통과하지 않는 것은 제외, 다: 농도가 36중량퍼센트 이상

해 제2류 위험물 위험물 기준
- 유황(황): 순도 60중량퍼센트 이상이어야 한다.
- 철분: **53마이크로미터 표준체**를 통과한 것이 **50 중량퍼센트 이상**이어야 한다.
- 마그네슘: **직경 2밀리미터 이상 막대모양은 제외**하고, 2밀리키터 체를 통과하지 않는 것은 제외한다. 즉, **직경 2밀리미터 미만**의 미세 마그네슘만 위험물이다.
- 금속분: 구리, 니켈은 제외하고, **150마이크로미터 표준체를 통과한 것이 50중량퍼센트 이상**이어야 한다.
- 과산화수소의 경우 농도가 36중량퍼센트 이상이어야 한다.

018 벽, 기둥, 바닥이 내화구조인 경우 옥내저장소에 다음 위험물을 저장한다면 공지의 너비를 얼마로 해야 하는가?

> 가:유황(황) 12000kg
> 나:인화성고체 12000kg
> 다:질산 12000kg

답 가:5m 이상, 나:2m 이상, 다:3m 이상

해

저장 또는 취급하는 위험물의 최대수량	공지의 너비	
	벽·기둥 및 바닥이 내화구조로 된 건축물	그 밖의 건축물
지정수량의 5배 이하		0.5m 이상
지정수량의 5배 초과 10배 이하	1m 이상	1.5m 이상
지정수량의 10배 초과 20배 이하	2m 이상	3m 이상
지정수량의 20배 초과 50배 이하	3m 이상	5m 이상
지정수량의 50배 초과 200배 이하	5m 이상	10m 이상
지정수량의 200배 초과	10m 이상	15m 이상

따라서 공지의 너비를 구하기 위해서는 지정수량을 알아야 한다. 지정수량은 유황(황) 100kg, 인화성고체는 1000kg, 질산은 300kg 이다. 각 지정수량의 배수는 각 120배, 12배, 40배

019 다음 빈칸에 들어갈 내용을 보기에서 골라 A 또는 B로 쓰시오.

> A:크다, 많다, 높다, 넓다.
> B:작다, 적다, 낮다. 좁다.
> 가:메탄올의 분자량은 벤젠의 분자량보다 ( )
> 나:메탄올의 증기비중은 벤젠의 증기비중보다 ( )
> 다:메탄올의 연소범위가 벤젠의 연소범위보다 ( )
> 라:메탄올의 인화점이 벤젠의 인화점보다 ( )
> 마:메탄올 1몰 연소 시 발생하는 이산화탄소의 양이 벤젠 1몰 연소 시 발생하는 이산화탄소 양보다 ( )

답 가:B, 나:B, 다:A, 라:A, 마:B

해 메탄올(CH_3OH)의 분자량은 32이고, 벤젠(C_6H_6)의 분자량은 78이다.

증기비중은 분자량을 29로 나눈 것이므로 분자량이 큰 벤젠이 당연히 증기비중도 크다.

메틸알코올의 인화점은 약 11℃이고, 벤젠의 인화점은 약 −11℃이다.

연소범위는 메탄올은 약 7.3 ~ 36%, 벤젠은 약 1.2 ~ 7.1% 정도이다.

메탄올의 연소반응식은
$2CH_3OH + 3O_2 \rightarrow 2CO_2 + 4H_2O$
벤젠의 연소반응식은
$2C_6H_6 + 15O_2 \rightarrow 12CO_2 + 6H_2O$
같이 2몰씩 반응했을 경우 이산화탄소는 각 2몰, 12몰 발생한다. 당연히 벤젠의 이산화탄소발생량이 더 많다.

020 다음 서술하는 위험물에 대해 답하시오.

> 제5류 니트로화합물(나이트로화합물)로 햇빛을 받으면 다갈색으로 변하며, 분자량이 227이다.
> 가 : 명칭
> 나 : 화학식
> 다 : 지정과산화물인지
> 라 : 운반용기 외부 표시 주의사항

답 가 : 트리니트로톨루엔, 나 : $C_6H_2(NO_2)_3CH_3$,
다 : 지정과산화물아니다, 라 : 화기엄금, 충격주의

해 제5류 니트로화합물(나이트로화합물) 중 햇빛에 다갈색으로 변하는 것을 찾으면 트리니트로톨루엔이다. 분자량을 모두 구해서 찾아도 된다.

지정과산화물은 **제5류 위험물 중 유기과산화물** 또는 이를 함유한 것으로 지정수량 **10kg인 것을 말하는데**, 트리니트로톨루엔의 지정수량은 200kg이다. 제5류 인 경우 운반용기 외부 표시 주의사항은 화기엄금, 충격주의이다.

2023년 기출문제

001 다음의 위험물에 대해 각 질문에 해당하는 화학식을 쓰시오(해당 없는 경우 "해당 없음"으로 표시).

> 질산암모늄, 질산칼륨, 과산화나트륨, 삼삼화크롬, 염소산칼륨

가. 산소 또는 이산화탄소와 반영하는 물질은?
나. 흡습성이 있고, 분해 시 흡열반응을 하는 물질은?
다. 비중이 2.32이고, 이산화망간을 촉매로 하여 가열하면 산소를 발생시키는 물질은?

답 가: Na_2O_2
나: NH_4NO_3
다: $KClO_3$

해 가: $2Na_2O_2 + 2CO_2 \rightarrow 2Na_2CO_3 + O_2$
나: 흡열반응 하면 질산암모늄을 떠올려야 한다.

002 다음 탱크의 내용적(L)을 구하시오.

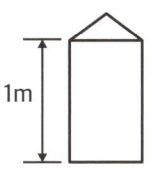 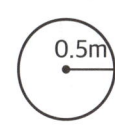

답 785.4L

해 공식은 $\pi r^2 l$이고 대입하면 $\pi 1 \times 0.5$ 단위가 m^3이므로 리터로 환산하면 약 785.4L가 된다.

003 위험물안전관리법령상 옥외저장소 저장 가능한 제4류 위험물 품명 3가지를 쓰시오.

답 제1석유류(인화점이 섭씨 0도 이상인 것에 한함), 알코올류, 제2석유류, 제3석유류, 4석유류, 동식물유류 중 3가지

해 4류 위험물 중 제1석유류(인화점이 섭씨 0도 이상인 것에 한함), 알코올류, 2석유류, 3석유류, 4석유류, 동식물유류가 저장 가능하다.

004 위험물안전관리법령상 위험물제조소의 환기설비에 대해 각 물음에 답하시오.

> 가. 환기 방식은?
> 나. 바닥면적이 $150m^2$ 미만일 경우의 급기구의 크기를 아래의 경우에 따라 쓰시오.
> ① 바닥면적 $60m^2$ 미만인 경우
> ② 바닥면적 $60m^2$ 이상 $90m^2$ 미만인 경우
> ③ 바닥면적 $120m^2$ 이상 $150m^2$ 미만인 경우
> 다. 환기구의 높이는?

답 가: 자연배기방식
　나: ① $150cm^2$ 이상
　　② $300cm^2$ 이상
　　③ $600cm^2$ 이상
　다: 지붕위 또는 2m이상

해 • 환기는 **자연배기방식**으로 할 것
• 급기구는 당해 급기구가 설치된 실의 **바닥면적 150m² 마다 1개 이상**으로 하되, 급기구의 크기는 **800cm² 이상**으로 할 것

바닥면적	급기구의 면적
$60m^2$ 미만	$150cm^2$ 이상
$60m^2$ 이상 $90m^2$ 미만	$300cm^2$ 이상
$90m^2$ 이상 $120m^2$ 미만	$450cm^2$ 이상
$120m^2$ 이상 $150m^2$ 미만	$600cm^2$ 이상

• **급기구는 낮은 곳에 설치**하고 가는 눈의 구리망 등으로 인화방지망을 설치할 것
• **환기구는 지붕 위 또는 지상 2m 이상**의 높이에 회전식 고정벤티레이터 또는 루프팬 방식(roof fan: 지붕에 설치하는 배기장치)으로 설치할 것

005 다음 각 물질의 연소반응식을 쓰시오. (해당 없으면 "해당 없음"으로 표시)

> 가. 황린
> 나. 삼황화인
> 다. 나트륨
> 라. 과산화마그네슘
> 마. 질산

답 가: $P_4 + 5O_2 \rightarrow 2P_2O_5$
　나: $P_4S_3 + 8O_2 \rightarrow 2P_2O_5 + 3SO_2$
　다: $4Na + O_2 \rightarrow 2Na_2O$
　라: 해당 없음
　마: 해당 없음

해 과산화마그네슘, 질산은 모두 각 제1류, 제6류 위험물로 불연성 물질이다.

006 제1류 위험물인 과산화마그네슘의 다음 각 반응식을 쓰시오.

> 가. 염산과의 반응식
> 나. 물과 반응식
> 다. 열분해 반응식

답 가: $MgO_2 + 2HCl \rightarrow MgCl_2 + H_2O_2$
　나: $2MgO_2 + 2H_2O \rightarrow 2Mg(OH)_2 + O_2$
　다: $2MgO_2 \rightarrow 2MgO + O_2$

007 이동탱크 저장소에 있어 다음 부분의 각도를 쓰시오.

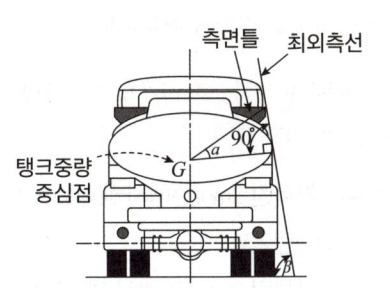

가. 탱크중량의 중심점과 측면틀의 최외측을 연결하는 직선과 그 중심점을 지나는 직선중 최외측선과 직각을 이루는 직선과의 내각 α

나. 측면틀의 최외측과 탱크의 최외측을 연결하는 직선의 수평면에 대한 내각 β

답 가: 35도, 나: 75도

008 위험물안전관리법령상 게시판의 바탕색, 문자색을 각 쓰시오.

가. 화기엄금
나. 주유중엔진정지

답 가: 바탕색: 적색, 문자색: 백색
　나: 바탕색: 황색, 문자색: 흑색

해

종류	바탕	문자
화기엄금	적색	백색
물기엄금	청색	백색
주유중엔진정지	황색	흑색
위험물제조소 등	백색	흑색
위험물	흑색	황색반사도료

009 다음 각 위험물에 대해 질문에 답하시오.

염소산나트륨, 질산암모늄, 과산화나트륨, 칼륨, 과망간산칼륨, 아세톤

가. 위의 위험물 중 이산화탄소와 반응하는 물질을 모두 고르시오.
나. "가"의 물질 중 이산화탄소와 반응하는 반응식 하나를 적으시오.

답 가: 칼륨, 과산화나트륨
　나: $4K + 3CO_2 \rightarrow 2K_2CO_3 + C$ 또는
　　$2Na_2O_2 + 2CO_2 \rightarrow 2Na_2CO_3 + O_2$

010 과염소산에 대해 옳은 것을 모두 고르시오.

가. 분자량은 78이다.
나. 분자량은 63이다.
다. 무색이고 액체이다.
라. 짙은 푸른색이고, 액체이다.
마. 농도가 36wt% 미만인 경우 위험물로 분류되지 않는다.
바. 가열분해 하면 HCl이라는 유독가스를 분출시킨다.

답 다, 바

해 과염소산($HClO_4$)의 분자량은 100.5이다.
분해반응식은 $HClO_4 \rightarrow HCl + 2O_2$이다. 무색의 액체이다.
마는 과산화수소에 대한 설명이다.

011 36wt%인 과산화수소 100g에 대해 다음 질문에 답하시오.

> 가: 분해반응식은?
> 나: "가"에 따라 생성되는 산소는 몇 g인가?

답 가: $2H_2O_2 \rightarrow 2H_2O + O_2$
    나: 16.94g

해 과산화수소와 산소의 대응 몰수비는 2:1이다. 36wt% 과산화수소 100g에는 36g과산화수소가 있고, 과산화수소의 몰질량은 34g/mol이므로 과산화수소는 36/34몰이 있는 것이고, 산소는 그 반인 18/34몰 만큼 있는 것이다. 산소의 몰질량은 32g/mol이므로 계산하면 16.94g이 된다.

012 니트로글리세린에 대해 아래 질문에 답하시오.

> 가. 분해 반응식의 빈칸을 채우시오.
> $4C_3H_5(ONO_2)_3 \rightarrow (\ a\ )CO_2 + 10H_2O + O_2 + (\ b\ )N_2$
> 나. 니트로글리세린 2mol분해시 생성되는 이산화탄소는 몇 g인가?
> 다. 니트로글리세린 90.8g 분해시 생성되는 산소는 몇 g인가?

답 가: a: 12, b: 6
    나: 264g
    다: 3.2g

해 가: $4C_3H_5(ONO_2)_3 \rightarrow 12CO_2 + 10H_2O + O_2 + 6N_2$
    나: 니트로글리세린과 이산화탄소의 몰수비는 4:12이므로 니트로글리세린 2몰 분해시 이산화탄소는 6몰이 생성된다. 이산화탄소 1몰의 질량은 44g(12 + 16×2)이므로 6몰은 264g이 된다.
    다: 니트로글리세린 1몰의 질량은 227g(12×3 + 1×5 + (16 + 14 + 16×2)×3)이고, 90.8g은 0.4몰이 된다. 니트로글리세린과 산소의 대응 몰수비는 4:1이므로 생성되는 산소는 0.1몰이 된다. 산소 1몰의 질량은 32g이므로 0.1몰은 3.2g이 된다.

013 비중이 0.79인 에틸알코올 200ml를 물 150ml와 혼합한 경우에 다음 질문에 답하시오.

> 가. 에틸알코올의 합유량은 몇 wt%인가?
> 나. "가"의 에틸알코올은 위험물안전관리법령상 위험물에 속하는지 쓰고, 그 이유를 쓰시오.

답 가: 51.3wt%

나: 해당하지 않는다. 알코올류의 경우 분자를 구성하는 탄소원자의 수가 1개 내지 3개의 포화1가 알코올의 함유량이 60중량퍼센트 미만인 수용액은 제외되기 때문이다.

해 가: wt%는 전체 중량에 대한 에틸알코올의 중량이다. 비중이 0.79인 경우 1L인 경우 790g이라는 의미이다. 따라서 100ml인 경우 79g이고 200ml이므로 158g이라는 의미이다. 물의 경우 1L가 1kg이므로 150ml 인 경우 150g이다. 따라서 중량 퍼센트는 (158 / 158 + 150) × 100이고 약 51.3wt%가 된다.

014 위험물안전관리법령상 제2석유류의 정의에 대해 다음 빈칸을 채우시오.

> 등유, 경유 그 밖에 1기압에서 인화점이 섭씨 (가)도 이상 (나)도 미만인 것을 말한다. 다만, 도료류 그 밖의 물품에 있어서 가연성 액체량이 (다)중량퍼센트 이하이면서 인화점이 섭씨 (라)도 이상인 동시에 연소점이 섭씨 (마)도 이상인 것은 제외한다.

답 가: 21, 나: 70, 다: 40, 라: 40, 마: 60

015 메틸알코올 80kg이 완전연소하는 경우 필요한 공기의 양은 몇 m³인가?(단, 표준상태, 공기 중 산소와 질소의 비는 21:79)

답 399.75 m³

해 완전연소 반응식은 $2CH_3OH + 3O_2 \rightarrow 2CO_2 + 4H_2O$ 이고, 따라서, 메틸알코올과 산소의 대응 몰수비는 2:3이다.

메틸알코올의 몰질량은 32kg/kmol이고, 따라서 80kg은 2.5kmol이다. 따라서 산소는 3.75kmol이 존재하게 된다.

표준상태에서 산소 3.75kmol의 부피는 이상기체 방정식에 의해 풀면, $PV = \frac{W}{M}RT$이고, $\frac{W}{M}$은 몰수 이므로 대입하면 V = 3.75 × 0.082 × 273으로 계산하면 83.9475가 되고, 산소와 공기의 비는 21:100이므로 계산하면 399.75 m³가 된다.

016 다음 각 위험물의 지정수량은?

가: 황화인
나: 마그네슘
다: 적린
라: 유황(황)
마: 철분

답 가: 100 kg, 나: 500 kg, 다: 100 kg, 라: 100kg, 마: 500 kg

해 백유황적 / 오철금마 천인

017 다음 각 위험물을 인화점이 낮은 것부터 나열하시오.

니트로벤젠, 아세트알데히드, 메틸알코올, 클로로벤젠

답 아세트알데히드, 메틸알코올, 클로로벤젠, 니트로벤젠

해 아세트알데히드는 특수인화물, 클로로벤젠은 제2석유류, 니트로벤젠은 제3석유류로 이 세 물질의 인화점은 그 순서대로 이다. 알코올류의 경우 메틸알코올의 인화점은 약 11℃이므로, 제2석유류는 21℃이상이므로 답과 같은 순서가 된다.

018 다음 위험물의 구조식을 쓰시오.

가. 트리나이트로톨루엔
나. 질산메틸
다. 피크린산

답 가: (구조식 - TNT: 벤젠고리에 CH₃, 2,4,6-NO₂)

나: (구조식 - H₃C-O-NO₂)

다: (구조식 - 피크린산: 벤젠고리에 OH, 2,4,6-NO₂)

019 동식물류를 요오드값으로 분류하는 경우 그 기준을 쓰시오.

가. 건성유
나. 반건성유
다. 불건성유

답 가: 130이상, 나: 100-130, 다: 100이하

020 아세트알데히드에 대해 다음 각 질문에 답하시오.

> 가. 지정수량은?
> 나. 품명은?
> 다. 아래에서 맞는 것을 모두 고르면?
> ① 에틸알코올이 산화되면서 생성된다.
> ② 무색, 투명한 액체이고 자극적인 냄새가 난다.
> ③ 구리, 은, 마그네슘 용기에 저장한다.
> ④ 물, 에테르 에탄올에 녹고, 고무를 녹인다.
> 라. 보냉장치 없는 이동저장탱크에 저장하는 경우 그 온도는 몇 ℃이하로 해야 하는가?

답 가: 50L, 나: 특수인화물, 다: ①, ②, ④, 라: 40

해 가, 나: 오(50L) 이디 / 아산

다: 에탄올이 산화하면 아세트알데히드, 아세트알데히드가 산화하면 아세톤, 그 반대로 환원하면 그 반대가 된다.

아세트알데히드등을 취급하는 설비는 은·수은·동·마그네슘 또는 이들을 성분으로 하는 합금으로 만들지 아니해야 한다.

라: 보냉장치가 있는 경우: 아세트알데히드등 또는 디에틸에테르등은 당해 위험물의 비점 이하
보냉장치가 **없는 경우**: 아세트알데히드등 또는 디에틸에테르등의 **온도는 40℃** 이하

2회 2023년 기출문제

001 다음의 설명하는 제4류 위험물에 대해 답하시오.

> 분자량인 76이고, 비중이 1.26이다.
> 비점이 46℃이다.
> 콘크리트 수조에 보관한다.

가. 명칭은?
나. 품명은?
다. 화학식은?
라. 지정수량은?
마. 위험등급은?

답 가: 이황화탄소, 나: 특수인화물, 다: CS_2, 라: 50L, 마: Ⅰ등급

해 이황화탄소에 대한 설명이다.
분자량이 76(12 + 32 × 2)이고, 콘크리트 수조에 보관한다.

002 탄화칼슘을 취급하는 위험물제조소에 대해 다음 질문에 답하시오.

> 가. 탄화칼슘이 물과 반응하는 경우 생성되는 기체의 완전연소반응식은?
> 나. 이 위험물제조소에 설치하는 게시판의 바탕색과 문자색을 각 쓰시오.

답 가: $2C_2H_2 + 5O_2 \rightarrow 4CO_2 + 2H_2O$
나: 바탕색: 백색, 문자색: 흑색

해 가: 탄화칼슘은 물과 반응하면 아세틸렌을 발생 시킨다($CaC_2 + 2H_2O \rightarrow Ca(OH)_2 + C_2H_2$)
아세틸렌은 제4류 위험물로 이산화탄소와 물을 발생시킨다.
나:

종류	바탕	문자
화기엄금	적색	백색
물기엄금	청색	백색
주유중엔진정지	황색	흑색
위험물제조소 등	백색	흑색
위험물	흑색	황색반사도료

003 위험물인 아연이 아래의 각 물질과 반응하는 경우 반응식을 쓰시오.

> 가. 고온의 물
> 나. 황산
> 다. 산소

답 가: $Zn + 2H_2O \rightarrow Zn(OH)_2 + H_2$,
    나: $Zn + H_2SO_4 \rightarrow ZnSO_4 + H_2$,
    다: $2Zn + O_2 \rightarrow 2ZnO$

004 비중이 1.45인 80wt%인 질산 1L에 대해 다음을 답하시오.

> 가. 질량(g)은?
> 나. 이 물질을 $10wt\%$로 만들기 위해서 필요한 물은 몇 g인가?

답 가: 1,160g, 나: 10,150g

해 가: 이 물질의 비중은 1.45이므로 1L당 1.45kg이 된다. 이 중의 80wt%이므로 계산하면 1.16kg이고, 1,160g이다.
    나: 10wt%로 만들기 위해서는 전체 질량 대비 1.160g이 10wt%가 되면 된다.
    1,160/(1450 + 추가된 물의 질량) = 1/10의 계산식이 나오게 된다. 계산하면 10,150g이 된다.

005 다음의 특성을 가진 위험물에 대해 질문에 답하시오.

> • 지정수량이 2000L인 제4류 위험물로 분자량이 60이다.
> • 비중이 1.06이다.
> • 강산화제와 알칼리 금속의 과산화물과 접촉을 피해야 한다.

> 가. 이 물질이 연소되는 경우 생성되는 물질 2가지를 쓰시오.
> 나. 이 물질이 수용성물질인지를 쓰시오.
> 다. Zn 과 반응식을 쓰시오.

답 가: 물, 이산화탄소, 나: 수용성,
    다: $2CH_3COOH + Zn \rightarrow (CH_3COO)_2Zn + H_2$

해 지정수량 2000L 제4류 위험물은 제2석유류 수용성, 제3석유류 비수용성 물질에 해당하고, 그 중 지정수량이 60인 물질은 아세트산(CH_3COOH, 분자량은 $60(12 + 1 \times 3 + 12 + 16 + 16 + 1)$)이다.
가: 연소반응식은
    $CH_3COOH + 2O_2 \rightarrow 2CO_2 + 2H_2O$이다.
나: 일(1000L)등경 크스클벤(벤즈알데히드, C_7H_6O) 테(테레핀유) / 이(2000L)아히포아(아크릴산: $C_3H_4O_2$)

006 다음의 각 위험물과 혼재 가능한 위험물의 유별을 쓰시오. (단 지정수량 1/10을 초과한 경우이다)

> 가. 제1류 위험물
> 나. 제2류 위험물
> 다. 제3류 위험물
> 라. 제4류 위험물
> 마. 제5류 위험물

답 가: 제6류 위험물, 나: 제4류 위험물, 제5류 위험물, 다: 제4류 위험물, 라: 제2류 위험물, 제3류 위험물, 제5류 위험물, 마: 제2류 위험물, 제4류 위험물

해 423 524 61을 기억한다.

007 다음 위험물을 인화점이 낮은 순서대로 쓰시오.

> 에틸알코올, 아세트산, 아세트알데히드, 니트로벤젠

답 아세트알데히드, 에탄올, 아세트산, 니트로벤젠

해 에틸알코올은 알코올류, 아세트산은 제2석유류, 아세트알데히드는 특수인화물, 니트로벤젠은 제3석유류이다.
특수인화물 제2석유류, 제3석유류 순으로 인화점이 낮고, 알코올류의 경우 인화점이 10°C 언저리 에틸알코올의 경우 약 13 이다. 제2석유류는 21°C이상이므로 정답과 같은 순서가 된다.

008 위험물안전관리법령상 옥내저장소에 황린을 저장하는 경우 다음 질문에 답하시오.

> 가. 옥내저장소의 바닥면적은?
> 나. 1m 간격을 두었을 때 함께 저장할 수 있는 위험물의 유별은?
> 다. 위험등급은?

답 가: 1000 m², 나: 제1류 위험물, 다: Ⅰ등급

해 가, 다: 황린은 제3류 위험물로 위험등급은 Ⅰ등급이고, 이러한 경우 옥내저장소의 바닥면적은 1000m²이다.

• **다음의 위험물을 저장하는 창고: 1,000㎡이하**
1) 제1류 위험물 중 아염소산염류, 염소산염류, 과염소산염류, 무기과산화물 그 밖에 지정수량이 50㎏인 위험물
2) 제3류 위험물 중 칼륨, 나트륨, 알킬알루미늄, 알킬리튬 그 밖에 지정수량이 10㎏인 위험물 및 **황린**
3) 제4류 위험물 중 특수인화물, 제1석유류 및 알코올류
4) 제5류 위험물 중 유기과산화물, 질산에스테르류 그 밖에 지정수량이 10㎏인 위험물
5) 제6류 위험물

• 위 위험물 외의 위험물을 저장하는 창고: 2,000㎡이하(**1000㎡인 경우 4류 위험물 중 제1석유류 및 알코올류를 제외하고는 모두 위험등급이 Ⅰ등급인 물질이다. 즉 기본적으로 위험등급이 1등급이면 바닥면적이 1000㎡이하이다. 그 외는 2000㎡로 기억하고, 격벽인 경우 1,500으로 기억하면 된다**)

나: 유별을 달리하는 위험물끼리는 같이 저장하면 안 된다. 다만, 옥내/외 저장소의 경우 아래와 같은 위험물은 서로 1m 간격을 두고 저장 가능하다.

ㄱ. 1류(알칼리금속 과산화물 또는 이를 함유한 것 제외)와 5류
ㄴ. 1류와 6류
ㄷ. 1류와 3류 중 자연발화성물질(황린 및 이를 함유한 것에 한함)
ㄹ. 2류 중 인화성 고체와 4류
ㅁ. 3류 중 알킬알루미늄 등과 4류(알킬알루미늄 또는 알킬리튬을 함유한 것에 한함)
ㅂ. 4류 중 유기과산화물 또는 이를 함유한 것과 5류 중 유기과산화물 또는 이를 함유한 것

009 다음에서 불건성유를 모두 고르시오(해당 없을 경우 "해당 없음"으로 표시)

야자유, 아마인유, 해바라기유, 피마자유, 올리브유

답 야자유, 피마자유, 올리브유

해 <u>정상 동해 대아들, 참쌀면 청옥 채콩, 소돼재고래 피 올야땅</u>

010 다음 각 위험물의 완전연소식을 쓰시오.

가. 아세트알데히드
나. 벤젠
다. 메탄올

답 가: $2CH_3CHO + 5O_2 \rightarrow 4CO_2 + 4H_2O$
나: $2C_6H_6 + 15O_2 \rightarrow 12CO_2 + 6H_2O$
다: $2CH_3OH + 3O_2 \rightarrow 2CO_2 + 4H_2O$

011 톨루엔 9.2g이 완전연소되는 경우 필요한 공기는 몇 L인가? (표준상태이고, 공기 중 산소는 21vol%이다)

답 95.94L

해 톨루엔의 완전 연소식은 $C_6H_5CH_3 + 9O_2 \rightarrow 7CO_2 + 4H_2O$이고, 따라서, 톨루엔과 산소의 대응 몰수비는 1:9이다. 톨루엔의 몰질량은 92g/mol($12 \times 6 + 1 \times 5 + 12 + 1$)이고 따라서, 9.2g은 0.1mol이 된다. 필요한 산소는 0.9몰이고, 0.9몰 산소의 표준상태에서의 부피는
$V = 0.9mol \times 0.082 \times 273$, 계산하면 20.1474L이다. 산소와 공기의 비는 21:100이므로 공기의 부피는 95.94L이다.

012 다음 위험물의 운반시, 차광성덮개와 방수성덮개를 사용해야 하는 물질을 고르시오. (둘다 해당하는 경우 둘다 쓰시오)

> 염소산칼륨, 적린, 과산화수소, 철분, 아세톤, 과산화칼륨
>
> 가. 차광성덮개
> 나. 방수성덮개

답 가: 염소산칼륨, 과산화수소, 과산화칼륨
　　나: 철분, 과산화칼륨

해 **차광성 있는 피복**으로 가릴 위험물: **1류**, **3류 중 자연발화성 물질**, **4류 중 특수인화물**, **5류**, **6류**
방수성 있는 피복으로 덮을 위험물(물을 피해야 하는 것): **1류 중 알칼리금속 과산화물** 또는 이를 함유한 것, **2류 중 철분, 마그네슘, 금속분** 또는 이를 함유한 것, **3류 중 금수성물질**

013 지하탱크저장소에 대해 다음 질문에 답하시오.

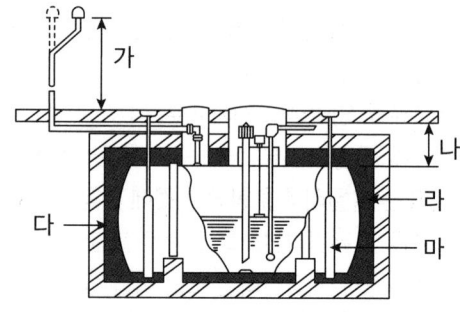

답 가. 지면에서 통기관까지의 높이는?
　나. 지면에서 탱크 윗부분까지의 거리는?
　다. 탱크와 전용실 사이의 거리는?
　라. 탱크전용실 내부에 채울 수 있는 재료는?
　마. 해당관의 명칭은?

해 가: 4m이상, 나: 0.6m이상, 다: 0.1m이상, 라: 마른모래, 또는 습기 등에 응고되지 아니하는 입자지름 5mm 이하의 마른 자갈 분, 마: 누유검사관

014 위험물안전관리법령상 이동탱크저장소에 대해 각 질문에 답하시오.

> 가. 내부에 설치하는 칸막이의 두께는?
> 나. 내부에 설치하는 칸막이는 몇 L이하마다 설치해야 하는가?
> 다. 내부에 설치하는 방파판의 두께는?

답 가: 3.2mm이상, 나: 4,000L이하, 다: 1.6mm이다

015 다음 탱크의 내용적을 구하시오(단위는 m³)

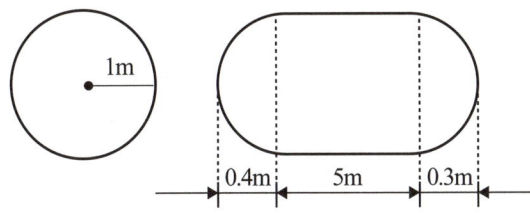

답 16.44m³

해 공식은 $\pi r^2(l + \dfrac{l_1 + l_2}{3})$

대입하면 $\pi \times 1(5 + (\dfrac{0.4+0.3}{3}))$이 된다.

약 16.44m³

016 소화약제 탄산수소칼륨에 대해 다음 각 질문에 답하시오.

> 가. 190℃에서 분해되는 분해 반응식은?
> 나. 200kg이 분해되는 경우 생성되는 이산화탄소의 부피(m³)는? (단, 1기압 200℃)

답 가: $2KHCO_3 \rightarrow K_2CO_3 + CO_2 + H_2O$
나: 38.79 m³

해 분해 반응식에서 탄산수소칼륨과 이산화탄소의 몰 수비는 2:1이다. 탄산수소칼륨의 몰질량은 100g/mol(39 + 1 + 12 + 16 × 3)이므로 200kg은 2kmol이 된다. 따라서, 이산화탄소는 1kmol이 되고, 이를 이상기체 방정식에 대입하면
V = 1kmol × 0.082 × 473으로 계산하면
약 38.79 m³이다.

017 다음 각 위험물의 위험물안전관리법령상 지정수량을 쓰시오.

> 가. 염소산염류
> 나. 질산염류
> 다. 중크롬산염류

답 가: 50kg, 나: 300kg, 다: 1,000kg

해 오(50)염과 무아 / 삼(300)질 요브 / 천(1000)과 중

018 다음은 위험물안전관리법령상의 소화설비 적응성에 대한 내용이다. 소화설비 적응성이 있는 것에 O표시를 하시오.

구분	철분, 금속분, 마그네슘	인화성 고체	그 밖의 것
옥내소화전설비			
물분무소화설비			
포소화설비			
불활성가스소화설비			
할로젠화합물소화설비			

답

구분	철분, 금속분, 마그네슘	인화성 고체	그 밖의 것
옥내소화전설비		O	O
물분무소화설비		O	O
포소화설비		O	O
불활성가스소화설비		O	
할로젠화합물소화설비		O	

019 다음 각 위험물의 시성식을 쓰시오.

> 가. 질산에틸
> 나. 트리니트로벤젠
> 다. 디니트로톨루엔

답 가: $C_2H_5ONO_2$
　　나: $C_6H_3(NO_2)_3$
　　다: $C_6H_3(NO_2)_2CH_3$

해 나, 다의 문제는 니트로(NO_2)가 몇 개인지에서 출발하면 된다. 암기하고 있는 트리니트로톨루엔 $C_6H_2(NO_2)_3CH_3$에서, 벤젠 이므로 톨루엔에 붙는 CH_3가 빠지고, 그 자리에 H가 들어가는 것이다. 마찬가지로 디니트로톨루엔은 트리니트로톨루엔에서 니트로가 하나 빠지고 그 자리에 수소가 들어간 형태이다.

020 다음 각 위험물에 대해 각 빈칸을 채우시오.

물질명	품명	화학식
에틸알코올	알코올류	(라)
에틸렌글리콜	(나)	(마)
(가)	(다)	$C_3H_5(OH)_3$

답 가: 글리세린, 나: 제3석유류, 다: 제3석유류,
　　라: C_2H_5OH, 마: $C_2H_4(OH)_2$

3회 2023년 기출문제 - 위험물기능사

001 다음 각 소화약제의 화학식을 쓰시오.

> 가: 제1종 분말소화약제
> 나: 제2종 분말소화약제
> 다: 제3종 분말소화약제

답 가: $NaHCO_3$, 나: $KHCO_3$, 다: $NH_4H_2PO_4$

002 다음 각 위험물의 위험등급을 분류하시오.

> 아염소산염류, 염소산염류, 과염소산염류, 적린, 유황(황), 황화인, 질산에스테르류
>
> 가: Ⅰ등급
> 나: Ⅱ등급
> 다: Ⅲ등급

답 가: 아염소산염류, 염소산염류, 과염소산염류, 질산에스테르류
나: 적린, 유황(황), 황화인
다: 해당 없음

003 제3류 위험물인 탄화알루미늄에 대해 다음 질문에 답하시오.

> 가. 물과의 반응식은?
> 나. "가"반응으로 생성되는 기체의 연소반응식은?

답 가: $Al_4C_3 + 12H_2O \rightarrow 4Al(OH)_3 + 3CH_4$
나: $CH_4 + 2O_2 \rightarrow CO_2 + 2H_2O$

해 제3류 위험물중 탄화알루미늄은 물과 반응하면 메탄이 발생된다.

004 불연성 물질 10wt%와 탄소 90wt%로 이루어진 물질 1kg이 연소하는 경우 필요한 산소의 부피(L)는? (표준상태이다)

답 1,678.95L

해 이 물질에서 탄소가 90wt%이므로 탄소가 0.9kg이 있다. 탄소의 연소식은
$C + O_2 \rightarrow CO_2$이다.
따라서, 대응비는 1:1이다. 탄소의 몰질량은 12g/mol이므로 몰수는 900/12mol이고, 곧 산소의 몰수이다. 이상기체방정식에 따른 부피를 구하면 900/12 × 0.082 × 273 이고, 계산하면 1,678.95L이다.

005 다음 위험물을 산성이 강한 순서대로 쓰시오.

> $HClO$, $HClO_2$, $HClO_3$, $HClO_4$

답 $HClO_4$, $HClO_3$, $HClO_2$, $HClO$

해 H – Cl – O 이런 형태로 붙어 있다. 중심 원자인 산화수가 클수록 산성이 강하다.

산화수를 모두 합하면 0이 되어야 하는데, H는 +1, O는 -2로 계산하면, 보기의 순서대로 Cl의 산화수는 +1, +3, +5, +7 이 된다.

006 아연에 대해 다음 질문에 답하시오.

> 가: 물과의 반응식
> 나: 염산과 반응하는 경우 생성되는 기체는?

답 가: $Zn + 2H_2O \rightarrow Zn(OH)_2 + H_2$, 나: 수소

해 나: $Zn + 2HCl \rightarrow ZnCl_2 + H_2$

007 옥외탱크저장소 방유제에 대해 다음 질문에 답하시오.

> 가: 높이
> 나: 두께
> 다: 지하매설깊이
> 라: 방유제 내의 면적
> 마: 방유제 내에 설치하는 탱크의 수

답 가: 0.5m 이상 3m 이하, 나: 0.2m 이상, 다: 1m이상, 라: 8만m^2 이하, 마: 10개 이하

008 과염소산칼륨 50kg의 완전분해와 관련하여 다음 질문에 답하시오. (표준상태이다)

> 가. 생성되는 산소의 부피(m^3)는?
> 나. 생성되는 산소는 몇 kg인가?

답 가: 16.16m^3, 나: 23.1kg

해 과염소산칼륨의 완전분해식은
$KClO_4 \rightarrow KCl + 2O_2$ 이다.
과염소산칼륨의 분자량은 138.5kg/kmol이다. 이고, 현재 50/138.5kmol이 반응하는 것이고, 대응비는 1:2이므로 산소는 100/138.5몰 만큼 생성된다.
가: 표준상태에서 이상기체방정식으로 그 부피를 구하면 100/138.5 × 0.082 × 273 을 계산하면 된다. 약 16.16 m^3이다.
나: 산소의 몰수는 100/138.5kmol이고, 산소의 몰질량은 32kg/kmol이므로 곱하면 계산하면 약 23.1kg이다.

009 비중 0.8인 메틸알코올 200L가 완전연소 하는 경우 다음의 질문에 답하시오. (표준상태이다)

> 가. 완전연소에 필요한 이론 산소량(kg)은?
> 나. 생성되는 이산화탄소의 부피는(L)?

답 가: 240kg, 나: 111,930L

해 비중이 0.8이므로 200L의 160kg이 된다. 메틸알코올의 몰질량은 32kg/kmol(CH_3OH, $12 + 1 \times 3 + 16 + 1$) 이다. 따라서 160kg은 5kmol이 된다.
메틸알코올 5kmol이 완전연소하는 반응식은
$2CH_3OH + 3O_2 \rightarrow 2CO_2 + 4H_2O$이고, 대응비는 2:3이다. 따라서 필요한 산소의 몰수는 15/2kmol이다. 산소의 몰질량은 32kg/kmol이고, 따라서, 7.5kmol은 240kg이 된다.
생성되는 이산화탄소와의 메틸알코올과 대응비는 1:1이고, 따라서 5kmol이 생성된다.
표준상태에서 5kmol의 부피는 이상기체방정식에 의해 계산하면 $5 \times 0.082 \times 273$ 약 111.93m³이고 L로 환산하면 111,930L이다.

010 다음 저장탱크의 내용적은?

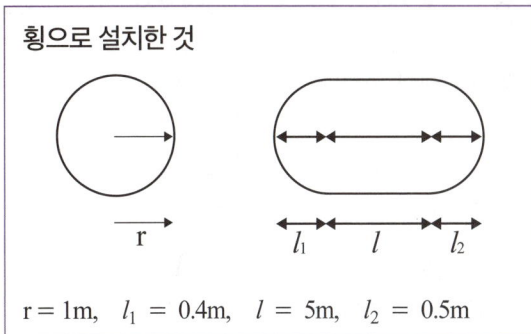

횡으로 설치한 것

r = 1m, l_1 = 0.4m, l = 5m, l_2 = 0.5m

답 16.65m³

해 공식 : $\pi r^2 (l + \frac{l_1 + l_2}{3})$ 에 대입하면
$\pi \times 1 (5 + \frac{(0.4 + 0.5)}{3})$ 계산하면 약 16.65m³이다.

011 위험물안전카드를 휴대해야 하는 위험물의 유별을 3가지 쓰시오.

답 제1류, 제2류, 제3류, 제4류(특수인화물, 제1석유류), 제5류, 제6류 중 3가지

012 다음 각 물질의 인화점이 낮은 것부터 쓰시오.

> 휘발유, 벤젠, 톨루엔

답 휘발유, 벤젠, 톨루엔

해 모두 제1석유류 비수용성 물질이다. 인화점은 휘발유의 경우 −43℃에서 −20℃, 벤젠은 인화점 −11℃, 톨루엔은 인화점이 4℃이다. 이 세물질의 인화점은 기억해 두어야 한다.

013 다음의 위험물의 운반용기 외부 표시사항은?

> 가. 인화성고체
> 나. 제4류 위험물
> 다. 제6류 위험물

답 가: 화기엄금, 나: 화기엄금, 다: 가연물접촉주의

해 **위험물**에 따른 **운반용기 주의사항표시**
- 1류
    1) **알칼리금속과산화물의 경우: 화기/충격주의, 물기엄금 및 가연물접촉주의**
    2) 그 밖의 것: 화기/충격주의, 가연물 접촉주의
- 2류
    1) **철분, 마그네슘, 금속분: 화기주의 물기엄금**
    2) **인화성 고체: 화기엄금**
    3) 그 밖의 것: 화기주의
- 3류
    1) **자연발화성 물질: 화기엄금 및 공기접촉엄금**
    2) **금수성물질: 물기엄금**
- 4류: **화기엄금**
- 5류: **화기엄금, 충격주의**
- 6류: **가연물접촉주의**

014 다음 설명하는 물질에 대해 답하시오.

> 무색, 투명한 액체
> 인화점이 −37℃
> 수용성
> 구리, 은, 수은 등과 반응한다.

가: 화학식
나: 지정수량
다: 보냉장치가 없는 이동저장탱크에 저장하는 경우 그 온도를 어떻게 유지해야 하는가?

답 CH_3CHCH_2O, 나: 50L, 다: 40℃이하로 유지해야 한다.

해 인화점 −37도하면 산화프로필렌를 떠올려야 한다. 지정수량은 50L이다(오 이디 / 아산), 보냉장치가 없는 경우: 아세트알데히드등(산화프로필렌, 아세트알데히드) 또는 디에틸에테르등의 온도는 40℃ 이하로 유지해야 한다.

015 다음 위험물의 연소반응식은?

> 가: 삼황화인
> 나: 오황화인

답 가: $P_4S_3 + 8O_2 \rightarrow 2P_2O_5 + 3SO_2$
나: $2P_2S_5 + 15O_2 \rightarrow 2P_2O_5 + 10SO_2$

016 다음의 알코올류에 대한 정의에 대해 빈칸을 채우시오.

> 하나의 분자를 이루는 탄소 원자수가 (가)에서 (나)개까지인 포화(다)가 알코올류의 함유량이 (라)중량퍼센트 미만인 수용액 및 가연성 액체량이 (마)중량퍼센트 미만이고 인화점 및 연소점이 에틸알코올 (바)중량퍼센트 수용액의 인화점 및 연소점을 초과하는 것은 알코올류에서 제외된다.

답 가: 1, 나: 3, 다: 1, 라: 60, 마: 60, 바: 60

017 다음 각 위험물을 운송시 혼재가 가능한 위험물을 쓰시오. (단, 지정수량 1/10초과한 경우이다)

> 가. 제1류 위험물
> 나. 제2류 위험물
> 다. 제3류 위험물
> 라. 제4류 위험물
> 마. 제5류 위험물

답 가: 제6류 위험물, 나: 제4류 위험물, 제5류 위험물, 다: 제4류 위험물, 라: 제2류 위험물, 제3류 위험물, 제5류 위험물, 마: 제2류 위험물, 제4류 위험물

해 423 524 61

018 방향족 탄화수소인 BTX에 대해 다음 각 질문에 답하시오.

> 가: B, T, X에 해당하는 물질의 명칭을 각 쓰시오.
> 나: T에 해당하는 물질의 구조식을 쓰시오.

답 가: B: 벤젠, T: 톨루엔, X: 크실렌(자일렌)

나:

$$\underset{}{\overset{CH_3}{\bigcirc}}$$

019 다음의 각 위험물이 물과 반응하여 생성되는 기체의 명칭을 쓰시오. (해당하지 않는 경우 "해당 없음"으로 쓸 것)

> 가. 과산화나트륨
> 나. 브롬산칼륨
> 다. 과망간산칼륨
> 라. 과염소산나트륨
> 마. 브롬산칼륨

답 가: 산소, 나: 해당 없음, 다: 해당 없음,
라: 해당 없음, 마: 해당 없음

해 위의 위험물은 모두 제1류 위험물로 이 중 물과 반응하는 것은 무기과산화물인 과산화나트륨이다. 나머지는 물과 반응하지 않는다.

020 다음 위험물을 지정수량이 작은 것부터 순서대로 쓰시오.

> 칼륨, 과망간산염류(과망가니즈산염류), 알칼리금속, 철분, 금속의 인화물

답 칼륨, 알칼리금속, 금속의 인화물, 철분, 과망간산염류(과망가니즈산염류)

해 칼륨은 10kg, 과망간산염류(과망가니즈산염류)는 1000kg, 알칼리금속은 50kg, 철분은 500kg, 금속의 인화물은 300kg

십알 칼알나 이황 / 오알알유 / 삼금금탄규
오(50)염과 무아 / 삼(300)질 요브 / 천(1000)과 중
백유황적 / 오철금마 천인

4회 2023년 기출문제

001 다음 위험물에 대해 답하시오.

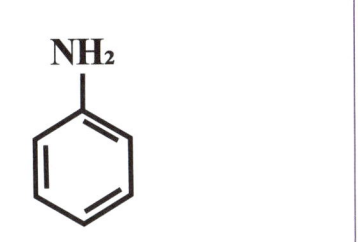

가. 품명
나. 지정수량

답 가: 제3석유류, 나: 2000L

해 위의 물질은 아닐린에 해당한다. 아닐린은 제3석유류로 지정수량은 2000L이다.
이(2000L)중아니니(니트로톨루엔)**클 / 사(4000L)글글**

002 다음 위험물 중 지정수량이 500kg이하인 위험물의 지정수량을 각 쓰시오.

무기과산화물, 아염소산염류, 과망간산염류(과망가니즈산염류), 브롬산염류(브로민산염류), 중크롬산염류

답 무기과산화물: 50kg, 아염소산염류: 50kg, 브롬산염류(브로민산염류): 300kg

해 (오(50)염과 무아 / 삼(300)질 요브 / 천(1000)과 중)

003 트리니트로톨루엔이 분해하여 탄소, 수소, 질소, 일산화탄소를 생성시키는 분해반응식을 쓰시오.

답 $2C_6H_2(NO_2)_3CH_3 \rightarrow 2C + 3N_2 + 5H_2 + 12CO$

004 다음 위험물과 혼재 가능한 위험물의 유별을 쓰시오(지전수량 10배인 경우이다).

> 가. 제1류 위험물
> 나. 제2류 위험물
> 다. 제3류 위험물

답 가: 제6류 위험물, 나: 제4류 위험물, 제5류 위험물, 다: 제4류 위험물

해 423 524 61

005 다음 물질을 옥내저장탱크 또는 지하저장탱크 중 압력탱크 외의 탱크에 저장하는 경우 저장온도는 몇 ℃이하를 유지해야 하는가?

> 가: 디에틸에테르
> 나: 아세트알데히드
> 다: 산화프로필렌

답 가: 30℃, 나: 15℃, 다: 30℃

해 옥외저장탱크·옥내저장탱크 또는 지하저장탱크

위험물		압력탱크	압력탱크외
디에틸에테르등		40℃이하	**30℃이하**
아세트알데히드등	산화프로필렌	40℃이하	**30℃이하**
	아세트알데히드	40℃이하	**15℃이하**

006 다음 각 위험물의 지정수량 배수의 합을 쓰시오.

> 휘발유 400L, 경우 500L, 글리세린 10000L

답 5배

해 휘발유의 지정수량은 200L, 경유의 지정수량은 1000L, 글리세린의 지정수량은 4000L이므로, 지정수량은 각 2배, 0.5배, 2.5배 이므로 합하면 5배가 된다.

007 다음 위험물을 운반하는 경우 운반용기 외부에 표시해야 하는 주의사항을 각 쓰시오.

> 가. 제1류 위험물중 알칼리금속 과산화물
> 나. 제2류 위험물 중 금속분
> 다. 제5류 위험물

답 가: 화기/충격주의, 물기엄금 및 가연물접촉주의,
  나: 화기주의, 물기엄금, 다: 화기엄금, 충격주의

해
- 1류
  1) 알칼리금속과산화물의 경우: **화기/충격주의, 물기엄금 및 가연물접촉주의**
  2) 그 밖의 것: 화기/충격주의, 가연물 접촉주의
- 2류
  1) **철분, 마그네슘, 금속분: 화기주의 물기엄금**
  2) **인화성 고체: 화기엄금**
  3) 그 밖의 것: 화기주의
- 3류
  1) **자연발화성 물질: 화기엄금 및 공기접촉엄금**
  2) **금수성물질: 물기엄금**
- 4류: **화기엄금**
- 5류: **화기엄금, 충격주의**
- 6류: **가연물접촉주의**

008 인화점이 -11℃인 방향족 탄화수소인 이 위험물에 대해 다음을 답하시오.

> 가. 명칭
> 나. 분자량
> 다. 연소반응식

답 가: 벤젠, 나: 78g/mol,
  다: $2C_6H_6 + 15O_2 \rightarrow 12CO_2 + 6H_2O$

해 인화점이 -11℃인 방향족 탄화수소는 벤젠이다.
  분자량은 $12 \times 6 + 1 \times 6 = 78$이다.

009 위험물안전관리법령상 옥내저장소의 다음 위험물을 저장하는 경우 바닥면적은?

> 가. 과산화수소
> 나. 과산화나트륨
> 다. 마그네슘

답 가: 1,000㎡ 이하, 나: 1,000㎡ 이하, 다: 2,000㎡ 이하

해 과산화수소는 제6류 위험물, 과산화나트륨은 제1류 위험물 중 무기과산화물, 마그네슘은 제2류 위험물이다.

– 옥내저장소 바닥면적은
- **다음의 위험물을 저장하는 창고: 1,000㎡ 이하**
1) 제1류 위험물 중 아염소산염류, 염소산염류, 과염소산염류, 무기과산화물 그 밖에 지정수량이 50kg인 위험물
2) 제3류 위험물 중 칼륨, 나트륨, 알킬알루미늄, 알킬리튬 그 밖에 지정수량이 10kg인 위험물 및 황린
3) 제4류 위험물 중 특수인화물, 제1석유류 및 알코올류
4) 제5류 위험물 중 유기과산화물, 질산에스테르류 그 밖에 지정수량이 10kg인 위험물
5) 제6류 위험물
- 위 위험물 외의 위험물을 저장하는 창고: 2,000㎡ 이하

010 위험물안전관리법령상 포소화설비에 적응성이 없는 위험물을 다음에서 고르시오.

> 철분, 인화성고체, 황린, 알킬알루미늄, 트리니트로톨루엔

답 철분, 알킬알루미늄

해 포소화설비에 적응성이 없는 것은 제1류 알칼리금속과산화물, 제2류 철분, 마그네슘, 금속분 등, 제3류 중 금수성 물질이다. 알킬알루미늄은 제3류 위험물 금수성 물질이다.
소화설비의 구분 표 참조 **123page**

011 디에틸에테르에 대해 다음 질문에 답하시오.

> 가. 인화점
> 나. 연소범위
> 다. 품명

답 가: -45℃, 나: 1.7~48%, 다: 특수인화물

012 제1종 분말소화약제인 탄산수소나트륨에 대해 다음 질문에 답하시오.

> 가. 제1차 열분해 반응식은?
> 나. "가"의 분해반응식에 의해 이산화탄소가 $100m^3$ 발생했다면 필요한 탄산수소나트륨의 질량(kg)은? (표준상태임을 상정하고 계산한다)

답 가: $2NaHCO_3 \rightarrow Na_2CO_3 + CO_2 + H_2O$
　　나: 750.47kg

해 이산화탄소 $100m^3$의 몰수를 표준상태에서 구하면 된다.
PV = nRT로 계산하면 $100 = n \times 0.082 \times 273$에서 구하면 된다. 탄산수소나트륨의 몰수는 2배이므로 2n으로 구하면 된다. 탄산수소나트륨의 몰질량은 84kg/kmol이므로 계산하면, 750.47kg이 된다.

013 다음에서 설명하는 위험물에 대해 각 질문에 답하시오.

> 분자량이 182g/mol이며, 물과 반응하여 포스핀을 생성시키는 제3류 위험물이다.
> 가. 명칭은?
> 나. 물과의 반응식은?

답 가: 인화칼슘
　　나: $Ca_3P_2 + 6H_2O \rightarrow 3Ca(OH)_2 + 2PH_3$

해 물과 반응하여 포스핀을 발생시키는 것은 인화칼슘을 생각해야 한다. 물과의 반응식도 잘 기억해 두어야 한다.

014 위험물안전관리법령상 간이저장탱크에 대해 다음 빈칸을 채우시오.

> - 간이저장탱크의 용량은 (가)ℓ 이하이어야 한다.
> - 간이저장탱크는 두께 (나)㎜ 이상의 강판으로 흠이 없도록 제작하여야 하며, (다)kPa의 압력으로 10분간의 수압시험을 실시하여 새거나 변형되지 아니하여야 한다.
> - 간이저장탱크의 밸브 없는 통기관의 지름은 (라)㎜ 이상으로 하고 통기관은 옥외에 설치하되, 그 끝부분의 높이는 지상 (마)m 이상으로 하며, 통기관의 끝부분은 수평면에 대하여 아래로 (바)° 이상 구부려 빗물 등이 침투하지 아니하도록 해야 한다.

답 가: 600, 나: 3.2, 다: 70, 라: 25, 마: 1.5, 바: 45

015 다음 4류 위험물 중 인화점이 낮은 것부터 순서대로 쓰시오.

> 니트로벤젠, 에틸알코올, 아세톤, 아세트산, 아세트알데히드

답 아세트알데히드, 아세톤, 에틸알코올, 아세트산, 니트로벤젠

해 니트로벤젠은 제3석유류, 에틸알코올은 알코올류, 아세톤은 제1석유류, 아세트산은 제2석유류, 아세트알데히드는 특수인화물이다.

016 탄소 12kg이 완전연소하는 경우에 대해 다음 질문에 답하시오(단, 온도 30℃, 기압 750mmHg이다)

> 가: 연소반응식은?
> 나: 필요한 산소의 부피(m^3)는?

답 가: $C+O_2 \rightarrow CO_2$, 나: $25.18m^3$

해 탄소와 산소의 대응비는 1:1이고, 탄소의 몰질량은 12kg/kmol이므로 12kg은 1kmol이다. 따라서 산소도 1kmol이 필요하다. 산소 1kmol의 부피는 이상기체 방정식에 따라 풀면 되는데,
1기압을 760mmHg이 되므로 기압(P)은 750/760으로 계산하면 된다.
$PV = \dfrac{W}{M}RT$에 대입하면
$V = 1 \times 0.082 \times 303 \times 760/750$으로 계산하면 된다. 약 $25.18m^3$가 된다.

017 황 1kg이 완전연소하는 경우 필요한 공기의 부피(L)는?(단, 표준상태이며, 공기중 산소는 21%이다)

답 3,331.25L

해 황의 연소반응식은 $S + O_2 \rightarrow SO_2$이다. 황의 몰질량은 32g/mol이고, 산소와 황의 반응비는 1:1이므로 황 1000/32몰에 대응하는 산소는 1000/32몰이다. 산소의 부피는 이상기체방정식에 의해 구하면
$V = 1000/32 \times 0.082 \times 273$ 이고, 산소의 부피는 21% 이므로 전체 100%의 공기를 구하면 된다.
V(산소의 부피) : 필요한 공기의 부피 = 21 : 100
계산하면 3,331.25L이다.

018 다음에서 설명하는 위험물에 대해 각 질문에 답하시오.

> 알칼리토금속으로 은백색의 무른 경금속이다. 분자량이 24이고, 비중이 1.74이다.

가. 명칭
나. 고온의 물과의 반응식
다. 불활성가스 소화설비에 소화적응성이 있는가?

답 가: 마그네슘, 나: $Mg + 2H_2O \rightarrow Mg(OH)_2 + H_2$, 다: 없음

019 다음 위험물의 시성식을 각 쓰시오.

가. 니트로글리세린
나. 피크린산
다. 트리니트로톨루엔

답 가: $C_3H_5(ONO_2)_3$
　　나: $C_6H_2(NO_2)_3OH$
　　다: $C_6H_2(NO_2)_3CH_3$

020 탄화칼슘에 대해 다음을 답하시오.

가. 물과 반응하여 생성시키는 기체는?
나. "가"의 완전연소식은?

답 가: 아세틸렌, 나: $2C_2H_2 + 5O_2 \rightarrow 4CO_2 + 2H_2O$

해 탄화칼슘은 물과 반응하여 아세틸렌을 생성시킨다.

$CaC_2 + 2H_2O \rightarrow Ca(OH)_2 + C_2H_2$

아세틸렌의 연소반영식은 매우 중요하다. 잘 암기해야 한다.

2024년 기출문제 1회 위험물기능사

001 다음 위험물에 대해 질문에 답하시오.

> 과산화나트륨, 질산칼륨, 황린, 마그네슘, 디에틸에테르, 아세트알데히드, 경유, 질산메틸

가. 운반시 차광성 있는 피복으로 가려야 하는 위험물은?
나. 운반시 방수성 있는 피복으로 덮을 위험물은?

답 가: 과산화나트륨, 질산칼륨, 황린, 디에틸에테르, 아세트알데히드, 질산메틸
나: 과산화나트륨, 마그네슘

해 **차광성 있는 피복으로 가릴 위험물: 1류, 3류 중 자연발화성 물질, 4류 중 특수인화물, 5류, 6류**
방수성 있는 피복으로 덮을 위험물(물을 피해야 하는 것): **1류 중 알칼리금속 과산화물** 또는 이를 함유한 것, **2류 중 철분, 마그네슘, 금속분** 또는 이를 함유한 것, **3류 중 금수성물질**
과산화나트륨, 질산칼륨은 모두 제1류 위험물, 황린은 3류 중 자연발화성 물질, 디에틸에테르, 아세트알데히드는 모두 4류 중 특수인화물, 질산메틸은 5류 위험물이다.
황린은 3류중 자연발화성 물질이나, 금수성물질이 아니므로 방수성 있는 피복으로 덮을 위험물에 해당하지 않는다.

002 다음 위험물에 대해 다음 질문에 답하시오.

> 질산염류, 질산에스테르류, 히드록실아민(하이드록실아민), 클로로벤젠, 유기과산화물, 중크롬산염류, 과염소산, 과염소산염류

가. 위험등급 Ⅰ등급에 해당하는 물질은?
나. 위험등급 Ⅱ등급에 해당하는 물질은?
다. 위험등급 Ⅲ등급에 해당하는 물질은?

답 가: 질산에스테르류, 과염소산, 과염소산염류, 유기과산화물
나: 질산염류, 히드록실아민(하이드록실아민)
다: 클로로벤젠, 중크롬산염류

해 Ⅰ등급: 질산에스테르류(**십유질 / 백히히 이백니니 아히디질**), 과염소산(**삼 질할과염산**), 과염소산염류(**오(50)염과 무아 / 삼(300)질 요브 / 천(1000)과 중**), 유기과산화물(**십유질 / 백히히 이백니니 아히디질**)
Ⅱ등급: 질산염류(**오(50)염과 무아 / 삼(300)질 요브 / 천(1000)과 중**), 히드록실아민(하이드록실아민)(**십유질 / 백히히 이백니니 아히디질**)
Ⅲ등급: 클로로벤젠(제4류 위험물인 경우 위험등급은 **특 / 1,알 / 2,3,4,동**, 클로로벤젠은제2석유류), 중크롬산염류(**오(50)염과 무아 / 삼(300)질 요브 / 천(1000)과 중**)
다만, 개정법에 의하면 5류 위험물은 문제에서 위험등급을 알 수 없다.

003 다음 각 제3류 위험물의 지정수량은?

> 가. 알킬알루미늄
> 나. 알루미늄의 탄화물
> 다. 황린
> 라. 칼륨

답 가: 10kg, 나: 300kg, 다: 20kg, 라: 10kg

해 십알 칼알나 이황 / 오알알유 / 삼금금탄규

004 위험물 안전관리법령상 판매취급소에 대해 다음의 질문에 답하시오.

> 가. 판매취급소에 저장 또는 취급하는 위험물의 수량은 지정수량의 (　　)배 이하이다. (　　)에 알맞은 말은?
> 나. 위험물을 배합하는 실의 바닥면적은 (　　)이상 (　　)이하로 하고, 출입구 문턱의 높이는 바닥면으로부터 (　　)이상으로 해야 한다. (　　)에 알맞은 말은?

답 가: 40, 나: 6㎡, 15㎡, 0.1m

005 위험물안전관리법령상, 제조소에서 취급하는 위험물에 대한 자체소방대 설치 기준에 대해 빈칸을 채우시오.

사업소의 구분	화학소방 자동차	자체소방 대원의 수
최대수량의 합이 지정수량의 3천배 이상 12만배 미만인 사업소	1대	(가)
최대수량의 합이 지정수량의 12만배 이상 24만 배 미만인 사업소	2대	10인
최대수량의 합이 지정수량의 24만배 이상 48만 배 미만인 사업소	3대	15인
최대수량의 합이 지정수량의 48만 배 이상인 사업소	(나)	(다)
옥외탱크저장소에 저장하는 제4류 위험물의 최대수량이 지정수량의 50만배 이상인 사업소	(라)	(마)

답 가: 5인, 나: 4대, 다: 20인, 라: 2대, 마: 10인

006 철과 묽은 염산의 화학반응식에 대해 다음을 답하시오.

> 가: 화학반응식은?
> 나: 생성되는 기체는?

답 가: $Fe + 2HCl \rightarrow FeCl_2 + H_2$

해 철과 염산이 반응하면 염화철이 생성되고 수소 기체가 발생된다.

007 에틸알코올에 대해 다음 물음에 답하시오.

> 가. 에틸알코올과 나트륨의 화학반응식은?
> 나. 에틸알코올 46g이 나트륨과 반응하는 경우 생성되는 기체의 부피는 몇 L인가?(단, 1기압, 25℃이며, 나트륨의 양은 에틸알코올 46g을 전부 반응시킬 정도로 충분하다)

답 가: $2Na + 2C_2H_5OH \rightarrow 2C_2H_5ONa + H_2$
    나: 12.22L

해 에틸알코올과 나트륨이 반응하면 나트륨에틸라이드와 수소가 생성된다.
에틸알코올의 분자량은 46g/mol(12 × 2 + 1 × 5 + 16 + 1)이므로 에틸알코올 46g은 1몰이 된다. 위의 반응식에 의하면 에틸알코올과 수소의 대응비는 2:1이므로 에틸알코올 1몰 반응 시 수소는 0.5몰이 생성된다.
수소 0.5몰의 부피는 이상기체방정식에 의하면
$PV = \dfrac{W}{M}RT$
대입하면,
V = 0.5 × 0.082 × (273 + 25) = 12.218L

008 다음의 각 반응식의 빈칸을 채우시오.

> 가. $2K_2O_2 \rightarrow 2K_2O + (\quad)$
> 나. $K_2O_2 + 2H_2O \rightarrow 2KOH + (\quad)$
> 다. $K_2O_2 + 2CH_3COOH$
> $\rightarrow 2CH_3COOK + (\quad)$

답 가: O_2, 나: O_2, 다: H_2O_2

해 미정계수 방정식에 의해 양변의 각 원소의 총합이 맞으면 된다.

009 위험물안전관리법령상 제4류 위험물의 정의에 대한 서술이다. 빈칸을 채우시오.

> - 특수인화물이라 함은 이황화탄소, 디에틸에테르 그밖에 1기압에서 발화점(가)℃이하 또는(or) 인화점이 (나)℃ 이하이고(and) 비점 (다)℃이하인 것
> - 제1석유류란 아세톤, 휘발유, 그밖에 1기압에서 인화점이 (라)℃미만인 것
> - 제3석유류란 중유, 클레오소트유 그밖에 1개압에서 인화점이 (마)℃이상 (바)℃미만인 것
>   (도료류 그 밖의 물품에 있어 가연성 액체량이 (사)중량 퍼센트 이하인 것은 제외)

답 가: 100, 나: -20, 다: 40, 라: 21, 마: 71, 바: 200, 사: 40

010 알코올류의 산화과정에 대해 다음 질문에 답하시오.

> 가. 메틸알코올이 산화되어 만들어지는 알데히드의 화학식은?
> 나. "가"에서 만들어지는 물질이 다시 산화되어 만들어지는 카르복실기의 화학식은?
> 다. "나"에서 만들어지는 물질의 지정수량은?
> 라. 에틸알코올이 산화되어 만들어지는 알데히드의 명칭은?
> 마. "라"에서 만들어지는 물질의 품명은?

답 가: HCHO, 나: HCOOH, 다: 2000L,
라: 아세트알데히드, 마: 특수인화물

해 **에탄올이 산화하면 아세트알데히드, 아세트알데히드가 산화하면 아세톤, 그 반대로 환원하면 그 반대**가 된다.

메탄올이 산화하면 포름알데히드, 포름알데히드가 산화하면 포름산, 그 반대로 환원하면 그 반대가 된다.

011 니트로글리세린에 대해 다음을 답하시오.

> 가: 품명
> 나: 구조식
> 다: 고온 폭발 분해하여, 질소, 산소, 수증기, 이산화탄소를 발생시키는 화학반응식을 쓰시오.

답 가: 질산에스테르류
나: 니트로글리세린

$$\begin{array}{c} H \quad H \quad H \\ | \quad | \quad | \\ H-C-C-C-H \\ | \quad | \quad | \\ ONO_2 \ ONO_2 \ ONO_2 \end{array}$$

다: $4C_3H_5(ONO_2)_3 \rightarrow 12CO_2 + 10H_2O + O_2 + 6N_2$

012 다음 각 위험물의 증기밀도를 구하시오.
(단, 1기압이며, 온도는 30℃이다)

> 가: 톨루엔
> 나: 에틸알코올

답 가: 3.7L, 나: 1.85L

해 증기밀도는 질량을 부피로 나누는 것이다. 질량은 동일하나, 부피는 온도에 따라 달라지므로 이상기체 방정식에 의해 구해야 한다.

가: 톨루엔($C_6H_5CH_3$)의 분자량은 92g/mol이고
($12 \times 6 + 1 \times 5 + 12 + 1 \times 3$)
부피는 $PV = \dfrac{W}{M}RT$에 의해 구하면
$V = 1 \times 0.082 \times 303$
$92 / (1 \times 0.082 \times 303)$, 약 3.7L가 된다.

나: 에틸알코올(C_2H_5OH)의 분자량은 46g/mol
($12 \times 2 + 1 \times 5 + 16 + 1$)
부피는 기체는 모두 동일하므로
$46 / (1 \times 0.082 \times 303)$, 약 1.85L가 된다.

013 다음에서 설명하는 제4류 위험물에 대해 각 화학식을 쓰시오.

> 가. 제2석유류 수용성인 물질로, 신맛이 나며 분자량이 60g/mol인 물질
> 나. 3가 알코올이며, 지정수량이 4000L인 물질로 단맛이 나는 물질
> 다. 벤젠의 수소원자 한 개를 니트로기로 치환한 물질

답 가: CH_3COOH, 나: 글리세린, 다: $C_6H_5NO_2$

해 가: 제2석유류 중 수용성인 물질은 포름산, 아세트산, 히드라진(**일(1000L)등경 크스클** 벤(벤즈알데히드, C_7H_6O) 테(테레핀유) / **이(2000L)아히포**)이고, 그 중 분자량이 60인 물질은 아세트산이다.

나: 3가 알코올이라 하면 알킬기에 OH가 3개 붙어 있는 형태이다. 4류 위험물 중 지정수량이 4000L이고 3가 알코올인 물질은 글리세린이다.

다: 벤젠에서 수소원자 1개가 니트로기로 치환한 물질은 니트로벤젠이다.

014 다음 각 위험물이 물과 반응하는 경우 발생하는 가연성 기체의 명칭을 쓰시오.(단, 해당하지 않으면 "해당없음" 으로 쓸 것)

> 가. 인화알루미늄 나. 트리에틸알루미늄
> 다. 시안화수소 라. 염소산칼륨,
> 마. 과염소산나트륨

답 가: 포스핀, 나: 에탄, 다: 해당없음, 라: 해당없음, 마: 해당없음

해 가: 인화알루미늄: $AlP + 3H_2O \rightarrow Al(OH)_3 +$ **PH_3(포스핀)**
나: 트리에틸알루미늄: $(C_2H_5)_3Al + 3H_2O \rightarrow Al(OH)_3 +$ **$3C_2H_6$(에탄)**
나머지는 모두 가연성 기체를 발생시키지 않는다.

015 다음 할로젠화합물 소화약제의 화학식을 각 쓰시오.

> 가: 1211
> 나: 1301
> 다: 2402

답 가: CF_2ClBr, 나: CF_3Br, 다: $C_2F_4Br_2$

해 할론넘버의 각 숫자는 **순서대로 C, F, Cl, Br의 숫자**를 의미한다.

할론넘버	분자식	방사압력	소화기	소화효과	독성
1301	CF_3Br	0.9MPa	MTB 또는 BTM	▲ 좋음	▼ 강함
1211	CF_2ClBr	0.2MPa	BCF		
2402	$C_2F_4Br_2$	0.1MPa			
1011	CH_2ClBr				
104	CCl_4				

016 다음은 위험물안전관리법령상 위험물취급자격에 대한 기준이다. 빈칸을 채우시오.

위험물취급자격자 구분	취급가능한 위험물
(가)	모든 위험물
(나)	제4류 위험물
소방공무원 경력자	(다)

답 가: 위험물기능장, 위험물산업기사, 위험물기능사
나: 안전관리자교육이수자
다: 제4류 위험물

017 다음의 저장탱크의 내용적을 구하시오.

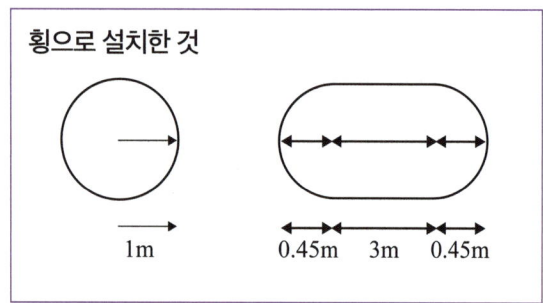
횡으로 설치한 것
1m   0.45m 3m 0.45m

답 10.37m³

해 횡으로 설치한 원형탱크의 내용적을 구하는 공식은 $\pi r^2(l + \frac{l_1+l_2}{3})$이다.
대입하면 약 10.37m³

018 알루미늄 화재시 주수소화가 불가한 이유를 쓰시오.

답 알루미늄은 물과 반응하면 가연성 가스인 수소를 발생시키므로 위험하다.

019 황 2kg이 완전연소하기 위해 필요한 공기의 부피(L)를 구하시오. (단, 표준상태이고, 공기 중의 산소는 21%이다)

답 6,666.67L

해 황의 연소반응식은 $S + O_2 \rightarrow SO_2$이다. 황의 분자량은 32g/mol이므로 2kg인 경우 2000/32몰이 된다. 황과 산소의 대응비는 1:1이므로 산소도 동일하게 2000/32몰만큼 필요하다. 표준상태일때 기체 1몰의 부피는 22.4L구하면 필요한 산소의 부피는 1400L이다. 산소를 포함한 공기의 부피를 구하면 100:21 = X:1400이므로 6,666.67L가 된다.
(이상기체 방정식에 의해 대입해 풀면 산소의 부피 V = 2000/32 × 0.082 × 273 = 1399.125L 이고 위의 대응비 식에 1400 대신에 1399.125를 대입해서 풀면 된다)

020 위험물안전관리법령에 의할 때 제6류 위험물을 저장하는 옥내저장소에 대한 다음의 내용에 대해 틀린 것을 바르게 고치시오. (단, 틀린 것이 없을 경우 "해당없음"이라고 쓰시오)

> 가. 하나의 저장창고의 바닥면적은 2000 m³이하로 한다.
> 나. 안전거리를 두지 않아도 된다.
> 다. 지붕은 내화구조로 할 수 있다.
> 라. 지정수량 10배 이상을 저장하는 경우 피뢰침을 설치하지 않아도 된다.

답
가: 하나의 저장창고의 바닥면적은 1000 m³이하로 한다
나: 해당없음
다: 해당없음
라: 해당없음

해
가: 위험등급 Ⅰ등급인 위험물과 4류 위험물 중 제1석유류, 알코올류는 하나의 바닥면적이 1000 m³ 이하여야 한다.
나: 다음의 경우 안전거리를 두지 아니할 수 있다.
- 제4석유류 또는 동식물유류의 위험물을 저장 또는 취급하는 옥내저장소로서 그 최대수량이 지정수량의 20배 미만인 것
- 제6류 위험물을 저장 또는 취급하는 옥내저장소
- 지정수량의 20배(하나의 저장창고의 바닥면적이 150㎡ 이하인 경우에는 50배) 이하의 위험물을 저장 또는 취급하는 옥내저장소로서 다음의 기준에 적합한 것
  1) 저장창고의 벽·기둥·바닥·보 및 지붕이 내화구조인 것
  2) 저장창고의 출입구에 수시로 열 수 있는 자동폐쇄방식의 60분 + 방화문 또는 60분방화문이 설치되어 있을 것
  3) 저장창고에 창을 설치하지 아니할 것

다: 저장창고는 지붕을 폭발력이 위로 방출될 정도의 가벼운 불연재료로 하고, 천장을 만들지 않아야 한다. 다만, 제2류 위험물(분말상태의 것과 인화성고체를 제외한다)과 제6류 위험물만의 저장창고에 있어서는 지붕을 내화구조로 할 수 있고, 제5류 위험물만의 저장창고에 있어서는 당해 저장창고내의 온도를 저온으로 유지하기 위하여 난연재료 또는 불연재료로 된 천장을 설치할 수 있다.
라: 지정수량의 10배 이상의 저장창고(제6류 위험물의 저장창고를 제외한다)에는 피뢰침을 설치하여야 한다.

2회 2024년 기출문제
위험물기능사

001 다음에서 설명하는 제4류 위험물에 대한 물음에 답하시오.

> 비중이 0.8인 물질로, 증기비중은 약 2.5이며, 지정수량은 200L이다.
> 부틸알코올을 탈수소화하여 얻을 수 있다.

가. 명칭
나. 화학식
다. 제1류 위험물과 혼재가 가능여부(가능하다면 가능, 불가능하다면 불가능으로 표기)

답 가. 메틸에틸케톤, 나: $CH_3COC_2H_5$, 다: 불가능

해 해당 설명은 메틸에틸케톤에 대한 설명이다. 메틸(CH_3)과 에틸(C_2H_5)이 케톤(CO)으로 연결되어 있는 형태이다. 화학식은 $CH_3COC_2H_5$
증기비중은 분자량을 29로 나눈 것이므로 분자량 72(12 + 1×3 + 12 + 16 +12×2 + 1×5) 이므로 약 2.5가 된다.
제4류 위험물 1석유류로 지정수량은 200L이다. (이(200L)휘벤에메톨 / 사(400L)시아피포)
제4류 위험물은 비중이 1보다 대부분 작다(예외 이황화탄소, 2석유류 중 클로로벤젠,
아, 히, 포, 3석유류(중유제외))
혼재 가능 여부는 423, 524, 61 따라서 4류 위험물은 1류 위험물과 혼재 불가하다.

002 다음은 위험물안전관리법령상 제조소에 설치해야 하는 주의 사항 표지이다. 물음에 답하시오.

위험물 제조소	
화기엄금	주유중엔진정지

가. 게시판의 크기 기준은?
나. 위험물 제조소 게시판의 바탕색과 글자색은?
다. 화기엄금 게시판의 바탕색과 글자색은?
라. 주유중 엔진정지 게시판의 바탕색과 글자색은?

답 가: 한변의 길이가 0.3m 이상, 다른 한변의 길이가 0.6m 이상인 직사각형
나: 바탕색은 백색, 글자색은 흑색
다: 바탕색은 적색, 글자색은 백색
라: 바탕색은 황색, 글자색은 흑색

해 게시판 및 표지의 크기는 한변의 길이가 0.3m 이상, 다른 한변의 길이가 0.6m 이상인 직사각형
표지의 바탕은 백색으로, 문자는 흑색으로 한 "위험물 제조소"로 표시한다.

종류	바탕	문자
화기엄금(화기주의)	적색	백색
물기엄금	청색	백색
주유중엔진정지	황색	흑색
위험물제조소 등	백색	흑색
위험물	흑색	황색반사도료

003 제3류 위험물 칼륨에 대해 다음 물음에 답하시오.

> 가. 발화하는 경우 반응식을 쓰시오.
> 나. 물과의 반응식을 쓰시오.
> 다. 저장 시 보호액을 1가지 쓰시오.

답 가: $4K + O_2 \rightarrow 2K_2O$
　　나: $2K + 2H_2O \rightarrow 2KOH + H_2$
　　다: 경유, 등유, 석유류, 파라핀 중 1개

해 물, 공기 중 수분과 접촉을 막기 위해 석유류(등유, 경유), 파라핀 속에 보관한다.

004 삼황화인 1몰이 연소하는 경우 필요한 공기의 부피(L)는? (표준상태이고, 공기중 산소는 21%이다)

답 852.8L

해 삼황화인의 연소 반응식은
　　$P_4S_3 + 8O_2 \rightarrow 2P_2O_5 + 3SO_2$
따라서, 삼황화인 1몰의 연소를 위해서는 8몰의 산소가 필요하다. 산소 8몰의 표준상태에서 부피를 구하면 부피는 $PV = \dfrac{W}{M}RT$에 의해 구하면
$V = 8 \times 0.082 \times 273 = 179.088L$이고, 필요한 공기의 부피는 $21:100 = 179.088:X$ 이므로 X를 구하면 852.8L이다.

005 과산화칼륨 1몰과 이산화탄소가 반응하는 경우 생성되는 산소의 부피(L)는? (표준상태임)

답 11.19L

해 과산화칼륨과 이산화탄소 반응식은
　　$2K_2O_2 + 2CO_2 \rightarrow 2K_2CO_3 + O_2$
따라서 과산화칼륨 1몰 반응시 산소는 0.5몰이 생성된다.
산소 0.5몰의 부피는 표준상태에서 구하면
$V = 0.5 \times 0.082 \times 273$ 약, 11.19L이다.

006 다음에서 설명하는 위험물에 대해 답하시오.

> 인화점이 4℃이고, 황산, 질산에 니트로화 하여 트리니트로톨루엔을 만드는 위험물
>
> 가. 품명
> 나. 위험등급
> 다. 구조식

답 가: 제1석유류
　　나: Ⅱ등급
　　다: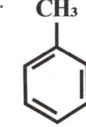

해 인화점 4℃인 물질하면 톨루엔을 기억해야 한다. 진한 황산, 진한 질산에 니트로화 하여 TNT를 만든다.

007 위험물안전관리법령상 운반 시 다음 위험물과 혼재가 가능한 위험물은 몇 류 위험물인지 쓰시오(지정수량의 10배인 경우이다)

가. 제3류 위험물
나. 제5류 위험물
다. 제6류 위험물

답 가: 제4류 위험물
　 나: 제2류 위험물, 제4류 위험물
　 다: 제1류 위험물

해 423, 524, 61

008 다음의 각 위험물이 연소되는 경우 생성되는 물질의 화학식을 각 쓰시오(단, 없는 경우 "없음"으로 표시)

가. 황　　　　나. 황린
다. 적린　　　라. 오황화인
마. 칠황화인

답 가: SO_2, 나: P_2O_5, 다: P_2O_5, 라: P_2O_5, SO_2,
　 마: P_2O_5, SO_2

해 각 위험물의 연소반응식은 다음과 같다.
　 가: $S + O_2 \rightarrow SO_2$
　 나: $P_4 + 5O_2 \rightarrow 2P_2O_5$
　 다: $4P + 5O_2 \rightarrow 2P_2O_5$
　 라: $2P_2S_5 + 15O_2 \rightarrow 2P_2O_5 + 10SO_2$
　 마: $P_4S_7 + 12O_2 \rightarrow 2P_2O_5 + 7SO_2$

009 다음 각 물질이 물과 반응하는 경우 생성되는 인화성 가스의 명칭은? (없을 경우 "없음"으로 표기)

가. 리튬
나. 인화알루미늄
다. 탄화리튬
라. 수소화칼륨
마. 탄화알루미늄

답 가: 수소, 나: 포스핀, 다: 아세틸렌, 라: 수소,
　 마: 메탄

해 가: $2Li + 2H_2O \rightarrow 2LiOH + H_2$
　 나: $AlP + 3H_2O \rightarrow Al(OH)_3 + PH_3$
　 다: $Li_2C_2 + 2H_2O \rightarrow 2LiOH + C_2H_2$
　 라: $KH + H_2O \rightarrow KOH + H_2$
　 마: $Al_4C_3 + 12H_2O \rightarrow 4Al(OH)_3 + 3CH_4$

010 다음 빈칸의 알맞은 명칭을 쓰시오.

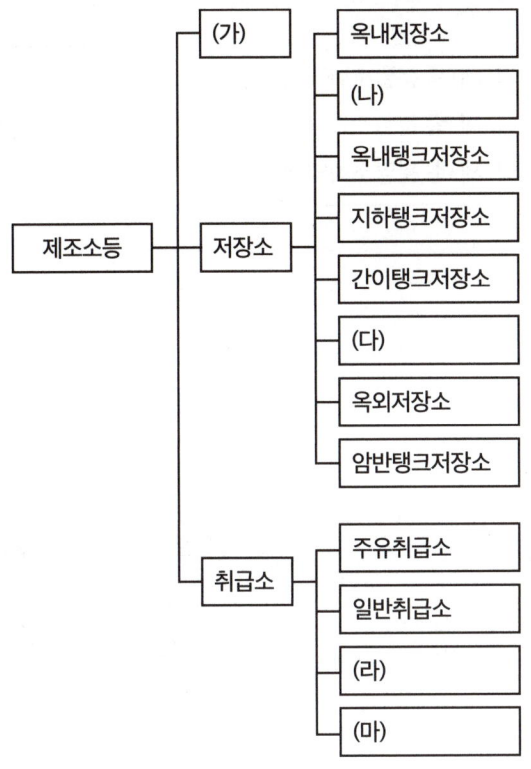

답
가: 제조소
나: 옥내탱크저장소
다: 지하탱크저장소
라: 이송취급소
마: 판매취급소

011 다음 각 위험물의 소요단위의 합을 구하시오.

아염소산나트륨 250kg, 질산칼륨 1,500kg, 과산화칼륨 500kg, 다이크로뮴산칼륨 5,000kg

답 2.5

해 위험물의 소요단위는 지정수량의 10배이다.
아염소산나트륨의 지정수량은 50kg 이므로 1 소요단위는 500kg
질산칼륨의 지정수량은 300kg 이므로 1 소요단위는 3,000kg
과산화칼륨의 지정수량은 50kg 이므로 1 소요단위는 500kg
다이크로뮴산칼륨(중크롬산칼륨)의 지정수량은 1,000kg 이므로 1 소요단위는 10,000kg이다.
오(50)염과 무아 / 삼(300)질 요브 / 천(1000)과 중
따라서, 각각 0.5, 0.5, 1, 0.5 소요단위이고 합하면 2.5소요단위가 된다.

012 다음에서 설명하는 위험물에 대해 각 질문에 답하시오.

> 인화점이 0℃이하이고, 분자량이 76g/mol이며, 콘크리트수조에 보관함

가. 화학식은?
나. 연소반응식은?
다. 옥외저장탱크 저장시 벽 및 바닥의 두께 기준은?

답 가: CS_2
나: $CS_2 + 3O_2 \rightarrow CO_2 + 2SO_2$
다: 0.2m이상

해 이황화탄소에 대한 설명이다. 이황화탄소는 인화점이 -30℃이고, 분자량 76(12 + 32 × 2), 옥외저장탱크에 이황화탄소를 저장하는 경우 벽 및 바닥의 두께는 0.2m이상이다.

013 다음 분말소화약제의 주성분의 화학식을 쓰시오.

> 가. 제1종 분말소화약제
> 나. 제2종 분말소화약제
> 다. 제3종 분말소화약제

답 가: $NaHCO_3$, 나: $KHCO_3$, 다: $NH_4H_2PO_4$

해

종류	성분	적응화재	열분해반응식	색상
제1종 분말	$NaHCO_3$ (탄산수소나트륨)	B, C	$2NaHCO_3 \rightarrow Na_2CO_3 + CO_2 + H_2O$	백색
제2종 분말	$KHCO_3$ (탄산수소칼륨)	B, C	$2KHCO_3 \rightarrow K_2CO_3 + CO_2 + H_2O$	담회색
제3종 분말	$NH_4H_2PO_4$ (제1인산암모늄 =인산이수소암모늄)	A, B, C	$NH_4H_2PO_4 \rightarrow HPO_3$(메타인산) $+NH_3$(암모니아) $+H_2O$	담홍색
제4종 분말	$KHCO_3 + (NH_2)_2CO$ (탄산수소칼륨+요소)	B, C	$2KHCO_3 + (NH_2)_2CO \rightarrow K_2CO_3 + 2NH_3 + 2CO_2$	회색

014 위험물안전관리법령에 따른 제4류 위험물의 정의에 관한 설명이다. 빈칸을 채우시오.

- 제1석유류라 함은 아세톤, 휘발유, 그 밖에 1기압에서 인화점이 (가)℃ 미만인 것
- 제2석유류라 함은 등유, 경유, 그밖에 1기압에서 인화점이 (나)℃ 이상 (다)℃ 미만인 것, 단, 도료류 그 밖의 물품에 있어 가연성 액체량이 40중량퍼센트 이하이고, 인화점이 섭씨 40도 이상인 동시에 연소점이 섭씨 60도 이상인 것은 제외
- 제3석유류라 함은 중유, 클레오소트유 그밖에 인화점이 (라)℃ 이상 (마)℃ 미만인 것, 단, 도료류 그 밖의 물품에 있어 가연성 액체량이 40중량퍼센트 이하인 것은 제외

답 가: 21, 나: 21, 다: 70, 라:, 70, 마: 200

015 다음에서 설명하는 위험물에 대해 다음 질문에 답하시오.

> 저장용기마개에 구멍을 뚫어 보관하며, 갈색병에 보관한다.
> 분해를 방지하기 위해 분해방지 인산, 요산 같은 안정제가 사용된다.
> 산화제이나, 환원제로가 되기도 한다.

가. 화학식
나. 몇 중량퍼센트(wt%) 이상일 때 위험물질에 해당하는가?
다. 완전분해반응식은?

답 가: H_2O_2, 나: 36, 다: $2H_2O_2 \rightarrow 2H_2O + O_2$

해 과산화수소에 대한 설명이다. 인산 요산안정제 꼭 기억하고, 36중량퍼센트이상인 경우 위험물인 점, 60중량퍼센트 이상인 경우 단독폭발 가능성 등도 함께 기억하자.

016 위험물안전관리법령상 다음 각 위험물의 경우 운반용기 외부 표시하는 주의사항을 쓰시오.

가. 황린	나. 마그네슘
다. 과산화수소	라. 아세톤
마. 메틸에틸케톤퍼옥사이드	

답 가: 화기엄금, 공기접촉엄금
  나: 화기주의, 물기엄금
  다: 가연물접촉주의
  라: 화기엄금
  마: 화기엄금, 충격주의

해 위험물 운반용기 위험물에 따른 주의사항
  • 1류
    1) 알칼리금속과산화물의 경우:화기/충격주의, 물기 엄금 및 가연물접촉주의
    2) 그 밖의 것:화기/충격주의, 가연물 접촉주의
  • 2류
    1) 철분, 마그네슘, 금속분: 화기주의, 물기엄금
    2) 인화성 고체:화기엄금
    3) 그 밖의 것:화기주의
  • 3류
    1) 자연발화성 물질:화기엄금 및 공기접촉엄금
    2) 금수성물질:물기엄금
  • 4류:화기엄금
  • 5류:화기엄금, 충격주의
  • 6류:가연물접촉주의

황린은 제3류 위험물 자연발화성 물질이므로 화기엄금, 공기접촉엄금
마그네슘은 제2류 철분, 마그네슘, 금속분에 해당하므로 화기주의, 물기엄금
과산화수소는 제6류 위험물 이므로 가연물접촉주의
아세톤은 제4류 위험물 이므로 화기엄금
메틸에틸케톤퍼옥사이드는 제5류 위험물 이므로 화기엄금, 충격주의

017 다음 각 탱크의 내용적을 구하는 공식을 쓰시오.

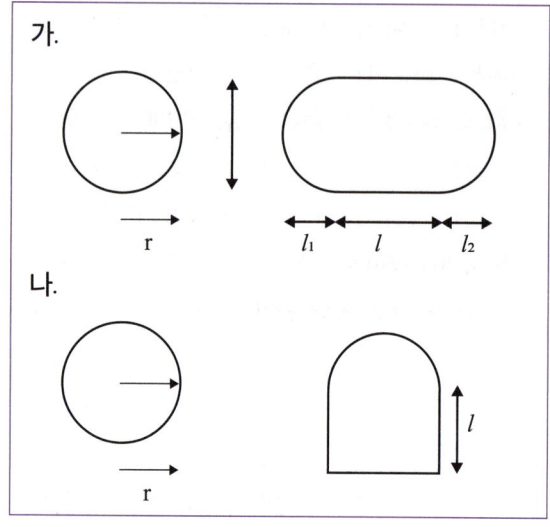

답 가: $\pi r^2 (l + \dfrac{l_1+l_2}{3})$
  나: $\pi r^2 l$

018 다음 각 위험물의 시성식을 쓰시오.

가. 트라이나이트로페놀
나. 트라이나이트로톨루엔
다. 다이나이트로벤젠

답 가: $C_6H_2(NO_2)_3OH$
  나: $C_6H_2(NO_2)_3CH_3$
  다: $C_6H_4(NO_2)_2$

해 트라이나이트로(트리니트로)는 니트로가 3개, 다이나이트로(디니트로)는 니트로가 2개 있는 것이다.

019 나트륨과 에틸알코올 100g이 반응하는 경우 생성되는 수소의 질량은 몇 g인가? (표준상태고 나트륨의 양은 충분하다)

답 2.17g

해 반응식은 $2Na + 2C_2H_5OH \rightarrow 2C_2H_5ONa$(나트륨 에틸라이드) $+ H_2$이고, 나트륨과 에틸알코올의 대응비는 1:1인데 몰질량이 더 작은 에틸알코올 몰수만큼 나트륨도 같은 몰수로 반응한다.
에틸알코올과 수소의 대응비는 2:1이 된다. 에틸알코올의 분자량은 46g/mol이므로 에틸알코올 100/46몰에 대해 수소는 50/46몰이 생성된다. 수소 1몰의 분자량은 2g/mol이므로 50/46 × 2 약 2.17g이 된다.

020 위험물에 대해 다음 빈칸을 채우시오.

명칭	화학식	지정수량(kg)
과망가니즈산칼륨	(나)	(라)
(가)	NH_4ClO_4	50kg
다이크로뮴산칼륨	(다)	(마)

답 가: 과염소산암모늄, 나: $KMnO_4$, 다: $K_2Cr_2O_7$, 라: 1000kg, 마: 1000kg

해 모두 제1류 위험물이다. 오(50)염과 무아 / 삼(300)질 요브 / 천(1000)과 중

3회 2024년 기출문제

001 위험물안전관리법령상 위험물 취급시 정전기 발생을 방지하기 위한 방법을 3가지 쓰시오.

답 접지에 의한 방법, 공기 중의 상대습도를 70% 이상으로 하는 방법, 공기를 이온화하는 방법

002 위험물안전관리법령상 자체소방대 설치에 대한 기준이다. 빈칸을 채우시오.

사업소의 구분	화학소방 자동차	자체소방 대원의 수
최대수량의 합이 지정수량의 3천 배 이상 (가)만배 미만인 사업소	1대	5인
최대수량의 합이 지정수량의 12만 배 이상 24만 배 미만인 사업소	2대	(나)인
최대수량의 합이 지정수량의 24만배 이상 48만 배 미만인 사업소	3대	(다)인
최대수량의 합이 지정수량의 48만 배 이상인 사업소	(라)대	20인
옥외탱크저장소에 저장하는 제4류 위험물의 최대수량이 지정수량의 50만배 이상인 사업소	(마)대	10인

답 가: 12, 나: 10, 다: 15, 라: 4, 마: 2

003 다음 각 위험물을 보관하는 경우 보호액으로 사용되는 물질을 아래에서 고르시오. (해당하지 않는 경우 "해당없음"으로 표기)

> 염산, 물, 에탄올, 등유, 유동파라핀

가. 트라이에틸알루미늄
나. 황린
다. 칼륨

답 가: 해당없음, 나: 물, 다: 등유, 유동파라핀

해 황린은 보호액(pH9) 속에 보관한다. 칼륨, 나트륨 등은 경유, 등유, 파라핀 등에 저장한다.
트라이에틸알루미늄은 밀봉하여 보관하고, 보호액 속에 보관하지 않는다.

004 다음의 각 위험물이 물과 반응하는 경우 생성되는 기체의 명칭을 쓰시오. (발생하지 않는 경우 "해당없음"으로 표기)

가. 과염소산나트륨
나. 과산화나트륨
다. 질산나트륨
라. 칼슘
마. 수소화나트륨

답 가: 해당없음, 나: 산소, 다: 해당없음, 라: 수소, 마: 수소

해 물과 반응하는 물질은 제1류 알칼리금속과산화물인 과산화나트륨, 제3류 금수성물질인 칼슘, 수소화나트륨 뿐이다. 제1류 알칼리금속과산화물은 물과 반응시 산소를 발생시키고, 제3류 금수성물질인 칼슘, 수소화나트륨은 수소를 발생시킨다.

005 다음 타원형탱크의 용량을 구하시오. (단, 공간용적은 100분의 5이다)

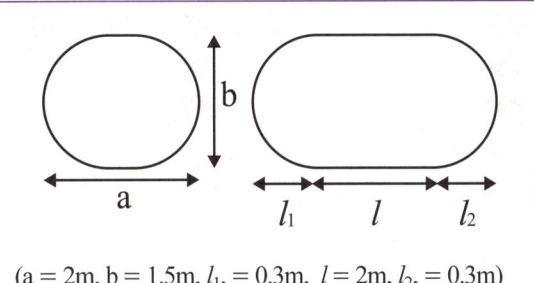

(a = 2m, b = 1.5m, l_1 = 0.3m, l = 2m, l_2 = 0.3m)

답 $4.92m^3$

해 $\frac{\pi ab}{4}(l + \frac{l_1+l_2}{3})$
대입하여 나온 용량에 공간용적 100분의 5를 제외하면 된다.

006 염소산칼륨에 대해 다음 물음에 각 답하시오. (해당하지 않는 경우 "해당없음"으로 표기)

가. 열분해 반응식
나. 물과의 반응식
다. 연소반응식

답 가: $2KClO_3 \rightarrow 2KCl + 3O_2$
나: 해당없음, 다: 해당없음

해 염소산칼륨은 스스로 연소하지 않는다. 다만 산소를 발생시키므로 가연성 물질이다. 물과도 반응하지 않는다.

007 다음은 이동탱크저장소의 외부도장 색상에 대한 기준이다. 빈칸을 채우시오.

구분	1류	2류	3류	4류	5류	6류
도장 색상	(가)	(나)	(다)	적색 권장	(라)	(마)

📗 가: 회색, 나: 적색, 다: 청색, 라: 황색, 마: 청색

008 다음 위험물의 연소반응식을 각 쓰시오.

가. 삼황화인
나. 오황화인

📗 가: $P_4S_3 + 8O_2 \rightarrow 2P_2O_5 + 3SO_2$
나: $2P_2S_5 + 15O_2 \rightarrow 2P_2O_5 + 10SO_2$

📘 연소시 오산화인과 이산화황이 발생된다.

009 과산화수소에 대해 다음 물음에 답하시오.

가: 분해반응식은?
나: 하이드라진과 반응하여 질소와 물이 만들어지는 반응식은?

📗 가: $2H_2O_2 \rightarrow 2H_2O + O_2$
나: $N_2H_4 + 2H_2O_2 \rightarrow N_2 + 4H_2O$

010 다음에서 설명하는 시설에 대해 답하시오.

> 위험물을 옥내에 저장하는 시설로, 하나의 저장창고의 바닥면적은 $150m^2$이하이며, 벽·기둥·바닥·보 및 지붕을 내화구조로 하고, 저장창고의 출입구에는 수시로 개방할 수 있는 자동폐쇄방식의 60분 + 방화문 또는 60분방화문을 설치하며, 저장창고에는 창을 설치하지 아니한다.

가. 해당 시설의 명칭은?
나. 저장창고 지면에서 처마까지의 높이는?
다. 이 시설에 저장할 수 있는 위험물의 최대 지정배수는?

📗 가: 소규모 옥내 저장소, 나: 6m미만, 다: 50배

011 위험물안전관리법령상 제조소와 다음 각 시설의 안전거리를 쓰시오(단, 제6류 위험물을 제조하는 제조소는 아님).

> 가. 학교
> 나. 주택
> 다. 문화재
> 라. 30,000V 특고압가공전선
> 마. 병원

답 가: 30m이상, 나: 10m이상, 다: 50m이상,
라: 3m이상, 마: 30m이상

해 가. 유형문화재와 지정문화재: 50m 이상
나. 학교, 병원, 극장 등 다수인 수용 시설(극단, 아동복지시설, 노인보호시설, 어린이집 등):30m 이상
다. 고압가스, 액화석유가스 또는 도시가스를 저장 또는 취급하는 시설:20m 이상
라. 주거용인 건축물 등:10m 이상
마. 사용전압이 35,000V를 초과하는 특고압가공전선:5m 이상
바. 사용전압이 7,000V 초과 35,000V 이하의 특고압가공전선:3m 이상

012 분말소화약제에 대해 다음을 답하시오.

> 가. 탄산수소칼륨의 분해반응식은?
> 나. 탄산수소칼륨 100kg의 완전분해 시 생성되는 이산화탄소의 부피는 몇 m^3인가? (단, 1기압, 100℃이다)

답 가: $2KHCO_3 \rightarrow K_2CO_3 + CO_2 + H_2O$
나: 15.29 m^3

해 탄산수소칼륨은 분해되면 탄산칼륨, 이산화탄소, 물이 생성된다.
탄산수소칼륨과 생성되는 이산화탄소의 대응비는 2:1이고, 탄산수소칼륨 100kg에 해당하는 몰수의 반만큼에 해당하는 몰수의 이산화탄소가 생성된다. 이를 이상기체방정식에 대입하면 부피를 구할 수 있다.
탄산수소칼륨의 질량은 100g/mol, 100kg/kmol이므로(39 + 1 + 12 + 16 × 3) 탄산수소칼륨 100kg은 1kmol이다. 생성되는 이산화탄소는 0.5kmol이므로 이상기체 방정식에 대입하면,
V = 0.5kmol × 0.082 × 373, 약 15.29 m^3 이다.

013 다음에서 틀린 부분을 올바르게 고치시오.

> 가. 제2류 위험물은 가연성 고체로 황화인, 황린, 황, 철분, 마그네슘, 금속분, 인화성 고체, 그 밖에 행정안전부령으로 정하는 것이 있다.
> 나. 황의 지정수량은 100kg, 마그네슘의 지정수량은 500kg, 인화성고체의 지정수량은 500kg이다.

답 가: 제2류 위험물은 가연성 고체로 황화인, 적린, 황, 철분, 마그네슘, 금속분, 인화성 고체, 그 밖에 행정안전부령으로 정하는 것이 있다.
　　나: 황의 지정수량은 100kg, 마그네슘의 지정수량은 500kg, 인화성고체의 지정수량은 1,000kg이다.

014 다음 위험물의 구조식과 품명을 각 쓰시오.

> 가. 벤젠
> 나. 나이트로벤젠
> 다. 아닐린

답 가:

제1석유류

나:
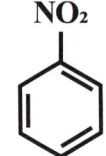
제3석유류

다:
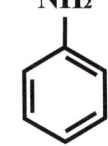
제3석유류

015 위험물안전관리법령상 제4류 위험물의 정의에 대해 다음 빈칸을 채우시오.

> 제1석유류라 함은 아세톤, 휘발유, 그밖에 (가) 기압에서 인화점이 (나)℃ 미만인 것
> 제3석유류라 함은 중유, 클레오소트유 그밖에 1기압에서 인화점이 (다)℃ 이상 (라)℃ 미만인 것(도료류 그 밖의 물품에 있어 가연성 액체량이 (마)중량퍼센트 이하인 것은 제외)

답 가: 1, 나: 21, 다: 70, 라: 200, 마: 40

016 다음의 제3류 위험물의 지정수량을 각 쓰시오.

> 가. 알칼리금속
> 나. 유기금속화합물
> 다. 금속의 수소화물
> 라. 금속의 인화물
> 마. 알루미늄의 탄화물

답 가: 50kg, 나: 50kg, 다: 300kg, 라: 300kg, 마: 300kg

해 십알 칼알나 이황 / 오알알유 / 삼금금탄규

017 다음의 위험물을 위험등급으로 분류하시오. (해당하지 않는 경우 "해당 없음"으로 표기)

> 황린, 적린, 황화인, 제1석유류, 알코올류, 브로민산염류, 아이오딘산염류

가. Ⅰ등급
나. Ⅱ등급
다. Ⅲ등급

답 가: 황린
나: 적린, 황화인, 아이오딘산염류, 브로민산염류, 제1석유류, 알코올류
다: 해당 없음

해 오(50)염과 무아 / 삼(300)질 요브 / 천(1000)과 중
백유황적 / 오철금마 천인
십알 칼알나 이황 / 오알알유 / 삼금금탄규
특 / 1,알 / 2,3,4,동

018 다음 각 위험물의 명칭은?

> 가. $CH_3COC_2H_5$
> 나. $CH_3COOC_2H_5$
> 다. C_6H_5Cl

답 가: 메틸에틸케톤
나: 초산에틸 또는 아세트산에틸
다: 클로로벤젠

019 금속나트륨 57.5g이 완전연소하는 경우 다음을 답하시오.(표준상태로, 금속나트륨의 원자량은 23, 공기 중 산소는 21%로 존재)

> 가. 완전연소를 위해 필요한 산소의 부피(L)
> 나. 완전연소를 위해 필요한 공기의 부피(L)

답 가: 13.99L, 나: 66.63L

해 나트륨의 연소반응식은 $4Na + O_2 \rightarrow 2Na_2O$이고, 나트륨과 산소의 대응비는 4:1이다.
나트륨이 57.5/23몰 존재하고, 산소는 그 4분의 1인 57.5/23 × 1/4몰 존재한다.
이상기체방정식에 의해 계산하면
V = 57.5/23 × 1/4mol × 0.082 × 273,
약 13.99L이다.
산소의 공기의 비는 21:100이므로 비례식으로 풀면 된다. 약 66.63L가 된다.
표준상태이므로 표준상태의 기체의 부피를 22.4L로 놓고 풀면 산소의 부피는 14L이고, 공기의 부피는 66.67L가 된다.

020 위험물안전관리법령상 옥외저장탱크의 주위의 보유공지를 쓰시오.

> 가. 제4류 위험물 지정수량 3,500배
> 나. 제5류 위험물 지정수량 3,500배
> 다. 제6류 위험물 지정수량 3,500배

답 가: 15m이상, 나: 15m이상, 다: 5m이상

해

저장 또는 취급하는 위험물의 최대수량	공지의 너비
지정수량의 500배 이하	3m 이상
지정수량의 500배 초과 1,000배 이하	5m 이상
지정수량의 1,000배 초과 2,000배 이하	9m 이상
지정수량의 2,000배 초과 3,000배 이하	12m 이상
지정수량의 3,000배 초과 4,000배 이하	15m 이상
지정수량의 4,000배 초과	당해 탱크의 수평단면의 최대지름(가로형인 경우에는 긴 변)과 높이 중 큰 것과 같은 거리 이상. 다만, 30m 초과의 경우에는 30m 이상으로 할 수 있고, 15m 미만의 경우에는 15m 이상으로 하여야 한다.

6류 위험물인 경우 위 보유공지의 3분의 1이상으로 할 수 있다(단, 너비는 1.5m 이상이어야 한다).

2024년 기출문제 4회

001 트라이나이트로톨루엔에 대해 다음을 답하시오.

> 가. 시성식
> 나. 구조식

답 가: $C_6H_2(NO_2)_3CH_3$

나:

$$\begin{array}{c} CH_3 \\ \text{NO}_2 \diagdown \diagup \text{NO}_2 \\ \diagdown \diagup \\ \text{NO}_2 \end{array}$$

002 메틸알코올 10kg을 연소시키는 경우 필요한 공기의 부피는 몇 m^3인가? (표준상태이고, 공기중 산소는 21%이다.)

답 $49.97m^3$

해 메틸알코올의 연소식은
  $2CH_3OH + 3O_2 \rightarrow 2CO_2 + 4H_2O$이다. 산소와의 반응식은 2:3이다.
  메틸알코올의 분자량은 32g/mol이고(12 + (1 × 4) + 16), 10kg이 있는 경우 10/32kmol이다.
  산소의 몰수는 10/32kmol × 3/2이다. 산소와 공기의 비율은 21:100이므로 공기의 몰수는 10/32kmol × 3/2 × 100/21이다.
  이상기체 방정식에 대입하면
  V = 10/32kmol × 3/2 × 100/21 × 0.082 × 273, 약 $49.97m^3$이다.
  표준상태 기체 1몰의 부피를 22.4L로 구하면 $50m^3$이다.

003 위험물안전관리법령상 다음 위험물의 위험등급을 분류하시오. (해당 없는 경우 "해당 없음"으로 표기)

> 질산염류, 특수인화물, 알코올류, 황린, 칼륨, 과산화수소
>
> 가: Ⅰ등급
> 나: Ⅱ등급
> 다: Ⅲ등급

답 가: 황린, 특수인화물, 칼륨, 과산화수소
　　나: 질산염류, 알코올류
　　다: 해당 없음

004 위험물안전관리법령상 소화설비에 적응성이 있는 소화설비에 대해 O표를 하시오.

소화설비의 구분		건축물그 밖의 공작물	전기설비	제1류위험물 알칼리금속과산화물등	제1류위험물 그 밖의 것	제2류위험물 철분,마그네슘금속분등	제2류위험물 인화성고체	제2류위험물 그 밖의 것	제3류위험물 금수성물품	제3류위험물 그 밖의 것	제4류위험물	제5류위험물	제6류위험물
기타	물통 또는 수조												
	건조사												
	팽창질석/팽창진주암												

답

소화설비의 구분		건축물그 밖의 공작물	전기설비	제1류위험물 알칼리금속과산화물등	제1류위험물 그 밖의 것	제2류위험물 철분,마그네슘금속분등	제2류위험물 인화성고체	제2류위험물 그 밖의 것	제3류위험물 금수성물품	제3류위험물 그 밖의 것	제4류위험물	제5류위험물	제6류위험물
기타	물통 또는 수조	O			O		O	O		O		O	O
	건조사			O	O	O	O	O	O	O	O	O	O
	팽창질석/팽창진주암			O	O	O	O	O	O	O	O	O	O

005 다음은 아세트알데히드에 대한 설명이다. 옳은 것을 모두 고르시오.

> 가. 무색, 무취의 액체이다.
> 나. 물, 알코올, 에테르에 녹는다.
> 다. 분자량은 44g/mol, 증기비중은 0.76, 인화점은 −38℃이다.
> 라. 백금과 반응한다.

답 나

해 가: 무색의 액체이나 증기는 자극적 냄새가 강하다.
다. 증기비중은 분자량을 29로 나눈 값(44/29)으로 약 1.52이다.
라. 구리, 은, 수은, 마그네슘 등과 반응한다.

006 클로로벤젠에 대해 다음을 답하시오.

> 가. 품명
> 나. 화학식
> 다. 지정수량

답 가: 제2석유류, 나: C_6H_5Cl, 다: 1000L

해 일(1000L)등경 크스클 / 이(2000L)아히포

007 다음 각 황화인의 연소반응식을 쓰시오.

> 가. 삼황화인
> 나. 오황화인
> 다. 칠황화인

답 가: $P_4S_3 + 8O_2 \rightarrow 2P_2O_5 + 3SO_2$
나: $2P_2S_5 + 15O_2 \rightarrow 2P_2O_5 + 10SO_2$
다: $P_4S_7 + 12O_2 \rightarrow 2P_2O_5 + 7SO_2$

008 다음 위험물의 열분해하는 경우 생성되는 기체는?

> 가. 과산화칼륨
> 나. 아염소산나트륨
> 다. 삼산화크로뮴

답 가: 산소
나: 산소
다: 산소

해 가: $2K_2O_2 \rightarrow 2K_2O + O_2$
나: $NaClO_2 \rightarrow NaCl + O_2$
다: $4CrO_3 \rightarrow 2Cr_2O_3 + 3O_2$

009 위험물에 대해 다음 각 질문에 답하시오.

> 가. 에틸렌글리콜은 몇 가 알코올 인가?
> 나. 에틸렌글리콜은 지정수량은?
> 다. 에틸렌글리콜은 수용성인가?
> 라. 글리세린은 몇 가 알코올 인가?
> 마. 글리세린의 지정수량은?
> 바. 글리세린은 수용성인가?

답 가: 2가, 나: 4,000L, 다: 수용성, 라: 3가, 마: 4,000L, 바: 수용성

해 알코올의 "가"는 OH의 개수에 따라 정해진다. 에틸렌글리콜($C_2H_4(OH)_2$)은 OH가 2개 이고, 글리세린($C_3H_5(OH)_3$)은 OH가 3개이다.
모두 수용성이고, 지정수량은 4,000L이다. (이 (2000L)중아니클 / 사(4000L)글글)

010 물분무소화설비의 설치 기준에 대해 다음을 답하시오.

> 방호대상물의 표면적이 200㎡인 경우 물분무소화설비의 방사구역은 (가)㎡ 이상이어야 한다.
> 방호대상물의 표면적이 80㎡인 경우 물분무소화설비의 방사구역은 (나)㎡ 이상이어야 한다.
> 수원의 수량은 분무헤드가 가장 많이 설치된 방사구역의 모든 분무헤드를 동시에 사용할 경우에 당해 방사구역의 표면적 1㎡당 1분당 (다)ℓ의 비율로 계산한 양으로 (라)분간 방사할 수 있는 양 이상이 되도록 설치해야 한다. 분무헤드를 동시에 사용할 경우에 각 끝부분의 방사압력이 (마)kPa 이상으로 표준방사량을 방사할 수 있는 성능이 되도록 할 것

가: 150, 나: 70, 다: 20, 라: 30, 마: 350

답 물분무소화설비의 방사구역은 150㎡ 이상(방호대상물의 표면적이 150㎡ 미만인 경우에는 당해 표면적)으로 할 것

011 위험물제조소의 옥외에 용량 500L, 200L로 액체위험물(이황화탄소 제외)을 취급하는 탱크 2기가 있는 경우, 하나의 방유제를 설치하는 경우 그 용량은?

답 270L이상

해 제조소 옥외에 있는 위험물저장탱크의 경우 액체위험물을 취급하는 경우 방유제를 설치해야 한다
 ㄱ. 탱크가 1개 때 : 탱크용량의 50%
 ㄴ. 탱크가 2개 이상일 때 : 최대 탱크 용량의 50% + 나머지 탱크 용량 합계의 10%
2개이므로 500의 50%인 250과 200의 10%인 20을 합하면 270이 된다.

012 다음에서 설명하는 위험물에 대해 답하시오.

> 제2류 위험물로 원자량이 24이고, 은백색광택의 가벼운 금속이다.
> 산과 반응하여 수소를 발생시킨다.
> 가. 명칭은?
> 나. 염산과 반응식은?

답 가: 마그네슘
 나: $Mg + 2HCl \rightarrow MgCl_2 + H_2$

013 위험물안전관리법령상 이동탱크저장소에 대해 다음을 답하시오.

> 가. 탱크의 강철판의 두께는?
> 나. 탱크 내부의 강철판으로 된 안전칸막이의 두께는?
> 다. 탱크 내부의 강철판으로 된 방파판의 두께는?

답 가: 3.2mm이상, 나: 3.2mm이상, 다: 1.6mm이상

014 다음 각 위험물의 화학식은?

> 가. 염소산나트륨
> 나. 질산나트륨
> 다. 브로민산나트륨
> 라. 과망가니즈산칼륨
> 마. 다이크로뮴산나트륨

답 가: $NaClO_3$, 나: $NaNO_3$, 다: $NaBrO_3$, 라: $KMnO_4$, 마: $Na_2Cr_2O_7$

015 나트륨에 대해 다음을 답하시오.

> 가. 물과의 반응식은?
> 나. 물과의 반응하는 경우 위험한 이유를 쓰시오.

답 가: $2Na + 2H_2O \rightarrow 2NaOH + H_2$
　나: 물과 반응하면 폭발하며 수소를 발생시키기 때문

016 과산화수소 170g이 분해되는 경우 발생되는 산소는 몇 g인가?

답 80g

해 분해 반응식은 $2H_2O_2 \rightarrow 2H_2O + O_2$이고, 과산화수소와 산소의 몰수비는 2:1이다.
과산화수소의 질량은 34g/mol ($1 \times 2 + 16 \times 2$)이므로 170g은 5몰이 된다. 따라서 생성되는 산소는 5/2몰이고, 산소 1몰의 질량은 32g이므로 2.5몰은 80g이다.

017 다음의 물음에 답하시오. (질소의 원자량은 14, 염소의 원자량은 35.5로 계산한다.)

> 가. 과염소산의 시성식은?
> 나. 과염소산의 분자량은?
> 다. 질산의 시성식은?
> 라. 질산의 분자량은?

답 가: $HClO_4$, 나: 100.5, 다: HNO_3, 라: 63

해 모두 제6류 위험물로 과염소산의 질량은 100.5($1 + 35.5 + 16 \times 4$)이고, 질산은 63($1 + 14 + 16 \times 3$)이다.

018 다음에서 질산에스테르류에 속하는 것을 모두 고르시오.

> 질산메틸, 트라이나이트로톨루엔, 피크린산 나이트로글리세린, 테트릴, 나이트로셀룰로오스

답 질산메틸, 나이트로글리세린, 나이트로셀룰로오스

해 나머지는 모두 니트로(나이트로)화합물이다.

019 탄화칼슘에 대해 다음을 답하시오.

> 가. 물과의 반응식
> 나. 물과의 반응으로 생성된 기체의 완전연소반응식
> 다. 연소하여 산화칼슘과 이산화탄소가 생성되는 반응식

답 가: $CaC_2 + 2H_2O \rightarrow Ca(OH)_2 + C_2H_2$
  나: $2C_2H_2 + 5O_2 \rightarrow 4CO_2 + 2H_2O$
  다: $2CaC_2 + 5O_2 \rightarrow 2CaO + 4CO_2$

020 다음에서 위험물의 운반용기의 외부에 표시해야 하는 사항을 모두 고르시오.

> 위험물의 품명, 제조일자, 위험등급, 위험물의 수량, 보관방법, 위험물에 따른 주의사항

답 위험물의 품명, 위험등급, 위험물의 수량, 위험물에 따른 주의사항

해 위험물의 품명, 위험등급, 화학명 및 수용성
  위험물에 따른 주의사항
  위험물의 수량

2024 개정 부록

위험물품명변경 : 기존 명으로 답해도 인정되나 문제에서 알 필요는 있음

제1류 위험물

성질	품명	지정수량
산화성 고체	1. 아염소산염류	50kg
	2. 염소산염류	
	3. 과염소산염류	
	4. 무기과산화물	
	5. 브로민산염류	300kg
	6. 질산염류	
	7. 아이오딘산염류	
	8. 과망가니즈산염류	1000kg
	9. 다이크로뮴산염류	
	10. 그 밖에 행정안전부령으로 정하는 것 　1. 과아이오딘산염류 　2. 과아이오딘산 　3. 크로뮴, 납 또는 아이오딘의 산화물 　4. 아질산염류 　5. 차아염소산염류 　6. **염소화아이소사이아누르산** 　7. 퍼옥소이황산염류 　8. 퍼옥소붕산염류	50kg, 300kg 또는 1,000kg
	11. 제1호부터 제10호까지의 어느 하나에 해당하는 위험물을 하나 이상 함유한 것	

제2류 위험물

성질	품명	지정수량
가연성 고체	1. 황화인	100kg
	2. 적린	
	3. 황	
	4. 철분	500kg
	5. 금속분	
	6. 마그네슘	
	7. 그 밖에 행정안전부령으로 정하는 것	100kg 또는 500kg
	8. 제1호부터 제7호까지의 어느 하나에 해당하는 위험물을 하나 이상 함유한 것	

제3류 위험물

성질	품명	지정수량
자연 발화성 물질 및 금수성 물질	1. 칼륨	10kg
	2. 나트륨	
	3. 알킬알루미늄	
	4. 알킬리튬	
	5. 황린	20kg
	6. 알칼리금속(칼륨 및 나트륨을 제외한 다) 및 알칼리토금속	50kg
	7. 유기금속화합물(알킬알루미늄 및 알킬 리튬을 제외한다)	
	8. 금속의 수소화물	300kg
	9. 금속의 인화물	
	10. 칼슘 또는 알루미늄의 탄화물	
	11. 그 밖에 행정안전부령으로 정하는 것	10kg, 20kg, 50kg, 또는 300kg
	12. 제1호 내지 제11호의 1에 해당하는 어느 하나 이상을 함유한 것	

제5류 위험물

성질	품명	지정수량
자기 반응성 물질	1. 유기과산화물	제1종: 10kg 제2종: 100kg
	2. 질산에스터류	
	3. 나이트로화합물	
	4. 나이트로소화합물	
	5. 아조화합물	
	6. 다이아조화합물	
	7. 하이드라진 유도체	
	8. 하이드록실아민	
	9. 하이드록실아민염류	
	10. 그 밖에 행정안전부령으로 정하는 것	
	11. 제1호부터 제10호까지의 어느 하나에 해당하는 위험물을 하나 이상 함유한 것	

제5류 위험물은 지정수량이 10kg인 경우 위험등급이 Ⅰ등급이고, 나머지는 Ⅱ등급이다.

제6류 위험물

할로겐간화합물 → 할로젠간화합물

명칭 변경

갑종방화문 → 60분+방화문 또는 60분방화문
을종방화문 → 30분방화문
위험물탱크안전성능시험자 → **탱크안전성능시험자**

시행령 변경

시행령 별표 2(지정수량 이상의 위험물을 저장하기 위한 장소와 그에 따른 저장소의 구분)
옥외저장소 저장 가능 위험물 중
제2류 위험물 및 제4류 위험물 중 특별시·광역시 또는 도의 조례에서 정하는 위험물(관세법 제154조의 규정에 의한 보세구역 안에 저장하는 경우에 한한다)
→
제2류 위험물 및 제4류 위험물 중 특별시·광역시·**특별자치시**·도 또는 **특별자치도**의 조례로 정하는 위험물(관세법 제154조에 따른 보세구역 안에 저장하는 경우로 한정한다)

시행규칙 변경

시행규칙 별표 1의 2(제조소등의 변경허가를 받아야 하는경우)

위험물의 제조설비 또는 취급설비(펌프설비를 제외한다)를 증설하는 경우
→
위험물의 제조설비 또는 취급설비를 증설하는 경우. 다만, 펌프설비 또는 1일 취급량이 지정수량의 5분의 1 미만인 설비를 증설하는 경우를 제외한다.

시행규칙 별표 4(제조소의 위치, 구조 및 설비 기준 등)

2. 배관에 걸리는 최대상용압력의 1.5배 이상의 압력으로 내압시험(불연성의 액체 또는 기체를 이용하여 실시하는 시험을 포함한다)을 실시하여 누설 그 밖의 이상이 없는 것으로 하여야 한다.
→
2. 배관은 다음 각 목의 구분에 따른 압력으로 내압시험을 실시하여 누설 또는 그 밖의 이상이 없는 것으로 해야 한다.
    가. 불연성 액체를 이용하는 경우에는 최대상용압력의 1.5배 이상
    나. 불연성 기체를 이용하는 경우에는 최대상용압력의 1.1배 이상

시행규칙 시행규칙 별표 6(옥외탱크저장소의 위치·구조 및 설비의 기준)

IX. 방유제
1. 인화성액체위험물(이황화탄소를 제외한다)의 옥외탱크저장소의 탱크 주위에는 다음 각목의 기준에 의하여 방유제를 설치하여야 한다.
→
IX. 방유제
1. 제3류, 제4류 및 제5류 위험물 중 인화성이 있는 액체(이황화탄소를 제외한다)의 옥외탱크저장소의 탱크 주위에는 다음 각목의 기준에 의하여 방유제를 설치하여야 한다.

시행규칙 별표 13(주유취급소의 위치·구조 및 설비의 기준)

2. 셀프용고정주유설비의 기준은 다음 각목과 같다.
   마. 1회의 연속주유량 및 주유시간의 상한을 미리 설정할 수 있는 구조일 것. 이 경우 주유량의 상한은 휘발유는 100L 이하, 경유는 200L 이하로 하며, 주유시간의 상한은 4분 이하로 한다.

→

2. 셀프용고정주유설비의 기준은 다음 각목과 같다.
   마. 1회의 연속주유량 및 주유시간의 상한을 미리 설정할 수 있는 구조일 것. 이 경우 연속주유량 및 주유시간의 상한은 다음과 같다.
   1) 휘발유는 100L 이하, 4분 이하로 할 것
   2) 경유는 600L 이하, 12분 이하로 할 것

시행규칙 별표 18(제조소등에서의 위험물의 저장 및 취급에 관한 기준)

아. 이동탱크저장소(컨테이너식 이동탱크저장소를 제외한다)에 서의 취급기준

→

아. 이동탱크저장소(컨테이너식 이동탱크저장소를 제외한다)에서의 취급기준. 이 경우 이동저장탱크로부터 이동저장탱크로의 위험물 주입은 허용되지 않는다.

시행규칙 별표 24(안전교육의 과정·기간과 그 밖의 교육의 실시에 관한 사항 등)

안전관리자, 위험물운송자, 탱크시험자의 기술인력의 교육시간 변경
8시간 이내 → **8시간**

교육컨텐츠 기업 (주) 엔제이인사이트
파이팅혼공TV 컨텐츠 개발팀

저서
- 파이팅혼공TV 위험물기능사 실기 초단기합격
- 파이팅혼공TV 위험물기능사 필기 초단기합격
- 파이팅혼공TV 위험물산업기사 실기 초단기합격
- 파이팅혼공TV 위험물산업기사 필기 초단기합격
- 파이팅혼공TV 전기기능사 필기 초단기합격
- 파이팅혼공TV 조경기능사 필기 초단기합격
- 파이팅혼공TV 산림기능사 필기 초단기합격
- 파이팅혼공TV 지게차 운전기능사 필기 한방에 정리
- 파이팅혼공TV 굴착기 운전기능사 필기 한방에 정리
- 파이팅혼공TV 한식조리기능사 필기 한방에 정리

2026 위험물기능사 실기
요약이론 & 13개년기출문제집

발행일 2025년 9월 25일
발행처 인성재단(지식오름)
발행인 조순자
편저자 교육컨텐츠 기업 (주) 엔제이인사이트·파이팅혼공TV 컨텐츠 개발팀
디자인 장영은
ISBN 979-11-7491-019-6
정가 30,000원

※ 낙장이나 파본은 교환해 드립니다.
※ 이 책의 무단 전제 또는 복제행위는 저작권법 제136조에 의거하여 처벌을 받게 됩니다.